工业固废生态工业园区规划、建设与管理

李灿华　等编著

北　京
冶金工业出版社
2025

内 容 提 要

本书基于生态工业园理论与循环经济理念，系统构建了以工业固废资源化为核心的园区规划、建设与管理全链条体系，详细介绍了生态工业园基础理论与发展，解析了生态工业园区的总体建设规划、管理体系、污染监控体系、评价体系，以及固废园区应急体系构建等内容。

本书可供工业企业、固废处理企业以及工业园区规划、建设、管理人员阅读，也可作为环境工程、生态学、资源循环科学与工程等专业高校师生参考书。

图书在版编目（CIP）数据

工业固废生态工业园区规划、建设与管理 / 李灿华等编著. -- 北京 : 冶金工业出版社, 2025. 8. -- ISBN 978-7-5240-0292-5

Ⅰ. X322

中国国家版本馆 CIP 数据核字第 2025YN8173 号

工业固废生态工业园区规划、建设与管理

出版发行	冶金工业出版社	**电　话**	(010)64027926
地　址	北京市东城区嵩祝院北巷 39 号	**邮　编**	100009
网　址	www. mip1953. com	**电子信箱**	service@ mip1953. com

责任编辑　曾　媛　美术编辑　吕欣童　版式设计　郑小利

责任校对　石　静　责任印制　范天娇

北京建宏印刷有限公司印刷

2025 年 8 月第 1 版，2025 年 8 月第 1 次印刷

710mm×1000mm　1/16；15. 25 印张；294 千字；230 页

定价 89. 00 元

投稿电话　(010)64027932　投稿信箱　tougao@cnmip. com. cn

营销中心电话　(010)64044283

冶金工业出版社天猫旗舰店　yjgycbs. tmall. com

（本书如有印装质量问题，本社营销中心负责退换）

《工业固废生态工业园区规划、建设与管理》编写委员会

主　编：李灿华　王海川

副主编：吕宁宁　朱书景　都　刚

编　委：吕宁宁　朱书景　黄　强　李家茂
　　　　黄贞益　丁亚荣　都　刚　郭智云

前　言

2022年我国固体废物产生量为41.1亿吨。固体废物的不断堆积将侵占大量土地，污染水体、土壤和大气，其中，重金属会危害人体健康和生态环境。如何解决固体废物堆放所带来的环境污染和资源浪费问题成为人们关注的焦点，而将固体废物资源化利用是一种经济有效的手段。以固体废物为主要原材料，对其进行处置与资源化利用，并以此构建固体废弃物生态工业园区的工作一直在艰难推进，而绿色生态的固废园区建设，需要从固废生态工业园的规划、建设和管理等方面进行系统性研究。

编者对固废生态工业园的规划、建设和管理的相关知识和重要理论进行了长期、广泛的研究，积累了较为丰富的经验。本书较全面而系统地介绍了生态工业园的基础理论，详细总结了我国固废生态工业园的规划与建设、管理体系、污染监控体系、评价体系及应急体系，还介绍了固废生态工业园生态链、产业链的链接模式等最新的研究成果。在具体技术介绍上，本书侧重固废生态园区的管理；在整个内容组织安排上，力求少而精，通俗易懂，理论联系实际，切合生产实际的需要，突出固废行业特点。

本书的内容涉及多个学科交叉领域。因此，本书不仅有深度和广度，而且力求将研究成果由实验室研究拓展到工业应用，为能够实现固废安全、节能、低成本资源化利用以及在产业化过程中提供新的思路与解决途径，而且可为广大从事固废园区管理与研究的无机材料、冶金、建材、工业工程等多专业技术人员提供固废工业园的信息和有益帮助，对提高我国固废生态工业园的建设水平具有一定指导意义。

参与编写的有王海川教授、吕宁宁教授、朱书景教授、黄贞益教授和李家茂副教授，特别感谢黄强先生提供了经费赞助，我的学生丁亚荣、都刚、郭智云等进行了书稿整理工作。本书参考了诸多文献资料，在此，对这些专家、学者表示衷心的感谢！

由于我们的水平有限，书中的不妥之处敬请读者不吝指正。

编　者

目　　录

1 生态工业园理论及发展

从第一次工业革命以来，自然科学得到了飞速发展，资本主义社会创造的生产力，比过去一切世代创造的全部生产力还要多，还要大。依靠自然科学的力量，人类似乎从此摆脱了自然的束缚，各种成就相继显现：人口的死亡率不断下降，平均寿命不断提高，物质生活越来越富裕。人类也开始了"向自然宣战"，对自然不再有"敬畏"之意，可以肆意地征服自然、改造自然，尝试做自然的主人，世上的万事万物都成了人类改造的对象，由此引起了"人类中心主义"思想的泛滥。然而当我们过分陶醉于对自然界的胜利的时候，自然界都报复了我们，垃圾泛滥、环境污染、生态破坏、能源枯竭等各种危机威胁人类可持续发展。从20世纪50年代开始出现了一系列令人触目惊心的"环境公害事件"：1930年比利时的马斯河谷烟雾事件、1948年美国多诺拉烟雾事件、1952年英国的伦敦烟雾事件、1953年日本的水俣病事件、1955年日本富山县的"痛痛病"事件、1955年日本的四日市重油烟雾事件、1968年日本的米糠油事件等，"资源—产品—污染排放"这种传统的"线性经济"发展模式受到科学家的质疑。这种经济发展模式是源源不断地把资源变成垃圾的过程，在这个过程中虽然实现了经济增长，却是以资源浪费和环境污染为代价的。实践证明，这种经济模式难以实现经济、社会的持续发展，于是，诞生了循环经济学和工业生态学等理论。

研究人口、资源、环境与经济社会相互关系的理论，源于18世纪以后的古典经济理论和自然保护学说。不同学者有各自不同的观点。Adam Smith认为通过"看不见的手"的作用，资源的相对稀缺性在商品市场中可得到反映。David Ricardo则在对资源的相对稀缺、产品的分配及后果的分析中，提出了对经济发展的疑问。在他看来，自然资源存在异质性，随着需求或人口的增加，这些资源将按照从高到低的质量逐步得到开发利用，这最终将影响到经济的增长速度。T. R. Malthus认为自然资源或粮食生产的极限，不会因人口的变化、需求的增大、技术进步或社会发展而有所改变。

随着经济、资源、环境的矛盾日益加深，各国学者开始对人类面临的现状担忧。美国海洋生物学家Rachel Carson于1962年出版了《寂静的春天》（*Silent Spring*）一书，阐述了农药对环境的污染，用生态学的原理分析了这些化学杀虫剂给人类赖以生存的生态系统带来的危害，指出人类用自己制造的毒药来提高农业产量，无异于饮鸩止渴，人类应该走"另外的路"。美国著名未来学家Dennis

Meadows 在其所著的《增长的极限》(*The Limits to Growth*) 中指出，如果世界人口、工业化污染、粮食生产以及资源消耗继续按照现有的趋势增长，经济增长就会在 100 年内达到极限。多年来，人们在探索中，逐渐形成一种共识，就是要改变现有的工业发展模式，建立生态工业园的发展模式。以工业生态学理论为基础，提倡共生企业之间、共生企业与环境之间协作发展的生态工业园模式将有利于这一区域化产业发展战略的实施。

我国的环境问题也是与工业化相伴随的，虽然我国的工业化起步较晚，但是环境污染问题十分严重。在循环经济等理论指导下，我国也开始生态工业园的实践，并于 2001 年建立了第一个生态工业园——广西贵港国家生态工业（制糖）示范园区。

此后，生态工业园在我国发展迅猛，它被誉为我国改革开放以来继经济技术开发区（第一代园区)、高新技术产业开发区（第二代园区）之后“代表未来园区发展方向的第三代园区”。研究生态工业园概念的产生和发展历程，将在理论和实践层面对我国的生态工业园的建设起到指导作用。

1.1　生态工业园理论

生态工业园（Eco-industrial Park，EIP）是 21 世纪新兴的工业组织模式，下面的内容将对生态工业园理论进行梳理，系统阐述生态工业园理论基础。

1.1.1　企业共生理论

“共生”（Symbiosis）是来源于生物学的概念，描绘的是广泛存在的不同生物体间某种程度永久性、物质性的共栖的自然现象。自德国真菌学家德贝里（Anton de Bary）于 1879 年首次明确提出“共生”概念后，生物学界不断研究共生现象，深化对“共生”概念的理解，并发展完善形成了生物共生学说和生态学的共生思想，共生在生态学界受到高度重视和广泛推广。

Famintsim、Caullery 和 Scott 等生物学家发展了 Anton de Bary 的共生思想，形成了系统的共生理论。20 世纪 50 年代以后，在生物学领域得到深化和完善的共生理论，逐渐跨越生物学范畴，在经济、管理等社会科学领域得到广泛应用，成为社会经济领域的概念和思想之一，企业共生（Industrial Symbiosis）概念就是借鉴自然生态系统的共生含义演化丰富而来。

1998 年，我国学者袁纯清将共生理论引入经济领域，将“共生”定义为共生单元之间在一定共生环境中按某种共生模式形成的关系。也有学者根据英文 symbiosis 的含义，认为企业共生主要是指企业共生系统中的企业共生式的合作、关联方式。

Murat Mirata 主要关注在企业共生理念基础上建立的网络实体，或称生态工业园区和包含有网络实体的产业生态系统。这种企业共生网络实体被看作是在区域层面上按照产业生态原则实践应用的证明，其目的是获取人类相互活动中的组织内部潜在的发展。通过企业共生实体，借助不同的资源和利用能力，使得这种发展更为有效，并且超过个体的发展。更为重要的是，企业共生之所以被人们关注是因为它为环境、经济和社会效益的综合获取提供了可能。Olli Salmi 将企业共生定义为，在一个地方或区域甚至一个虚拟社区内，产业组织之间资源的协同交换。他认为企业共生是在个体系统中，每一道材料的加工都影响企业系统材料利用的变化，这种变化有望提高生态效率，并且 Olli Salmi 利用丹麦卡伦堡的案例说明了共生效益的问题。

郭莉针对工业共生的实践形式 EIP 所暴露出的问题，围绕工业共生空间分布形态的进化、模式的进化和技术动因三个专题，阐释了工业共生进化在环境效益、经济效益和技术创新三个角度的内涵；通过文献回顾和对企业实地调研，提出并实证了工业共生在空间分布上的路径选择、剖析了工业共生的系统稳定性问题，对解决生态工业园的现实问题具有参考价值。

1.1.2 工业生态学理论

工业生态学理论起源于20世纪60年代，人类出于本能，尽可能多地创造财富，而在利用资源和保护环境方面却缺乏理性。伴随着经济快速增长，人类的生活环境质量却在下降。自20世纪60年代以来，一些国家曾试图减少经济发展给环境带来的压力，做出过以下种种努力。

1.1.2.1 *末端治理*

20世纪中期，传统生产模式的“三高一低”特征伴随着环境资源压力的逐渐加大，其“生态”弊端更加突出，主要表现在从环境中攫取资源和向环境中排放污染物方面。资源的高消耗必然导致资源的大规模开发，造成某些重要资源的严重短缺；无节制地向环境中高排放，导致环境承载力出现危机，产生各种生态负效应。生态负效应主要表现为环境污染和生态恶化。这种在生产过程的末端，针对产生的污染物开发并实施有效的治理技术，又称为末端治理，其模式如图 1-1 所示。

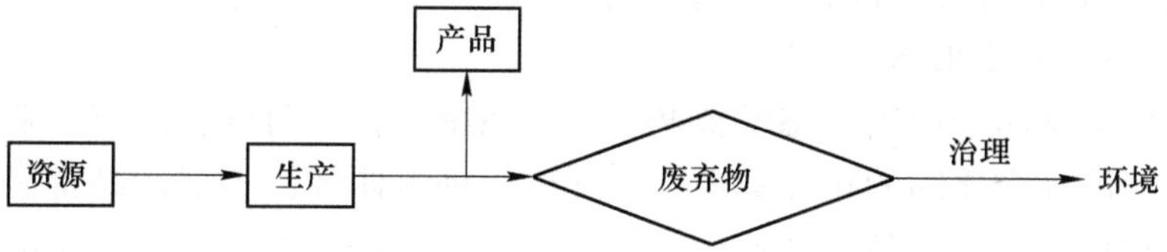

图 1-1 末端治理模式

但随着时间的推移、工业化进程的加速，末端治理的局限性也日益显露。

(1) 处理污染的设施投资大、运行费用高，使企业生产成本上升，经济效益下降。

(2) 末端治理往往不是彻底治理，而是污染物的转移，如烟气脱硫、除尘形成大量废渣、废水集中处理产生大量污泥等，所以不能根除污染。

(3) 末端治理未涉及资源的有效利用，不能制止自然资源的浪费。

(4) 目前“末端控制”的环境管理思想和方法希望每个工业过程都成为一个单独封闭的系统，这实际上既不经济也不可能。

1.1.2.2　清洁生产

1989 年联合国环境规划署提出了“清洁生产”的概念，即清洁生产是指将综合预防的环境策略持续应用于生产过程和产品中，以便降低对人类和环境的风险。清洁生产强调三个观念：

(1) 清洁能源：尽量节约能源消耗，利用可再生能源等。

(2) 清洁生产过程：产品制造过程中尽可能少生产废弃物，尽可能减少对环境的污染。

(3) 清洁产品：降低对不可再生资源的消耗，延长产品的使用周期等。

清洁生产模式如图 1-2 所示。

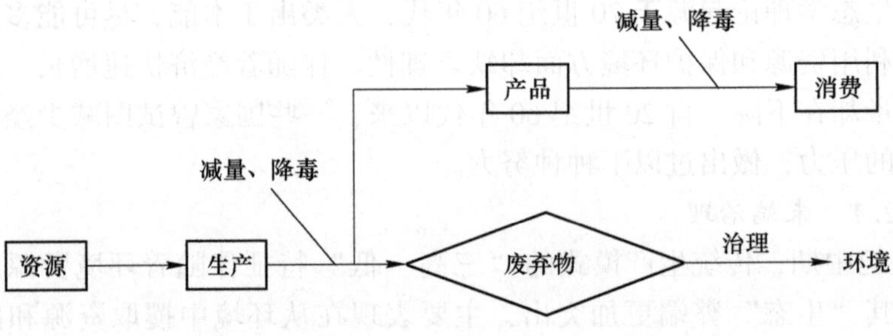

图 1-2　清洁生产模式

从联合国规划署对清洁生产的定义可看出，清洁生产强调的是减量，但是对于废弃物资源化和循环利用没有像循环经济的减量化（Rednce）、再利用（Rense）和再循环（Recycle）原则（简称“3R”原则）那样明确，所以有必要进一步完善清洁生产的提法与具体实施方法。

1.1.2.3　工业生态

工业生态学属于应用生态学范畴，它从系统工程的角度，研究产业系统与自然系统、经济社会之间的相互关系。它强调一种整体观，考虑产品整个生命周期的环境影响情况，它将整个产业系统打造成一个有机的生态链条，不断地加以利用与循环，形成资源与资源之间的良性转化，减少或消除对自然生态系统的污染与影响，而不是只考虑局部或某个阶段的影响，其模式如图 1-3 所示。

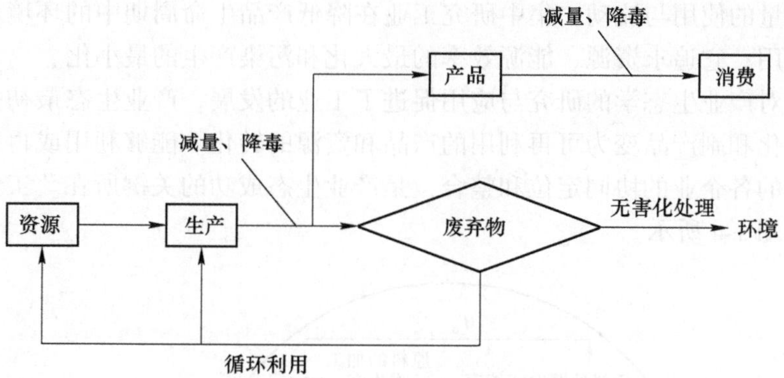

图 1-3 工业生态模式

工业生态学试图将整个产业系统视为一种类似于自然生态系统的封闭体系，其中一个体系要素产生的“废物”是另一个体系要素所需的“资源来源”。这样整个产业系统内各个要素就形成了相互依存、类似于自然生态系统的食物链过程的“工业生态系统”，并将“废物”最终转化为资源与能量。

闭路循环性是工业生态学的主要特点之一。传统价值论认为，价值流程是单向的，即价值随生产流程而不断增加，并在产品被使用后化为乌有。工业生态学的闭路循环性特征则表明使用后的废弃物仍具有价值，工业生态系统的价值流动不是单向的而是一个闭路循环。

Dunn 和 Steinemann 模拟自然生态系统，认为在工业生态系统中，一个产业生产进程的输出和废弃物可以当成其他产业生产进程的输入或者通过进一步的生产实现循环再利用，可以大大减少整个产业生态系统的自然资源消耗和废弃物排放，从而实现物质的循环流动与能量的分级利用，把对自然环境的影响降到最低限度。

Ashford 和 Côté 从产业物质循环角度，说明产业生态学是一种试图对整个产业物质循环过程、能源利用过程和资本投入过程加以优化的方法；它实现了产业发展定位从产品导向到系统导向的转变，为把不同的产业连接为一个能够减少产业总输入和总输出的综合网络提供了方法论基础。

正是工业生态学的特点，决定了工业生态学实践的结果是资源耗费少、对环境影响小。利用工业生态学原理，通过废弃物的循环再利用及综合处理，整个产业系统需要排放到系统边界外的废弃物大量减少，减轻了自然生态系统净化污染物所承担的压力，维护自然生态系统的健康。

按照《产业生态学杂志》的观点：产业生态学是一个正在形成的领域，它从局地、区域和全球三个层次上系统研究产品、工艺、产业部门和经济部门中的物质与能量的使用与流动，集中研究工业在降低产品生命周期中的环境压力方面的潜在作用；它追求资源、能源效率的最大化和污染产生的最小化。

大量对产业生态学的研究与应用促进了工业的发展。产业生态最初关注的是废物最小化和副产品变为可再利用的产品和资源的转化。能够利用或再加工其他企业废物的各企业的协同定位和整合，是产业生态成功的关键所在。工业生态运作过程如图 1-4 所示。

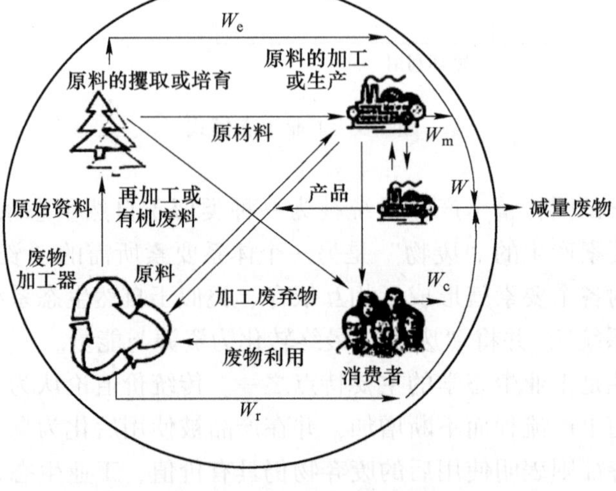

图 1-4　工业生态基本概念

W_e—攫取或加工的废物；W_m—生产的废物；W_c—消费者的废物；W_r—循环的废物

图 1-4 显示，生产者和加工者从原始生产者或供应者那里获取原材料和能量，然后将其转换或冶炼成产品，提供给其他企业使用，或销售给批发商或消费者。企业和消费者通过循环将废弃物和副产品转换给生产系统，于是产品闭合回路生命周期产生。

工业生态学是借用生态学理念分析产业经济问题。支撑工业生态学的理论有生态学理论、共生理论、产业经济理论等，笔者主要从以下两种观点说明此问题。

（1）生态经济观。

美国著名学者 Lester R. Brown 于 2002 年出版了《生态经济：有利于地球的经济构想》（*Eco-Economy: Building an Economy for the Earth*）一书。该书作者认为拯救我们不堪重负的地球，必须用生态中心论取代经济中心论，必须用一场生态革命加速实现传统经济向生态经济的转换。这就必然首先要导致一场经济思想革命，形成一种新的经济发展观。因此，Brown 在书中强调指出："从破坏生态的经济转入持续发展的经济，有赖于我们经济思想的哥白尼式改变，认识经济是地球生态经济的一部分，只有调整经济使之与生态系统相适应才能持续发展"。从这部著作中我们可以梳理出 Brown 的思路为从过去的冲突到现实的思考再到未来的规划。这一思路成为生态工业学的理论支撑与实践的依据。

（2）自然资本论。

自然资本论（Natural Capitalism）的代表人物是美国的生物学家 Herman Daly 和学者 Paul Hawken。Paul Hawken 等人所著的《自然资本论——关于下一次工业革命》（*Natural Capitalism—Creating the Next Industrial Revolution*）一书，是一本有关经济开创性的范本，作者阐明了世界如何处在一种新的工业革命的前夕。该书作者认为，一种经济需要四种类型的资本来适当地运转，即实物资本、金融资本、人力资本、自然资本。将自然看作一种资本，这是生态经济领域从未有过的开拓性思维。自然资本包括资源、生命系统和生态系统。传统的工业系统采用前三种形式的资本将自然资本转化为人们日常生活的要素，并在各国的核算体系中加以计量，而自然资本由于其被无偿使用，所以评估计量自然资本的工作困难重重，如图 1-5 所示。

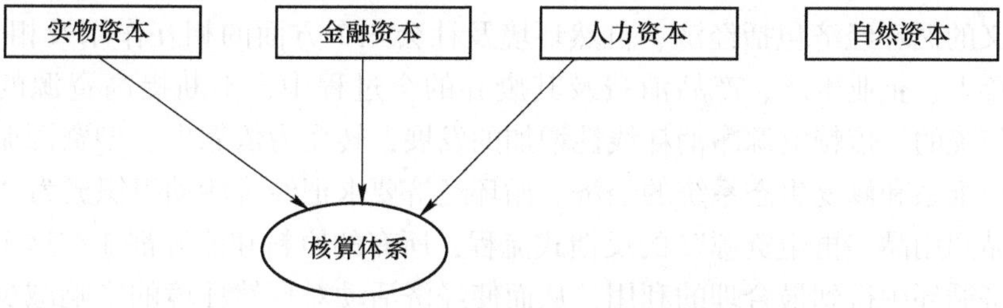

图 1-5 经济需要的四种资本类型

当我们的经济发展受到限制，并非因为捕鱼船的数量，而是因为鱼类数量的减少；不是因为水泵的功率，而是因为地下蓄水层的耗竭。人们更多地关注资源的多少，关注不可再生资源的使用。实际上，远比不可再生的资源更为重要的是这些资源提供给人类的各项生态服务，生态服务功能的价值现在还没有量化，所以很难警示世人其对我们的重要性。比如，森林的砍伐，不仅丧失的是森林面积，还有其难以估量的蓄水防洪功能。这一点与美国生态学家 Lester R. Brown 的观点是一致的。对未来经济发展的限制因素是自然资本的可利用性和功能性，特别是不可取代的、目前还没有市场价值的生命——支持服务。因此，将自然资本纳入整个社会再生产系统，有利于人们重新认识目前经济行为的代价。

1.1.3　循环经济理论

人类对于自身及周围环境的认知是一个漫长的变迁过程，现在我们正处于这一过程的中途。纵观这一变迁过程，美国经济学家 Kenneth E. Boulding 受当时发射的宇宙飞船的启发来分析地球经济的发展。他认为，宇宙飞船是一个孤立无援、与世隔绝的独立系统，靠不断消耗自身资源存在，最终它将因资源耗尽而毁灭。唯一使之延长寿命的方法就是实现宇宙飞船内的资源循环。地球经济系统如同一艘宇宙飞船，也只有实现对资源循环利用的循环经济，地球才能得以长存。这种思想被人们称为"宇宙飞船经济观"，看作是循环经济思想的萌芽。

当今世界正经历百年未有之大变局，党中央就经济发展方式的转变提出了经济发展新格局，中国经济已从高速增长阶段进入高质量发展阶段。同时，在2020年5月14日的中央政治局常委会会议指出，要深化供给侧结构性改革，充分发挥中国超大规模市场优势和内需潜力，构建国内国际双循环相互促进的新发展格局。新发展格局的提出，是对从新中国成立初期以国内大循环为主的发展格局，到改革开放后"拥抱世界"的外向型经济格局进行的再次调整，是结合当前世界经济的复杂变化以及中国经济发展现状作出的战略调整，是实现中华民族伟大复兴的必然选择。

广义的循环经济包括经济、自然环境及社会三个方面的相互作用及相互衔接。在资源投入、企业生产、产品消费及其废弃的全过程中，不断提高资源的利用效率，把传统的、依赖资源净消耗线性增加的发展，转变为依靠生态型资源循环来发展，从而维系和修复生态系统的经济。循环经济要求把经济活动组织成为"自然资源→产品和用品→再生资源"的反馈式流程，所有的原料和能源都能在这个不断进行的经济循环中得到最合理的利用，从而使经济活动对自然环境的影响减少到尽可能小的程度。冯之浚认为，循环经济本质上是一种生态经济，它要求遵循生态学规律，合理利用自然资源和环境容量，在物质不断循环利用的基础上发展经济，使经济系统和谐地纳入自然生态系统的物质循环过程中，实现经济活动的生态化。发展循环经济是实现可持续发展的战略选择。广义循环经济模式如图 1-6 所示。

狭义循环经济强调经济与自然环境之间的协调发展，是对物质闭环流动型经济的简称，是以"减量化"（Reduce）、"再利用"（Reuse）和"再循环"（Recycle）为原则（简称"3R"原则），以低消耗、低排放、高效率为基本特征，符合可持续发展理念的经济增长模式，是对大量生产、大量消费、大量废弃的传统增长模式的根本变革。狭义循环经济，是以经济发展的可持续为中心，从生产环节入手，包含能源、矿产等不可再生资源的利用、生产过程之内的循环使用，以及所产生的废弃物对环境的排放等，兼顾经济与环境之间的协调和互利。狭义循环经济模式如图 1-7 所示。

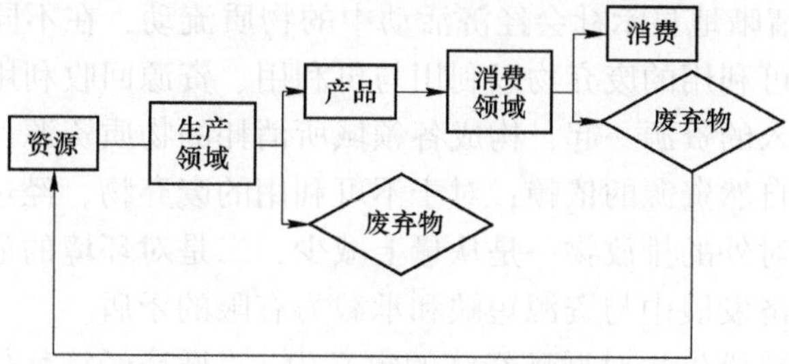

图 1-6 广义循环经济模式

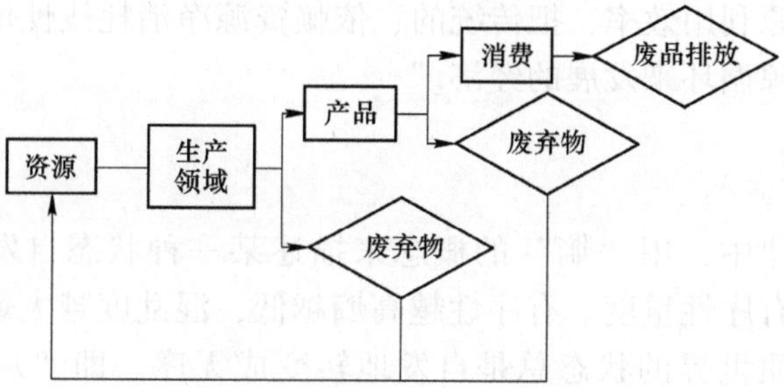

图 1-7 狭义循环经济模式

综合上述两类定义，其共性都将人类经济活动纳入整体生态系统中，在物质利用方面都提倡充分和反复利用，但要寻求对环境的“零排放”或实现“完全循环”，这还是一个理想的目标。从生态学观点看，在地球生态系统中，任何生物都不可能做到“封闭式的零排放”。同样，人类经济社会活动的废弃物，一部分可在人类自身的经济社会活动中循环，另一部分则需排放于自然界，参与“生物—地球—化学”循环。因此，物质在人类经济社会活动中的流动永远不可能在自身中封闭。循环经济是指运用生态学规律，将人类社会的经济活动组成一个“资源—产品—再生资源”的反馈式流程，以达到资源尽可能循环利用的一种社会经济运行模式。循环经济的核心内容是物质资源的循环利用，建立的反馈式流程包括生产过程、流通过程和消费过程，如图 1-8 所示。

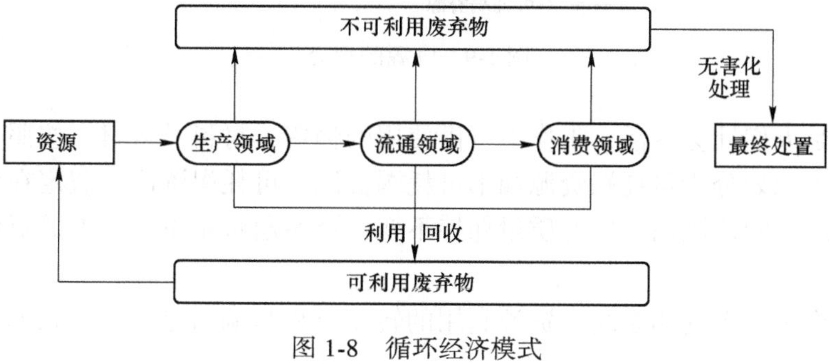

图 1-8 循环经济模式

图 1-8 更加清晰地显示社会经济活动中的物质流动，在不同的领域中，都会产生废弃物，将可利用的废弃物以利用与再利用、资源回收利用或回收副产品等方式，连同新注入的资源一起，构成各领域所消耗的物质资源，可以在很大程度上减少物耗和对自然资源的依赖；对于不可利用的废弃物，经过无害化处理，排向外界，而此时对外的排放物一是从量上减少，二是对环境的危害减少，可以大大缓解人类在经济发展中与资源短缺和承载力有限的矛盾。

我国学者吴季松先生对循环经济的定义为："循环经济就是在人、自然资源和科学技术的大系统内，在资源投入、企业生产、产品消费及其废弃的全过程中，不断提高资源利用效率，把传统的、依赖资源净消耗线性增加的发展，转变为依靠生态型资源循环来发展的经济。"

1.1.4　熵增原理

在热力学定律中，用"熵"的概念来描述某一种状态自发变化的方向。该概念表达了体系有序性量度。有序性越高熵越低，混乱度越大熵越高。热力学第二定律认为：物质世界的状态总是自发地转变成无序。即"从低熵的有序"变到"高熵的混乱"。如当对体系的外力去除之后，体系就会自然地向紊乱状态转变。这就是著名的"熵增定律"。从热力学定律中的熵增加原理，对比性地阐释了自然法则在人类社会行为规范中的蕴意。自然法则中蕴含极为丰富的"规则"，这些规则制约着物质世界的演化，且这种规则更富有理性。熵增原理从本质上揭示了资源耗费、环境污染的不可逆转性、不可再生性和稀缺性。资源这种质的稀缺性，是人类生产发展的根本制约。

资源是指资财的来源，一般指天然的财源。从自然资源角度，将资源按照可再生性和可重复利用性划分，如图 1-9 所示。

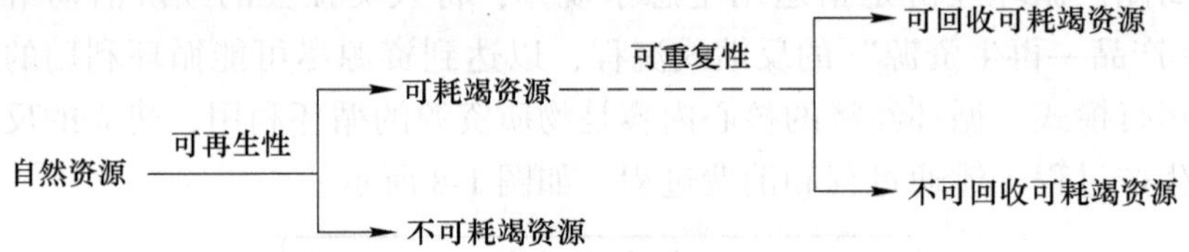

图 1-9　资源的划分

资源是人们社会生活、工作中可供使用的物资、材料及素材。按照其可再生性，可将资源划分为可耗竭资源和不可耗竭资源，可耗竭资源是假定在任何对人类有意义的时间范围内，资源质量保持不变，资源蕴藏量不再增加的资源称为可耗竭资源。

地球作为一个封闭系统，资源利用的转变过程与熵增过程是一致的。人类经济系统的基本活动在于消费资源，生产出对人类有用的产品。学者于伟佳从资源利用和资源的转变过程分析熵增加的原因。在资源的集中地区通过市场等作用，使得资源优化地向一定的宏观区域分配，虽然这一转变并没有过多地涉及资源自身，但通过运输、储存等形式，还是使活动过程中的熵增大了。资源使用过程，是积极地利用资源所固有的转化能力的过程，这一次转变实现了资源所蕴涵着的潜在熵差能量由“潜能”到“现实”，是典型的熵增过程。熵是热力学的一个状态量，由于利用资源的过程是一个综合的熵变过程，而不是孤立系统的简单熵增过程，所以熵也可以在几种状态中相互迁移，最终使总体熵增大。

从不可逆过程看，任何资源生产产品是一个不可逆转的过程，因为任何资源的耗费都不可能无代价地返回到原始状态，即资源不可失而复得。资源消耗过程中熵的变动如图 1-10 所示。

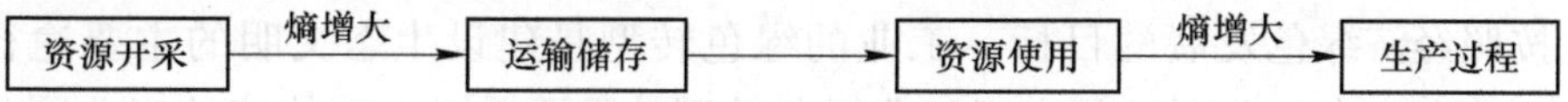

图 1-10 资源消耗中的熵定律

综上所述，现代工业社会消耗资源速度相对于资源恢复速度来看，是不成比例的。消耗这些物质的速度远远大于其恢复的速度。而人类要回收被耗散的物质（假如这些物质都能够回收的话），则需要以更大的能量消耗为代价，而这只能导致周围环境的进一步混乱和熵值的剧增。美国经济学家 Jeremy Rifkin 和 Ted Howard 针对人类面临的能源危机设想了新能源的开发、稀有矿产资源的替代和物质资源的回收利用。根据现有的技术水平，人类可以利用核能，但存在成本高、安全性差、处置难度大等诸多不利因素；利用较常见的矿产代替较稀有的矿产，又存在替代品不如被替代的材料那么有效的问题。因此，要完成某一特定功用，它需要更多的能量。回收物质资源是个不错的选择，但回收过程也受热力学第二定律的制约，在某种矿产的回收过程中，它的一部分必然会不可挽回地损失掉，并且这一过程还会带来新的污染，消耗更多的能量。

面对种种选择的障碍，Jeremy Rifkin 和 Ted Howard 认为人们应当回到低熵社会或低消耗社会，减缓地球上的熵增加过程。从某种角度看，这种低熵生产生活方式受到现有技术水平的制约和人们固有生活方式的抵触，但从可持续发展观点看，低熵生产生活方式的选择是不容回避的问题。

以上对 EIP 相关理论研究进行了较为系统的综述。之所以企业间可以通过共生形式组合在一起，构建模拟自然生态系统的工业生态系统，是因为内外部因素制约共同作用的结果。通过对企业共生理论和工业生态学理论的论述，梳理出企业的内部驱动因素，即企业自身利益的驱动。无论企业采取何种形式，首要条件是企业要获利，而借助企业共生，构建工业生态系统恰好实现了企业这一目的，并且在实现这一目的的同时，起到了减缓对大环境压力的作用，可谓是一箭双雕。通过对循环经济理论和熵增定律的论述，阐明了企业的外部制约因素，即资源储备与环境承载力的有限性的制约。人类生产生活活动的结果总是导致熵增，熵增的极限是地球出现“热寂”，这或许离我们很遥远，但按照循环经济理论，要考虑代际公平，从熵定律角度重新理解循环经济的含义和目标，就是延缓资源耗竭的时间，赢得人类在资源耗竭之前开发出新能源的宝贵时间。

1.2　生态工业园区发展

1.2.1　生态工业园演进历程

按照经济绿色发展的目标，工业的绿色转型是建设生态文明的主要途径之一，而建立生态工业园区是实现工业绿色转型的重要手段。而传统的工业园又为生态工业园的构建提供了“外壳”，催生了这种新型的工业组织形式。工业生态学的完善为工业园的发展指明了方向，使其向生态工业园发展。生态工业园区是生态文明在工业领域的具体实践，是生产方式绿色化的实现途径。生态工业园区应该以生态为准绳，在人与自然协调发展的基础上进行资源开发，打造生态宜居环境，全面提升生态服务能力。而传统的工业园区是在一大片的土地上聚集若干工业企业的区域。虽然集聚带来的低成本效益，增加了园区各企业的经济效益，带动了集聚地区及周边地区经济的发展。但是，由于政府在规划时忽视了对园区所产生的外部经济性的整体思考，传统工业园带来了诸如环境、集聚规模和结构不合理以及经济管理与社会管理有机结合等一系列问题。生态工业园的规划和建设解决了这些问题。

纵观人类文明的发展史，不管是原始文明，还是农业文明、工业文明，人与自然的关系问题始终没有得到有效解决，改革开放以来，我国工业化进程加速推进，实现了工业化发展的历史性跨越，经济发展取得巨大成就，创造了世界经济发展史上令人惊叹的“中国奇迹”。但纵观近几十年来经济发展历程，经济发展相对粗放，工业污染排放巨大，且产业能级相对较低，使得人与自然的矛盾越来越尖锐。在当前国际产业分工格局正在重塑的大背景下，我国传统产业亟需全面转型升级。到了工业文明时期人与自然的矛盾越发尖锐，呈现出越演越烈之势。“生态文明”就是在这样的背景下提出的，它是对人与自然的关系特别是传统工业化增长模式导致越来越严重的生态危机进行深刻反思的结果，是继工业文明之后的一种新型文明形态，是遵循人与人、人与社会、人与自然和谐的规律所取得的物质文明与精神文明成果的总和。建设生态文明，不是要放弃工业文明，回到原始的生产生活方式，而是要以资源环境承载能力为基础，以自然规律为准则，以可持续发展、人与自然和谐共处为目标，建设生产发展、生活富裕、生态良好的文明社会。生态工业园区正是随着我国可持续发展的战略决策的契机发展起来的。生态工业园是继经济技术开发区、高新技术开发区之后我国的第三代产业园区。与前两代工业园的最大区别在于它以生态工业理论为指导，着力于园区内生态链和生态网的建设，最大限度地提高资源利用率，从工业源头上将污染物排放量减至最低，实现区域清洁生产。

最早提出生态工业园这一概念的是美国 Indigo 发展研究所主任 Emcat Lowe 教授。他在 1992 年指出，生态工业园区是一个由制造业企业和服务业企业组成的群落。在 Emcat Lowe 之后，许多工业生态学家纷纷从不同的角度出发，对工业生态园区这一概念进行定义。随着研究的深入，生态工业园的建设也更加完善。

生态工业园区（Eco-industrial park，EIP）是依据循环经济理念、工业生态学原理和清洁生产要求而建设的一种新型工业园区。它通过理念革新、体制创新、机制创新，把不同工厂、企业、产业联系起来，提供可持续的服务体系，形成共享资源和互换副产品的产业共生组合，建立“生产者—消费者—分解者”的循环方式，寻求物质闭环循环、能量多级利用、信息反馈，实现园区经济的协调健康发展。20 世纪 70 年代丹麦卡伦堡生态工业园的成功建设，使得生态工业园区成为全世界工业发展的主流方向。20 世纪 90 年代末，联合国环境规划署与原国家环保总局联合在我国启动了生态工业园区建设，工业园区理念开始在我国推广，并逐渐受到学术界和政府管理者的重视。经过园区改造和机构调整，截至 2021 年底，我国已有 55 家国家生态工业示范园区。进入 21 世纪后，为实现可持续发展，我国的生态工业园区建设依据清洁生产要求、循环经济理念和工业生态学原理，悄然成长起来。

党的十九大报告提出，加快生态文明体制改革，建设美丽中国。这是当代中国面临日趋严峻的生态环境和资源形势所作出的战略性选择。我国各级各类开发区、工业园区是工业经济的主要载体，其工业总产值占全国的 60%以上。在实现了产业和资源的有效聚集、拉动区域经济快速发展的同时，也是我国资源环境矛盾最为突出、公众反映最强烈的区域。我国作为发展中的大国，理应履行自己的责任和义务，通过工业生态园区的建设，不仅可以做到资源的节约利用，而且节省自然资源的使用，减少污染物的排放，从而真正做到了“低碳经济”。因此，我国应以工业园区为主体加快开展生态文明建设，对于推动绿色发展，形成节约资源和保护环境的产业结构和生产方式具有重要意义。

当前，我国正全力实施中国制造 2025 战略，在此过程中，改造提升传统产业，全面落实绿色发展理念，是多数开发区所面临的共同任务。而生态工业园区建设，是推进工业经济迈向中国制造 2025 的有效路径之一。

1.2.2　国内外生态工业园实践的新进展

目前世界已建成100多个生态工业园区，主要分布在一些发达国家，如丹麦、美国、加拿大、日本等，发展中国家主要有泰国、印度尼西亚、菲律宾、纳米比亚、南非等。20世纪90年代以来，生态工业园区开始成为世界工业园区发展领域的主题。

迄今为止，发展较为成熟的生态工业园区是丹麦的卡伦堡（Kalunborg）生态工业园区，也是世界上最早的生态工业园区。该园区以发电厂、炼油厂、生物制药厂和石膏板生产厂4家企业为核心，其他成员包括农场、大棚养殖、养鱼场、居民区及该地区以外的水泥厂和硫酸厂，通过各个成员间的物质和能量交换，实现了物质的部分循环和能源的逐级利用，获得了良好的经济和环境效益。其物质流循环详见图1-11。

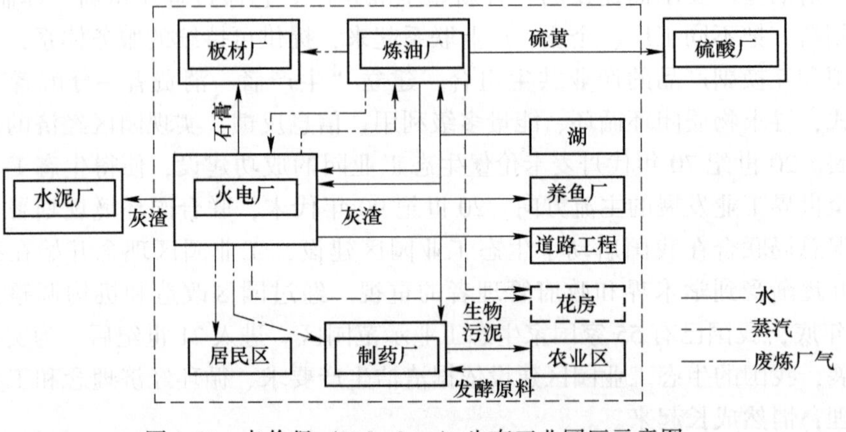

图1-11　卡伦堡（Kalunborg）生态工业园区示意图

（1）美国工业生态园区。

美国目前是世界上生态工业园区建设最好的国家之一，所建立的生态工业园区也基本代表着世界的先进水平，为其他国家生态园区的建设提供了很多的可借鉴之处。美国自20世纪70年代开始建设生态工业园区，至少有40个社区建立了生态工业园区项目，涉及生物能源的开发、废物处理、清洁工业、固体和液体废物的再循环等多个行业，形成了各自的特色。

总的看来，美国生态工业园区大致可分为三大类。一是虚拟生态工业园区。布朗斯维尔生态工业园区就属于这类园区。这类园区并不严格要求其成员企业在同一地区，它通过建立计算机模型和数据库，在计算机上建立起成员间的物料或能量联系。虚拟生态工业园可以省去一般建园所需的土地及设备购置费用，避免进行大量的工厂迁址。二是现有改造型，如马里兰州的费尔菲尔德生态工业园区。这类园区对现已存在的工业企业通过适当的技术改造，在区域内进行废物和能量的交换。园内所有企业都采用可持续性生产方式制造可持续性产品。园内建立的生物燃料发电设备完全能向园内企业提供电力，这样园内企业就不再需要依靠化石燃料发电。三是全新创建型，如美国弗吉尼亚州的查尔斯角可持续技术园区。这类园区主要吸引那些具有“绿色制造技术”的企业入园，并创建一些基础设施使得这些企业间可以实现废水、废热等的交换。这类工业园区的投资大，对其成员的要求较高，需要承担较高的运输费用。

（2）英国国家工业共生项目。

英国国家工业共生项目 NISP（National Industrial Symbiosis Programme）是英国第一个国家层面的生态工业发展项目，也是世界上第一个国家范围内的工业共生项目。该项目的主要执行者是国际增效有限公司（International Synergies Ltd.）。该公司通过与地区政府的联系，免费为企业提供废物再利用项目。项目开展中所产生的成本，由当地政府从垃圾处理税中划出专款给予该公司。同时，也有其他多个组织给该公司提供资金。如今其项目分布在英国各地，已有七十多位实践者参与其中的工作。由于在减少 CO_2 的排放、降低成本、提高废物的利用、增加就业机会等方面获取了显著的经济效益及其他社会效益，2005 年该项目获得政府 600 万英镑的专项拨款。NISP 项目追求的是环境、经济和社会效益的可持续发展，已经引起了世界的关注。NISP 的实践表明，政府的支持在工业园的实践中作用重大，它是园区实践的重要资金来源，同时相关组织和团体的共同参与是保证园区健康发展的重要因素。

（3）韩国釜山的生态工业园。

釜山是韩国的第二大城市，现有一个国家级和一个地方级生态工业园，是韩国 28 个国家级及 180 个地方级生态工业园的代表。两个园区紧密相关，事实上可看作是一个整体。园区有 2000 多家小型企业（员工平均人数仅 20 人）、10 家大型公司和 8 家行业协会，雇员人数达到 46000 人。为更好地协调各企业的活动，实现釜山生态城市循环经济的可持续发展，韩国学者金长文（Kim Changwon）教授提出了成立釜山 EIP 中心的构想，其组织参与模式见图 1-12。

（4）加拿大的 Alberta 工业园。

加拿大的 Alberta 工业园是一个全球性的石油化工和化学产品产业集群，它是一个地区型的工业园区，正在实施生态工业发展战略。2006 年 7 月，该园区计划建立一个基于网络的具有发现增效手段的地理信息系统，以方便园区企业间建立联系和提高效率。该园区受到了加拿大政府对生态工业园发展的首次规划指导以及 500 万美元的资助扶持。

从实践角度来看，基于网络的地理信息系统的建设对生态工业园的发展意义重大。它解决了生态工业园发展的地理区域这一因素的制约问题，为生态工业园

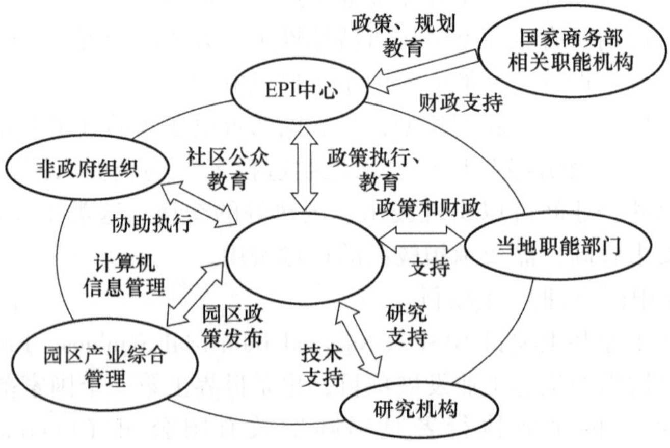

图 1-12　EIP 中心的组织参与模式

资料来源：Industrial Symbiosis Research Symposium 2006. 5-6 August 2006

向虚拟园的方向发展提供了技术上的支持，扩大了生态工业园在地理空间上的范围。

(5) 日本工业生态园区。

1997 年起，日本开始规划和建设生态工业园区，并将其作为建设循环型社会的重要举措。日本生态工业园区在园区管理和运作模式上形成以地方自治为主体，国家和地方政府共同辅助和管理，企业、研究机构、行政部门积极参与的产学官一体化模式。日本两个发展最好的生态工业园区均由民间自主投资、自主经营。例如，藤泽生态工业园区是日本神奈川县的一个典范智慧城市项目。该项目由藤泽市政府牵头，联合 19 家公司组成的协商会共同推进，从概念规划到目标设定都经过精心策划。建设工作始于 2014 年，旨在创建一个集居住、工作和休闲于一体的生态友好型社区。总的来说，藤泽工业生态园区是一个结合了现代科技和生态理念的先进社区，它不仅提升了当地居民的生活质量，也为全球的可持续城市发展提供了宝贵的参考。

(6) 对我国生态工业园发展实践的思考。

生态工业在我国属于年轻的工业，起步于 1999 年。到 2021 年，以广西贵港国家生态工业（制糖）示范区为代表的经国家环保总局（现生态环境部）论证通过和批准在建的生态工业园区共计 55 个。这些园区大部分属于传统意义上的产业内集群形成的工业园和一些新兴的高新产业园区，园区内各企业之间更多的是一种技术上的经济共生关系，其规模也受到相互间地理位置的制约。清华大学石磊教授指出，我国工业园的发展存在政策的不完善、对实施地情况的把握不充分、指导不足以及如何平衡参与企业的权利和相互合作等问题。因此，有必要将世界生态工业园发展的新的认识及经验用于我国的实践。基于此，在实施生态工业园的发展模式时，应注意以下几点：第一，政府应给予园区政策上的支持和资金上的扶持，指导 EIP 的建设和健康发展；第二，成立园区协调管理中心，发挥其对内对外的沟通职能，协调园区各成员间的合作和利益分配；第三，加强园区内企业与相关团体的合作，如同政府职能部门、社区公众、大专院校、科研机构等保持良好的沟通渠道，使这些组织和团体成为园区不可缺少的因子；第四，加快建立基于网络的生态工业园信息管理系统，方便信息的有效传递，实现信息的及时共享，促进生态工业园向虚拟园的方向发展。

1.2.3 生态工业园的类型

1.2.3.1 现有改造型园区

现有改造型园区是对现已存在的工业园区或大型工业企业，按照工业生态学的原理，通过适当的技术更新改造，增加补链工艺或者补链企业，以期在园区内成员间建立起物质、能量的多层利用关系和废物处理及回收再利用关系。如丹麦卡伦堡工业园区是改造型园区的典型，我国的广西贵港国家生态工业（制糖）示范园区就是这种类型。我国的工业园区很多，但是普遍面临环境污染严重、资源利用效率较低、企业之间的相互合作少等问题，所以这类 EIPs（Eco-industrial Parks）是目前研究最多的一类，也是最具有实际应用价值的。

现有改造型园区规划的重点是发展补链产业，建立完善的生态工业链，形成稳定的生态工业网。现有改造型工业园区中，不可避免地会存在诸如补链企业的入园，以及随着园区的发展新企业入园的情况，所以在旧园区改造过程中应预留相应的接口，扩展生态链的适应性。新进企业及补链企业作为一种外界环境的输入，园区系统应具备消化吸收的能力，并不断壮大。

改造型生态工业园区主要适用于中东部地区，利用原有工业园区的基础，将原有工业园区中存在的大量工业企业通过适当的技术改造，在区域建立新的物质和能量的交换系统即可，在资金上不需要太大的投入，并且更能适应老工业企业密集的城市。不过这种改造型生态工业园的局限性也是非常明显的：首先，这种生态工业园建设模式仅适用于那些存在一定产业关联度且有较好基础或生态工业雏形的工业区域，因而适用的范围不广；其次，对于企业成员来说，要求其内部推行生态工业革新，企业必须具有相当的规模；最后，工业生态系统中的大量物质循环往往需要跨行业的协作，因而在企业内部非常难以实现。

1.2.3.2 全新规划型园区

全新规划型是指那些尚未建成或尚不具有规模的园区，在良好的规划和设计基础上从无到有地进行建设，主要吸引具有“绿色制造技术”的企业入园，并创建一些基础设施使企业间可以进行物质、能量、信息的交换、共享，使园区达到资源充分利用，主副产品多层利用、废弃物循环利用，排放无污染。美国乔克托（Choctaw）生态工业园属于典型的全新规划型园区，我国的南海生态园区属于这一类型。

全新规划型工业园区也是一个国家或区域的政府根据自身经济发展的内在要求，通过行政手段划出一块区域，聚集各种生产要素，在一定空间范围内进行科学整合，提高工业化的集约强度，突出产业特色，优化功能布局，使之成为适应市场竞争和产业升级的现代化产业分工协作生产区。简单来讲，是政府为了促进地方的经济发展，划定一定范围的土地，并先行予以规划，以专供特定产业开发和工业设施设置、使用的地区。

现今建设这一类工业园，一般来说要求园区所在地有丰富的特定资源，并且建设初期资金投入较大，适合在具有一定资金基础和招商吸引力的地区发展，而且对入园企业的要求也较高，在我国东南沿海地区的生态产业园区建设可以考虑采用此种模式。同时，对于那些园区成员迁移和改变的灵活性不高，但具有较高的建设起点，工业发展水平较高的地区亦可尝试这种模式。

现今建设全新规划型工业园区的主要障碍是：市场经济下政府不像改革开放初期拥有绝对的组织管理能力。园区企业依赖招商引资，开发商最终入园建成的工业园区往往与预先画好的"一张蓝图"差十万八千里。预先制定的园区管理制度等需根据实际建设情况修改。结果可能没有原先预定的物料循环、能量流动的效果。

1.2.3.3　虚拟型园区

虚拟型园区最大的特点在于其打破了地域的界限，实现了建立在快速信息流交换基础上的物流交换；同时，由于众多企业的参加，丰富了网络结构，使生态网的柔性也大大增强；此外，企业不必通过废物直接交换的方式形成紧密联系，也使这一模式的适应范围大大增加。

与前两种园区相比，虚拟型园区具有一定的优越性，具体表现在：首先，虚拟园区可以省去新建一个工业园区所需的昂贵购地费用，完全解决了生态工业园区的融资瓶颈问题。其次，虚拟型园区减少了企业搬迁的费用。由于有的企业迁移非常困难，但它对园区其他企业的贡献非常大，建立了虚拟园区后，可以不用通过迁移的方式就能方便地与其进行物质和能量的交换。再次，虚拟型园区由于避免建立复杂的园区管道网络系统而减少建设费用。最后，虚拟型园区可以根据市场变化灵活选择合作伙伴，使得园区内企业的交换对象多元化，从而减少了当园区内的合作伙伴发生变化时对企业造成损害的风险。

然而，虚拟型园区的缺点也是显而易见的，虚拟型园区的发展需要一定的技术和交通条件作为保证，同时在操作过程中会产生相应的运输费用；最后，虚拟型园区由于各个企业在地域上分散，不利于各企业共用共享设施和实现能源、水资源的梯级利用。

总的来说，虚拟型园区作为一种新型的产业集聚模式，虽然在促进产业集聚和企业灵活性方面具有明显优势，但在实际操作中也面临着一系列挑战和问题。这些问题需要通过政策支持、技术创新和园区管理等多方面的努力来解决，以实现虚拟型园区的健康发展。

1.2.4 生态工业园区发展模式

1.2.4.1 生态工业园区发展理论体系

1989 年 Frosch 和 Gallopulos 正式提出工业生态学概念，认为工业系统应向自然生态系统学习，并可以建立类似自然生态系统的工业生态系统。工业生态园区发展理论强调了在保护环境的基础上实现经济增长，体现了人与自然和谐共处的理念，并成为 21 世纪经济可持续发展的重要模式。此后，许多研究人员通过系统、定性、定量等多种方法对工业生态学进行深入的研究。

（1）工业生态学与循环经济。

工业生态学与循环经济紧密相连，它们共同构成了一种旨在实现可持续发展的产业模式。具体来说，工业生态学是一种将生态原则应用于工业系统的学科，它强调了在生产过程中模仿自然生态系统的物质和能量流动，以实现资源的高效利用和环境影响的最小化。而循环经济则是一种经济模式，它强调在生产和消费过程中保持资源的持续循环使用，减少废物的产生，并且鼓励产品的再利用、修复和回收。工业生态学需要考虑到生态系统的承载能力，以确保工业活动不会超过自然环境的恢复能力，在保证生态功能和谐的同时，还要追求经济效率，以确保产业活动的可持续性。工业生态学采用循环网络的方式组织生产，这意味着在一个生产过程中产生副产品或者废物可以成为另一个生产过程的原料或者能源。工业生态学强调产品和服务从设计、生产、使用到废弃的全生命周期内的环境影响，促进资源的有效利用和废弃物最小化。循环经济是建立在物质和能量不断循环使用基础上的新型经济模式，它对环境友好，有助于减少对自然资源的依赖和环境污染。近年来，生态工业和循环经济已经上升为国家战略，对于实现碳中和和碳达峰的双碳目标具有重要意义，生态工业园区是工业生态学和循环经济理念在实践中的应用，通过模拟自然生态系统的闭环循环，实现产业间的资源共享和废物交换。工业生态学与循环经济的结合为传统工业模式提供了一种创新的替代方案，不仅有助于环境保护，还能促进经济的可持续发展。通过这种模式，可以实现经济增长与环境保护的双赢局面，为未来的发展提供了新的方向。

（2）发展历程与挑战。

中国工业园区经历了从传统工业化到生态化转型的过程，面临着环境污染、资源消耗等诸多挑战，需要通过生态化改造来应对这些挑战。

中国工业园区的发展分为三个阶段。第一个阶段为系统性探索阶段，这是生态工业园区发展的初期，主要特点是对生态工业园区的概念和模式进行探索和尝试；第二阶段为全面试点阶段，在这一阶段，我国开始在部分地区正式试点建设生态工业园区，通过实践来检验和完善理论；第三阶段为生态文明建设阶段，随着生态文明建设的提出，工业生态园区的建设进入了一个新的发展阶段，更加注重与生态文明相结合，强调可持续发展。

但是由于区域分布差异性原因，不同地区、不同类型的生态工业园区呈现出比较明显的差异性，这可能与地区的经济发展水平、资源禀赋和政策支持等有一定关系。并且生态工业园的类型多样，包括生态工业园示范园区、循环经济园区、低碳园区、绿色园区等，这些类型的出现反映了生态工业园区在实践中的多样化探索。

同时中国工业园区也面临着一些挑战，不同地区生态工业园区的发展存在不平衡现象，需要通过政策引导和资源配置来解决这一问题。在面向未来时，工业园区需要进一步实现绿色低碳循环发展，这对园区的管理和运营提出了更高要求。

综上所述，生态工业园区作为一种新兴的工业发展模式，其发展历程体现了我国在环境保护和可持续发展方面的决心和努力。面对诸多挑战，需要政府、企业和社会各界共同努力，不断探索和创新，以实现生态工业园区的健康发展。

（3）生态化特点与政策工具。

我国工业生态园区的生态化特点和政策工具体现了国家对于实现工业可持续发展的积极探索，其中包括“试点—示范—推广”的模式、学习型的政策、逐步多样的政策工具等。未来的工作需要注重理清产业共生的内涵，确定相应的政策目标、政策工具和评价体系。我国在推进工业园区生态化过程中，采取了先进行试点、然后树立示范、最后推广到更多园区的模式。这种方式有助于在初期探索有效的生态化路径，随后通过示范效应带动其他园区跟进实施。政策的制定和实施过程中，政府采取了学习型的态度，即在实践中不断吸取经验、调整和完善政策，以适应工业园区生态化的实际需求。为了促进工业园区的生态化，政府运用了逐步多样化的政策工具，这些工具包括但不限于财政补贴、税收优惠、绿色信贷等，以激励和引导园区及其企业走生态化发展道路。工业园区生态化的过程中，参与的政府部门逐渐多样化，并最终向整合的趋势发展。这表明生态工业园区的建设是一个跨部门协作的过程，需要多方面的支持和配合。在工业园区生态化的实践中，产业共生和多种环境管理措施是并行推进的。产业共生促进了企业间的资源循环利用，而环境管理措施则确保了园区整体的环境友好性。我国不同类型的生态化建设园区有各自的侧重点和建设要求，这有助于园区根据自身特点制定合适的生态化策略，实现绿色、可持续的发展。在生态工业园区的发展过程中，持续的优化与创新是关键。园区需要不断引入新技术、新管理模式，以及新的环保理念，以提升园区的整体生态效率和环境质量。生态工业园区的建设不仅是政府和企业的责任，也需要公众的参与和支持。提高公众对生态工业园区重要性的认识，可以增强社会对生态化发展的支持力度。在全球化背景下，与国际先进生态工业园区的交流与合作，可以为我国工业园区生态化提供新的视角和解决方案。

综上所述，我国工业园区生态化的发展不仅有助于提高资源利用效率和环境保护水平，还能推动经济的转型升级，实现长期的可持续发展。

(4) 规划原则与评价指标。

生态工业园区的规划应遵循与自然和谐共存、生态效率、全生命周期绿色等原则。同时，评价指标涵盖经济发展、产业共生、资源节约、生态环境保护和绿色管理等方面。园区规划应基于循环经济的理念，促进物质的循环利用和能量的高效流动。应用工业生态学原理，模拟自然生态系统中的物质和能量流动，实现产业之间的相互依存和资源共享。园区内的企业应遵循清洁生产的要求，减少废物和污染物的生成。在规划中应注重资源的节约使用和环境的保护，以实现园区的可持续发展。据《国家生态工业示范园区标准》（HJ 274—2025），指标分为必选指标和可选指标，共计 32 项，其中必选指标 17 项，可选指标 15 项。这些标准的制定和实施对于指导工业园区的生态化建设、管理和验收工作具有重要意义，是评估和认证生态工业园区的重要依据。生态工业园区的规划和评价是一个系统工程，需要综合考虑经济、环境和社会效益，通过科学的规划和严格的评价体系，推动园区向更加绿色、高效、可持续的方向发展。

1.2.4.2 中国生态工业园区发展模式

中国生态工业园区的发展已超过 26 年。在发展过程中形成了“有标准可依，依标准建设，据标准考核，示范试点带动，建立长效机制”的发展路线图。

生态工业园区建设过程中“有标准可依、依标准建设”是基础。国家环保总局（现生态环境部）为推动工业领域生态文明建设，规范国家生态工业示范园区的建设和运行，于 2015 年修订了《国家生态工业示范园区标准》（HJ 274—2015），该标准规定了国家生态工业示范园区的评价方法、评价指标和数据采集与计算方法等内容。本标准适用于国家生态工业示范园区的建设和管理，可作为国家生态工业示范园区的评价依据，作为建设规划编制、建设成效评估的技术依据，也可作为其他相关生态工业建设咨询活动的参考依据。《国家生态工业示范园区标准》（HJ 274—2025）还明确了国家生态工业示范园区应该完成相应的全部必选指标和可选指标，至少 23 项。园区根据自身发展特点自行选择适合的可选指标。考核指标涉及生态工业、节能减排、循环经济、低碳环保等方面。

改革开放以来，工业园区历经 40 余年的发展，在国家层面形成了三大标志性示范试点园区：一是生态环境部、商务部和科技部联合推动的生态文明建设示范区（生态工业园区），截至 2023 年 4 月，全国共命名 73 个国家生态工业示范园区。二是国家发展和改革委员会、财政部联合推动的循环化改造示范园区，截至 2023 年 3 月，全国共有 129 家园区完成循环化改造示范园区的验收。三是工业和信息化部推动的绿色园区，近五年间共有 5 批 225 家绿色园区陆续入选。归纳总结的现阶段中国生态工业示范园区的发展模式如图 1-13 所示。

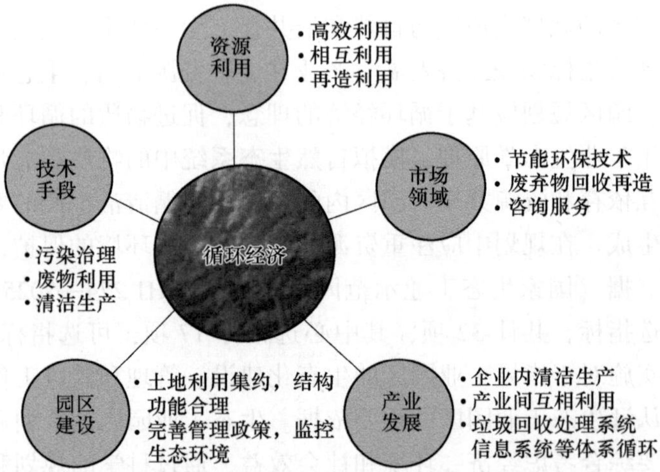

图 1-13　中国生态工业示范园区的发展模式

中国近 30 年来工业化和城市化并举的发展特点，决定了国家生态工业示范园区发展由政府、市场和企业三个方面共同推进，实践层面可分为企业、产业集群、园区和社会四个层面。

中国政府在推进生态工业园区发展中发挥着重要的领导作用。从 2007 年开始，国家生态工业示范园区由国家环保总局（现生态环境部）独自推动发展到三部委联合推进，即凸显了政府加强对生态工业园区建设工作的领导作用。生态工业园区的实践需要加强企业、产业间联系，如物质循环利用，能量梯级利用等，因此企业无疑是生态工业园区理念最重要的实施者。前述关于中国生态工业园区的定义中，一个愿景是经济协调健康发展，因此生态工业园区建设涉及的资源能源循环利用应符合市场经济的规律，在产生环保效益的同时要有经济效益，对企业推进生态工业园区建设产生激励作用。

1.3 我国建设工业固废生态工业园区的意义

推进生态工业园的建设与发展，是解决资源、环境瓶颈制约的根本途径。我国能源、水资源等重要资源人均占有量严重不足，生态环境脆弱，面临日益严峻和紧迫的重大瓶颈约束，这些问题的严重性和解决这些问题的复杂性在世界发展史上前所未有。据统计，我国人均能源占有量不到世界平均水平的1/2，石油仅为1/10，水资源仅为1/4。与此同时，由于技术落后和长期粗放经营，进一步加剧了环境污染和资源损耗。实践表明，传统的“高投入、高消耗、高污染、低效率”的路子已经难以为继，大力推进生态工业园的建设与发展是突破资源和环境瓶颈约束的基本实践形式。

1.3.1 我国工业固废生态工业园区发展历程

生态工业园区的概念来自于欧美发达国家，其关于生态工业园区的定义更多侧重地理空间邻近的企业间废弃物交换、基础设施共享等方面。中国将国家级和省级开发区经生态化改造建设生态工业园区的发展特点，与国外生态工业园区的发展有显著的区别，因此亟需形成适合中国发展特点的生态工业园区发展模式。我国现阶段生态工业园区发展，是吸收了生态工业的发展理念，以已有10~20年发展历程的各类国家级和省级开发区为载体进行实证应用，以期提升开发区经济发展过程中的环境行为，实现可持续发展，并在实践中形成适合中国的生态工业园区理论。中国近30年来工业化和城市化并举的发展特点，决定了生态工业园区必须采取以政府为主导，以市场为推动，以企业为主体，从企业层面、产业集群层面、园区层面和社会层面四个方面推动中国生态工业园区发展的方案。

改革开放以来，我国的经济发展进入了全新的历史时期，工业园区的发展也与整个经济社会的发展密切相关，经历了三代园区的演变：

（1）我国第一代工业园区是经济技术开发区，主要以劳动密集型的“三来一补”型企业为主，技术含量低，环境污染严重，其基本功能是坚持以工业为主，以吸引外资为主，以拓展出口为主。20世纪70年代末，我国创立了第一个对外开放的工业园区——蛇口工业园区。1984年4月，经国务院批准，在14个对外开放的沿海城市创办了我国第一批14个经济技术开发区。截至2007年5月，全国共有54个国家级经济技术开发区。

（2）第二代工业园区是高新技术产业开发区，以高新技术的支撑为特色，较第一代园区有了进步，但没有从根本上改变资源消耗和环境污染问题，其功能是发展我国高新技术产业。1985年7月，国家科委（现科学技术部）根据中央关于科技体制改革决定的精神，作为试点，与中国科学院和深圳市人民政府合作创办了深圳高新区，从此启动了第二代工业园区的建设。到 1988 年 5 月，批准设立了第一个国家级高新技术产业开发区——中关村科技园区。截至 2007 年 5 月，经国务院批准的国家级高新区有 55 个。

（3）第三代园区是生态工业园，其基本功能是解决经济、环境和社会三者协调发展的问题。在国外生态工业园成功运行的实践经验的启发下，我国自 1999 年开始启动生态工业示范园区建设试点工作，建立了第一个国家级贵港生态工业（制糖）示范园区。

生态工业园作为继经济技术开发区、高新技术开发区之后中国的第三代产业园区。它与前两代园区的最大区别是：以生态工业理论为指导，着力于园区内生态链和生态网的建设，最大限度地提高资源利用率，从工业源头上将污染物排放量减至最低，实现区域清洁生产。与传统的“设计—生产—使用—废弃”生产方式不同，生态工业园区遵循的是“回收—再利用—设计—生产”的循环经济模式。它仿照自然生态系统物质循环方式，使不同企业之间形成共享资源和互换副产品的产业共生组合，使上游生产过程中产生的废物成为下游生产的原料，达到相互间资源的最优化配置。总之，与传统的第一代、第二代园区相比，作为第三代园区的生态工业园具有以下鲜明的特征：

（1）资源共享。生态工业园依据因地制宜、系统分析的原则建设，呈现出物质和能量集成、群落合作、资源共享的特点，适时吸收新的企业，实现能源流在更大范围内的循环流动。

（2）资源利用与生态保护并重。生态工业园秉持作为一个系统整体与外部环境协调、友好的理念，注重资源开发利用与生态保护、建设并重，能够在发展中不断提高其适应性和风险应急能力，保证系统的动态平衡，实现稳定、平衡地向前发展。

（3）实现资源增值与生态经济双赢。生态工业园力求在个体追求经济效益的同时，实现系统总体资源的增值和生态经济双赢。

（4）技术与制度的整合。生态工业园与以往工业生产模式不同，实现了技术方法和机构制度的整合。生态工业园在发展过程中，充分利用园区各方面的优势，既实现了经济的快速发展，又保护了环境，提高了资源的利用率，在国际上生态工业园已经成为实现可持续发展的重要途径。生态工业园建设的目标是实现环境、经济和社会的协调和持续发展，工业生态学的实践为可持续发展的实现提供了系统的解决方案。通过生态工业园区建设，可使园区内环境影响减少到最小，能够显著地改善企业的经济绩效，推动社会经济增长，真正实现经济与环境的协调发展。生态工业园区的建设是实现循环经济的有效途径，不仅使区域工业层次的循环经济成为现实，还可以引导国家层次循环经济和循环型社会的建立，为传统产业转为循环经济提供范例，为区域经济结构、产业结构、产品结构调整提供发展空间。生态工业园的建设把生态效益、经济效益和社会效益统一起来，是实现新型工业发展战略的最终选择。

我国是世界上最大的发展中国家，人口众多，人均资源占有量少，许多地区生态系统十分脆弱，有的已经严重恶化，环境质量问题令人担忧，生态环境问题影响了我国经济的可持续发展。

当然依据中国共产党治国的方针政策，也有把我国工业园区发展分为起步探索、快速发展、平稳调整和科学发展四阶段的理论。

（1）第一阶段：起步探索阶段（1984—1991 年）。这一阶段是从经济特区过渡为工业园区的起步。1985 年中共中央《关于科学技术体制改革的决定》提出："要在全国选择若干智力密集的地区，采取特殊政策，逐步形成具有不同特色的新技术开发区。"随后，我国第一批经济技术开发区和高新技术产业开发区在东南沿海城市建立，以广东"三来一补"式国外代工的招商型工业集聚为主要特征，探索引进先进技术，传播新工艺、新技术和科学的管理经验，发展中外合资、合作、外商独资的企业和机构。

（2）第二阶段：快速发展阶段（1992—1997 年）。1992 年邓小平视察南方的讲话，强调要加快改革开放的步伐，集中精力把经济建设搞上去。全国各地市、各县区和乡镇、农村均兴起"开发区"热，实现"镇镇建区、乡乡办园"，工业园区在数量上突飞猛进，掀起了对外开放和引进外资的一轮新高潮。

（3）第三阶段：平稳调整阶段（1998—2002 年）。经过两阶段的发展，一些开发早、规模大的国家级开发区的基础更加雄厚，投资环境优势更加突出，并逐渐向兼具居住、服务等多种功能的城市新区转变。但亚洲金融危机导致外部市场萎缩，工业园区的投资增速明显放缓。工业园区在内部竞争、外部经济压力的促使下，面临重新洗牌的挑战。此时若干园区引入"生态工业"的新理念，开展建设生态工业园区的探索。2001 年，我国第一个国家级生态工业园区——广西贵港国家生态工业（制糖）示范园区经国家环保总局（现生态环境部）批准建设，标志着我国工业园区开拓了新的发展方向。

（4）第四阶段：科学发展阶段（2003 年至今）。2003 年，国务院对工业集聚区和园区进行清理整顿，将近 7000 家工业园区清理整顿至 2000 余家，使工业园区的发展逐渐规范化。中共中央提出科学发展观以来，工业园区的发展方针调整为以提高吸收外资质量，发展现代制造业并优化出口结构为主，致力于发展高新技术产业和高附加值服务业，并从工业园区向多功能综合性产业区发展，逐步走上一条科学发展之路。由于工业园区发展引发的环境污染与经济发展的矛盾冲突日益尖锐，越来越多的工业园区选择能够提高工业系统资源利用率、降低区域环境负荷、提高企业经济效益的生态工业园模式。

1.3.2 我国工业固废工业园区如何“生态化”

在我国，工业园区作为区域经济发展的新焦点，如雨后春笋般兴盛起来，不少工业园取得了经济效益，甚至成为区域形象工程。伴随中国经济发展，中国产业园区数量和规模持续增长，各类产业园区总数超15000个，以开发区为例，根据国家发改委、科技部等政府部门颁布的《中国开发区审核公告目录（2018年版）》显示，2018年中国共有2543家开发区（包括国家级开发区552家和省级开发区1991家），比2006年共增加975家。目前，各地区政府把工业园区建设作为拉动区域经济增长的新引擎，纷纷制定政策与规划推动工业园区的发展。但是，由于我国工业园建设起步较晚，建设经验不是很丰富，在我国工业园快速发展的背后，也凸显出一些问题。如园区总体规模偏小、集约化不够；园区定位不明，园区产业结构趋同；缺乏统一的科学规划；园区投资偏低、特色不明；用地难、融资难等。

1.3.2.1 我国以产业集群为基础的生态工业园建设

（1）我国生态工业示范园区的建设具有行业特点。根据《国家生态工业示范园区管理办法》和《关于做好部分批准建设国家生态工业示范园区后续管理工作的通知》等，环境保护部会同商务部、科技部对未如期完成创建任务的园区，组织开展全面清理工作。

（2）我国生态工业示范园区的建设具有区域特点。

对现有经济技术开发区或高新技术开发区进行生态化改造的工业园区，以及新规划建设的生态工业园区有天津经济技术开发区、大连经济技术开发区、苏州高新区等。

1.3.2.2 循环经济理念引导工业园的“生态化”建设

传统工业体系具有单向线性和不可逆性，忽视了经济结构内部各产业之间的有机联系和共生关系，各企业的生产过程都是相互独立地消耗原料生产产品和生产废物，这是导致环境污染严重和资源消耗过多的主要问题之一。

生态工业园运用产业生态学原理，以物流或能流传递等方式把不同工厂或企业连接起来，形成共享资源和互换副产品的产业共生组合，使一家工厂的废弃物或副产品成为另一家工厂的原料或能源，模拟自然系统在产业系统建立“生产者—消费者—分解者”的循环途径，寻求物质闭环、能量多级利用和废物产生最小化，实现园区的环境与经济双赢。

参考文献

[1] 马克思，恩格斯．马克思恩格斯选集（第一卷）[M]．中共中央马克思、恩格斯、列宁、斯大林著作编译局，译．北京：人民出版社，1972：256.

[2] 恩格斯．自然辩证法 [M]．中共中央马克思、恩格斯、列宁、斯大林著作编译局，译．北京：人民出版社，1971：159.
[3] 周立新．生态工业园的发展战略研究 [D]．南京：南京理工大学，2008.
[4] 亚当・斯密．国民财富的性质和原因的研究（上卷）[M]．郭大力，王亚南，译．北京：商务印书馆，1972：73.
[5] 谭崇台．发展经济学的新发展 [M]．武汉：武汉大学出版社，1999：612-613.
[6] 赫尔曼・E・戴利，肯尼思・N・汤森．珍惜地球——经济学、生态学、伦理学 [M]．马杰，译．北京：商务印书馆，2001：146.
[7] 王雪梅．共生管理理念及其应用价值研究 [D]．哈尔滨：黑龙江大学，2020.
[8] 袁纯清．共生理论——兼论小型经济 [M]．北京：经济科学出版社，1998：69.
[9] 邓伟根，陈林．产业生态学的一种经济学解释 [J]．经济评论，2006（6）：74-79.
[10] Mirata M. Experiences from Early Stages of a National Industrial Symbiosis Programme in the UK：Determinants and Coordination Challenges [J]. Journal of Cleaner Production，2004，12（8/10）：967-983.
[11] Salmi O. Eco-efficiency and Industrial Symbiosis-A Counterfactual Analysis of a Mining Community [J]. Journal of Cleaner Production，2006，15（17）：1696-1705.
[12] 郭莉．工业共生进化及其技术动因研究 [D]．大连：大连理工大学，2005.
[13] Linnanen L. Essays on Environmental Value Chain Management Challenge of Sustainable Development [M]. Jyvaskyla：School of Business and Economics University of Jyvaskyla，1998：8.
[14] Dunn C B，Steinemann A. Industrial Ecology for Sustainable Communities [J]. Journal of Environmental Planning and Management，1998，41（6）：661-672.
[15] Ashford N A，Raymond P. Côté. An Overview of the Special Issue [J]. Journal of Cleaner Production，1997，5（s1-2）：i-iv.
[16] Graedel T，Allenby B. Industrial Ecology [M]. Upper Saddle River：Prentice Hall，1995：21-30.
[17] Lester R. Brown. Eco-Economy：Building an Economy for the Earth [M]. New York W. W. Norton & Co.，2001：2，4-5，6，21-22，80，88，312.
[18] Hawken P，Lovins A，Lovins L H. 自然资本论——关于下一次工业革命 [M]．王乃粒，诸大建，龚义台，译．上海：上海科学普及出版社，2007：4，11.
[19] 王虹．生态工业园区运行机制与评价体系研究 [M]．北京：中国环境科学出版社，2008.
[20] Boulding K E. TheEconomics of the Coming Spaceship Earth [J]. Environmental Quatity in a Grouting，1966，58（4）：947-957.
[21] 吕鲲，李北伟．国内大循环下双循环经济系统的有序性研究 [J]．技术经济与管理研究，2022（9）：9-14.
[22] 吴季松．新循环经济学 [M]．北京：清华大学出版社，2005：16，90，221.
[23] 诸大建．可持续发展呼唤循环经济 [J]．科技导报，1998（9）：39-42，26.
[24] 冯之浚．“循环经济”是个大战略 [J]．科学学与科学技术管理，2003（5）：1.

［25］张思锋，周华．循环经济发展阶段与政府循环经济政策［J］．西安交通大学学报（社会科学版），2004（3）：47-52.
［26］马凯．贯彻和落实科学发展观 大力推进循环经济发展［J］．中国能源，2005（5）：4-5，33.
［27］窦坤．自然科学中的人文精神——以熵增加原理蕴含的道德行为规范为例［J］．人文杂志，2020（3）：16-20.
［28］杨龙雪．生态工业园区建立对绿色经济增长的影响研究［D］．南京：南京财经大学，2023.
［29］余德辉，王金南．循环经济——21 世纪的战略选择（下）［J］．沿海环境，2002（2）：10-11.
［30］王艳艳，郭延柱，司维．工业园区开展生态文明建设的路径和实践模式［J］．再生资源与循环经济，2018，11（2）：7-10.
［31］王松．镇宁县生态建设与发展研究［D］．贵阳：贵州大学，2006.
［32］刘丹丹，康婷婷，林立清．传统开发区转型升级过程中的生态工业园区建设路径——以苏北某开发区为例［J］．再生资源与循环经济，2018，11（11）：15-17.
［33］董业斌，张梦莎，李志东，等．我国工业生态园区建设的社会背景及发展趋势［J］．生态经济（学术版），2010（2）：258-261，265.
［34］Edward C. 设计生态工业园：美国经验［J］．产业与环境（中文版），1997（4）：14-18.
［35］Coté R，Hall J. Industrial Parks as Ecosystems［J］. Journal of Cleaner Production，1995，3（1/2）：41-46.
［36］Lombardi D R，Laybourn P，Gillespie B，et al. Industrial Symbiosis in Action，Report on the Third International Industrial Symbiosis Research Symposium［EB/OL］. 2008-08-15.
［37］中华人民共和国环境保护部．国家生态工业示范园区名单［EB/OL］. 2008-07-18.
［38］吴一平，段宁，乔琦，等．全新型生态工业园区的工业共生链网结构研究——新疆石河子国家生态工业（造纸）园区的设计分析［J］．中国人口·资源与环境，2004（2）：126-131.
［39］韩良，宋涛，佟连军．典型生态产业园区发展模式及其借鉴［J］．地理科学，2006（2）：2237-2243.
［40］田金平，刘巍，李星，等．中国生态工业园区发展模式研究［J］．中国人口·资源与环境，2012，22（7）：60-66.
［41］郭建华，侯渡舟，贾广征．基于循环经济下的生态工业园模式［J］．现代企业教育，2007（1）：137-138.
［42］陈林玲．工业园区建设若干问题探讨［J］．浙江经济，2003（3）：57-58.

2　生态工业园区建设规划研究

所谓生态工业园区建设规划，是根据清洁生产要求、循环经济理念和工业生态学一般原理，收集城市用地和人口等信息，依据建设规划原则逐步制定的，涵盖生态工业园区选址、基础设施建设、工业园建筑建设，构建工业共生产业链，以及发展战略的谋划与安排。生态工业园区建设规划是生态工业园区建设必须遵循的纲领性文件，是更大区域循环经济发展规划的重要组成部分。

2.1　城市用地分类及建设规划

2.1.1　城市用地

人为活动对环境的影响强度从城市外围向城市中心不断增加，致使不同地区无论在无机的物理环境还是有机的生物环境方面都存在着空间上的差异。Sukopp 在 1973 年曾将城市按照同心圆结构划分为以下四个区：密集建筑区、稀疏建筑区、近郊区和远郊区。城市分区在很大程度上是由城市总体布局决定的。而城市总体布局形式，除了受城市性质和规模以及城市发展的经济技术水平制约外，还受自然条件，包括山地、河流等地质地貌的影响。因此，城市分区将直接或间接地对人们在城市中的各种活动产生影响，这是在进行城市总体规划布局时必须考虑的。某城市规划用地平衡见表 2-1。

表 2-1　某城市规划用地平衡表

用地代号		用地名称	面积/公顷		占建设用地比重/%		人均建设用地/(m^2·人$^{-1}$)	
			现状	远期	现状	远期	现状	远期
R		居住用地	307.6	732.7	48.45	26.38	65.74	29.02
其中	R	居住用地	293.4	709.0	46.21	25.52	62.70	28.08
	RO	中小学、幼儿园	14.2	23.7	2.24	0.85	3.03	0.94
C		公共设施用地	88.3	350.6	13.91	12.62	18.87	13.89

续表 2-1

用地代号		用地名称	面积/公顷		占建设用地比重/%		人均建设用地/(m^2 · 人$^{-1}$)	
			现状	远期	现状	远期	现状	远期
其中	C1	行政办公用地	2.3	7.0	0.36	0.25	0.49	0.28
	C2	商业金融用地	54.0	100.3	8.51	3.61	11.54	3.97
		市场用地	26.2	193.6	4.13	6.97	5.60	7.67
	C3	文化娱乐用地	0.3	7.5	0.05	0.27	0.06	0.30
	C4	体育用地	0	5.0	0	0.18	0	0.20
	C5	医疗卫生用地	1.9	10.6	0.30	0.38	0.41	0.42
	C6	教育科研用地	3.3	26.3	0.52	0.95	0.71	1.04
	C7	文物古迹用地	0.3	0.3	0.05	0.01	0.06	0.01
M		工业用地	172.7	760.6	27.20	27.38	36.91	30.12
W		仓储用地	4.2	66.8	0.66	2.40	0.90	2.65
T		对外交通用地	2.3	81.7	0.36	2.94	0.49	3.24
S		道路广场用地	54.3	501.9	8.55	18.07	11.60	19.88
U		市政公用设施用地	3.8	9.9	0.60	0.36	0.81	0.39
G		绿地	1.7	273.6	0.27	9.85	0.36	10.84
其中	G1	公共绿地	1.7	30.2	0.27	1.09	0.36	1.20
	G2	防护绿地	0	243.4	0	8.76	0	9.64
城镇建设用地			634.9	2777.8	100.00	100.00	100.00	110.01
E1		水域	193.0	48.0				
规划范围面积				2825.8				

各类环境类型及特征如下：

（1）城市中心商业区：商业金融活动强度大，建筑物鳞次栉比，野生动植物几乎绝迹。其中，老城区是具有历史文化积淀的老建筑，应该给予重点保护；新城区建筑物高度应统一规划，注重生态环境的保护。

（2）居住区：可分为传统居住区（北京四合院、上海石库门等）、多层居住区、高层公寓区、花园住宅区（拥有较大花园绿地的别墅住宅）和农村居住区。

（3）公共建筑区：包括大型公共建筑、公用设施以及文教卫生机构所在地区。

（4）工业区：建筑密集工业区建筑物和生产设施密集，80%~100%地面被封闭，多为中小型工厂集中区。建筑物稀疏地区，厂区有大片绿地，多为现代工业园。

（5）交通运输用地：包括铁路设施、公路设施（道路绿化）、民用机场和港口码头。

（6）仓储用地：包括大型堆栈、库房及其附属设施，封闭地面达 80%以上。

(7) 闲置备用地：包括城市各种用地类型中的废弃地和暂未利用空地，存在自然植被生长的可能性。

(8) 园林绿地：城市园林绿地比较复杂，从强调管理的观赏公园直到相对接近自然的森林公园，主要分为公共绿地（包括公园及街头绿地，绿化植被以人工种植为主)、防护绿地（主要为公路两侧的防护林、基础设施的绿化隔离带以及生产设施与生活设施之间隔离绿化)。

(9) 农业用地：包括作物大田、经济植物园、蔬菜地和果园等。

(10) 水域：包括河流水渠、湖泊和池塘。保留有一定的景观特性和生态调节功能。

2.1.2 城市人口

城市是人类社会经济发展的必然产物，是人类景观生态演替的必然结果。城市作为一种重要的人工生态系统，它是由城市居民与其生存环境相互依赖、相互联系、相互作用而形成的一个整体，是人类在对自然生态系统加工、改造的基础上建立起来的人工生态系统。

城市人口的规模和构成从数量和组成上反映了城市人口在生态系统中的主要特征和作用。城市人口规模指的是一定的城市地域内聚集的人口数量及其分布密度，是反映城市规模的主要标志之一，同时也可表明城市生态系统的人口负荷程度；城市人口的构成是指城市人口的组成和结构，包括户籍人口、暂住人口、常住人口、性别构成等。

城市人口规模是城市规模的一个反映方面（城市规模指城市人口规模和城市用地规模，是城市总体规划层面需要解决的主要问题之一)。

在单位人口的生态作用强度不变的情况下，城市人口数量可以反映这个城市对其地域资源环境系统压力的情况。如果城市人口数量过大，经济活动的强度和范围超过了一定的限度，则城市人口就和城市资源在总体上出现不协调和不适应等情况，并将伴随一系列城市生态与经济的恶性循环。

2.2 生态工业园区建设的总体规划

2.2.1 工业园、开发区、产业园区的发展

2.2.1.1 工业园、开发区、产业园区名词解释及分类

从三者的定义上可知工业园、开发区、产业园的行政级别是不一样的。开发区是一级行政机构，由国务院和省、自治区、直辖市人民政府批准在城市规划区内设立，是从比较大的地级市、直辖市或省级行政主体分离出来的，为了支持地

区发展地方经济、加快城市融合等特殊原因成立的，其中各种机构相对完备，与政府类似，通常以管委会的形式作为其政府机构。工业园跟产业园还称不上是一个行政主体，工业园是建立在一块固定地域上的由制造企业和服务企业形成的企业社区。此外，三者的发展侧重点及发展目标也均有不同。其中，产业园发展范围较小，集中发展某一产业。

我国的工业园区包括各种类型的开发区，如国家级经济技术开发区、高新技术产业开发区、保税区、出口加工区以及省级各类工业园区等。工业园区的用途相当多元，除了工厂、厂办等一般工业设施之外，也可提供高科技产业使用，甚至有研究机构与学术机构进驻。工业园区如经过妥善地开发，通常会发展成为一个产业聚落。工业园、开发区、产业园区的分类见表 2-2。

表 2-2　工业园、开发区、产业园区的分类

园区类别	工业园	开发区	产业园区
定义	工业园是建立在一块固定地域上的由制造企业和服务企业形成的企业社区。在该社区内，各成员单位通过共同管理环境事宜和经济事宜来获取更大的环境效益、经济效益和社会效益	开发区是指由国务院和省、自治区、直辖市人民政府批准在城市规划区内设立的经济技术开发区、保税区、高新技术产业开发区、国家旅游度假区等实行国家特定优惠政策的各类开发区	产业园区是指以促进某一产业发展为目标而创立的特殊区位环境，是区域经济发展、产业调整升级的重要空间聚集形式，担负着聚集创新资源、培育新兴产业、推动城市化建设等一系列的重要使命
类型	生态工业园、高新技术园区	经济开发区、高新技术产业开发区	物流园区、科技园区、文化创意园区、总部基地、生态农业园区等
发展侧重点	主要发展制造企业和服务企业，多种企业聚集	集中发展一两项产业	某一产业
目标	在最小化参与企业的环境影响的同时提高其经济效益	开发区分为经济开发区和高新技术产业开发区。其中，经济开发区是在某一区域集中兴办一两项产业，给予相应的扶植和优惠待遇，目标是使该区域的经济得以迅速发展。而高新技术产业开发区是以发展高新技术为目的	以促进某一产业发展为目标

2.2.1.2　我国工业园的演变历程

A　雏形的工业体系

工业园区自 20 世纪 50 年代以来在世界范围内迅速发展。建国初期，我国为改变贫穷的生活状况，提出了大力发展工业尤其是重工业的政策，形成了完整的工业体系，但重工业多为污染较为严重的企业，资源和能源消耗量大、废物排放量较多，给环境造成了很大的影响。

B 经济技术开发区

20 世纪 80 年代，随着中国改革开放的深入，工业园区在中国也蓬勃发展。自 1984 年国务院批准设立广州经济技术开发区以来，全国各地参照广东经济特区的做法先后建立了各种类型的开发区。经济技术开发区是指在沿海开放城市和其他开放城市划定小块的区域，集中力量建设完善的基础设施，创建符合国际水准的投资环境。通过吸收和利用外资，以兴办工业项目为主，发展加工出口产品。在中国的经济发展中成为各地的新经济增长和改革开放的先锋，成为经济发展的强大推动器。我国工业园的演变历程如图 2-1 所示。

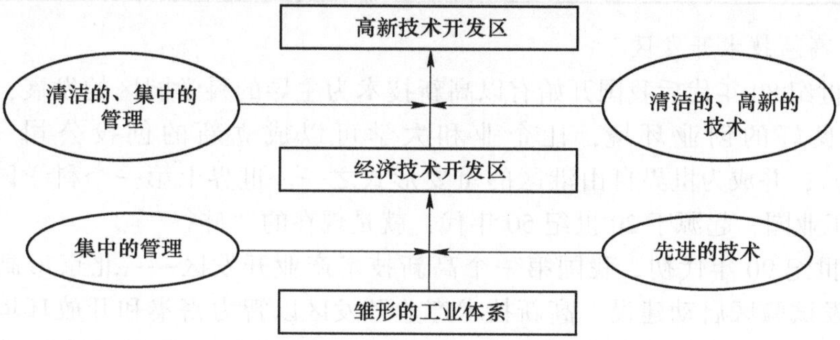

图 2-1 我国工业园的演变历程

以最先在东南沿海地区建立的 14 个国家级经济开发区为例。2010 年实现工业总产值 24495.6 亿元，较 1991 年增长近 168 倍，同期全国工业总产值仅增长 24.75 倍。2010 年，14 个开发区共实现税收 1432.4 亿元，较 1991 年增长 181 倍；出口总额达到 889.2 亿美元，较 1991 年增长 78 倍。这表明工业园区的经济增长速度远高于国家和地区经济增长的平均水平，为我国的经济发展起到强有力的推动作用，实现了经济的跨越式发展。

我国经济技术开发区在扩大对外开放，吸引大型跨国公司投资，形成产业聚集等方面取得了辉煌成就。2022 年，国家级经开区实现地区生产总值 14 万亿元，占国内生产总值的比重为 12%。截至 2022 年末，东部地区国家级经开区拥有主营业务收入 30 亿元以上、中西部地区国家级经开区拥有主营业务收入 15 亿元以上制造业企业共 1765 家，较前一年显著上升。国家级经开区实际使用外资金额 432 亿美元，占全国实际使用外资比重的 23%。实现进出口总额 10.3 万亿元，占全国进出口总额比重的 25%；其中高新技术产品进出口额 3 万亿元，占全国高新技术产品进出口额比重的 27%（见表 2-3）。国家级经开区拥有国家级孵化器和众创空间 683 家，省级及以上研发机构 1.2 万家，高新技术企业 6.5 万家，较上年末均有明显提升。国家级经开区规模以上工业企业单位工业增加值能耗、水耗同比均显著下降，工业固体废物综合利用率较上年提高 2 个百分点。截至 2022 年末，东部地区国家级经开区与中西部地区国家级经开区开展合作共建、国家级经开区对口援疆援藏援助边（跨）境合作区数量比上年增加 126 个。

表 2-3　2022 年 230 家国家级经济技术开发区经济发展情况

类　别	地区生产总值/亿元	工业总产值/亿元	工业增加值/亿元	进出口总额/亿美元	实际利用外资金额/亿美元
国家级经开区	140000	150000	92000	103000	432
占全国比例/%	12	—	—	25	23

C　高新技术开发区

20 世纪 80 年代后我国开始有以高新技术为主导的科学园区的发展，科学园区提供良好的创业环境，让企业和大学可以成立新的创投公司（Startup Company），并成为世界自由港区的重要形式之一。世界上第一个科学园区——斯坦福工业园，起源于 20 世纪 50 年代，就是现在的“硅谷”。

20 世纪 90 年代初，我国第一个高新技术产业开发区——北京市高新技术产业开发试验区启动建设。高新技术产业开发区以智力密集和开放环境等条件为依托，主要依靠国内的科技和经济实力，充分吸收和借鉴国外先进科技资源、资金和管理手段，通过实施高新技术产业的优惠政策和各项改革措施，实现软硬环境的局部优化，为最大限度地把科技成果转化为现实生产力而建立起来的集中区域。高新技术开发区是在经济技术开发区的基础上的更高层的工业区，是在我国经济有了一定“量”的发展的基础上，为了提高经济发展的技术含量，在一定区域内建立起来的技术密集型开发区，主要侧重于经济发展“质”的提高。为了迎接世界范围内新技术革命的挑战，1983 年国家对发展我国高技术产业做出了新的战略决策，确定了高技术产业发展的指导思想、主要方针和战略框架；1984 年 4 月，中国科学院赵文彦和国内其他一些专家学者相继提出兴办高新区的建议；1984 年 6 月国务院批转了《新的技术革命与我国对策研究的汇报提纲》，把试办城市新兴“技术经济密集区”作为我国迎接新技术革命挑战的重要措施之一；1985 年《中共中央关于科技体制改革的决定》进一步指出：“要在全国范围内选择若干智力密集地区，采取特殊政策，逐步形成具有不同特色的新技术开发区”；1985 年 7 月，国家科委（现科学技术部）根据中央关于科技体制改革决定的精神，作为试点，与中国科学院和深圳市人民政府合作创办了深圳高新区。从此，拉开了我国建设第二代工业园区的序幕。

在我国，高新技术产业开发区一般是在沿海开放城市设立的以发展知识密集型和技术密集型工业为主的特定区域，实行经济特区的某些较为特殊的优惠政策和措施，通过兴办中外合资经营、合作经营和外商独资经营的生产性企业，以及中外合作的科学研究机构，开发新技术、新产品，发展新兴产业。

2021 年，国家高新区的生产总值达到了 15.3 万亿元，相比 2015 年增长了近 9 成。这一增长反映了国家高新区在过去几年中的快速扩张和经济发展。在高新技术产业方面，2021 年国家高新区内企业的净利润率为 9.4%，高于高新区平均水平 2.2 个百分点。其中，高新技术制造业的企业平均净利润率为 7.4%，而高新技术服务业的企业平均净利润率更是达到了 11.3%。这些数据表明高新技术产业在国家高新区内的盈利能力较强，尤其是高新技术服务业表现更为突出。国家高新技术产业开发区的数量从 2012 年的 105 个增长到了 2021 年的 169 个，区内企业数也从 6.3 万家增加到 16 万余家。这一变化不仅体现了国家高新区数量的增加，也反映了企业数量和规模的大幅增长。国家高新区培育和壮大了一批优质的产业集群，这些集群在推动区域经济发展和科技创新方面发挥了重要作用。同时，国家高新区还与自主创新示范区、国家创新型城市实现了互动互补和互联互通。

D 生态工业园区

第三代园区是生态工业园，其基本功能是解决经济、环境和社会三者协调发展的问题。生态文明是全新的文明体系，它既要传承工业文明的优秀成果，又要在用更高的标准对工业文明进行深入剖析的基础上以创新的理念和技术消除工业文明的弊端。相对成熟的工业文明而言，生态文明是一场生产生活方式的深刻变革，是人类文明史上一次质的提升和飞跃。

工业文明因工业革命而生，随工业发展而长。工业是工业文明的主力军。工业在不断创造巨大物质财富的同时，也带来了资源消耗、环境污染与生态破坏。因此，工业又是生态文明建设的主战场。我国还处于社会主义初级阶段和工业化中期，城市化、工业化的路子还很长，包括传统工业、基础工业和新兴工业在内的各个工业门类，都还有广阔而持久的发展空间。实践证明，西方发达国家走过的“先污染后治理，牺牲环境换取经济增长”的老路，在我国走不通、走不起，也没有条件和可能再走，必须探索一条代价小、效益好、排放低、可持续的中国特色经济社会发展新道路。这条新道路的要点是以环境优化经济增长，着力推进绿色发展、循环发展、低碳发展，形成节约资源和保护环境的空间格局、产业结构、生产方式、生活方式。这条新道路的重点在工业，难点在工业，亮点也在工业。

2.2.2　生态工业园区建设规划的原则

2.2.2.1　生态工业园区规划的理念

（1）弹性规划理念。

弹性规划理念强调将规划设计中的各个方面统筹考虑，包括社会经济、人文历史、园区景观等方面。园区的发展和完善是一个动态的过程。因此，必须对园区各项建设进行统筹安排，应采取统一规划、分期实施的原则，正确处理好近期建设与远期发展的关系，以远期发展的合理性为主导，兼顾近期建设的需要和可行性。

弹性规划的规划设计是多元的，它是规划方案的集合。弹性规划方案的集合中有很多种规划方案对应一种经济社会和环境现状，而在任何一种社会经济和环境下都有唯一适合的方案，也就是最优方案。当今经济飞速发展，区域经济急剧增加，空间布局多变，所以在制定工业园区空间布局的时候就应从长远的角度出发。工业园区弹性规划是指在规划的思路、指标体系以及循环体系中指定一个中间目标，以中间目标为中心，指定合理的弹性上限和弹性下限，使得工业园区的发展对于不确定的社会经济和环境变化更具有适应性，更具有宏观的控制能力和把握全局的能力。

（2）生态和谐理念。

生态和谐理念是绿色工业园区规划与设计的核心理念，它强调人与自然、人与社会的协调与有机发展各个方面，强调和谐的系统性与可持续性，要求园区体现系统整体和谐原则，从而产生了有别于传统和谐思想的美学观念。而且生态和谐理念更重视人及其存在环境的动态平衡，强调自然与人文环境协调以及和谐共生，力图实现园区环境的不断改善与园区文化的可持续发展。在园区规划建设满足功能要求和生产需求的同时，保证园区生态环境可持续发展。

（3）人文关怀理念。

人文关怀理念是站在科学与“以人为本”的高度上对工业园区规划的深入思考，既要追求理性主义的合理高效规划布局，又要注重浪漫主义和人文主义的空间环境建筑形象，强调园区人文关怀理念。园区规划应注重人的感受，塑造的多层次的场所在开放空间、比例与尺度把握、建筑空间布局等方面强调人性化设计，努力满足人的情感需求。同时，充分考虑园区空间的不同群体的共享，充分调查人的特定行为模式。据此进行环境适应性的设计，反映园区人文关怀特色，表达绿色人文精神。同时，园区规划建设也应从人的生理、心理和行为需求出发，对园区工作和休憩模式进行生态整合，有机协调工业生产、经济发展和自然的共生关系，从而使园区更加适合员工工作与交流，真正做到人文关怀，实现园区和谐的有机运转。

2.2.2.2 生态工业园区规划的原则

与传统的工业园区有着重要的区别，生态工业园区的运作是依据生态学原则的园区设计来实现的，这些原则主要包括以下内容。

（1）循环性。这是生态工业园区的重要原则，其目标是把最主要的营养物质保存在系统内部。它包括三方面的内容：

1）物质循环。目前工业发展所依赖的石化、矿物资源是有限的，但工业生产总是在不断地消耗这些资源，同时经过生产和消费等环节又产生大量的废物，解决这一矛盾的关键就是实现废物资源化和工业体系内的物质循环，构筑工业共生系统。

2）合理用能。能量虽然不能循环使用，但是可以根据能量品质的不同实现梯级用能、回收生产过程的废热或利用废弃物充当能源，合理用能是节约能源的重要途径。

3）信息共享与反馈。现代社会中，信息作为一种特殊的资源，可以被无限分享，信息的传播将部分减少物质和能量的流动，同时也是实现生态工业稳定发展的有力保证。

此外，工业园区内部规划建设时，应充分考虑到生产中出现的污染现象。对于污染较重的工业园区应尽量做到生产过程的内闭和生产中的循环利用，同时在园区的边界布置隔离带，对其进行阻挡和封闭，防止有害气体、粉尘等扩散到外界环境中污染空气，做到园区的内闭循环。

（2）衔接性。设计生态工业园必须首先考虑园区成员间在物质和能量的使用上是否形成类似自然生态系统的生态链或食物链，只有这样才能实现物质与能量的封闭循环和废物最少化。园区组织是有市场供需关系的成员在地域上的邻近，园区成员间是否具备供需关系、供需规模，以及供需的稳定性均会影响到园区的废物再生水平，如果供大于需，即废物产生量大于相关企业的需求、消纳能力或者是种类上不匹配，废物减量化目标将难以实现。生态链原则需要工业园区成员的匹配，因此生态工业园区设计的关键是企业、行业的匹配，在区域已经有的企业中或者区域外有发展潜力的行业中找出已经有或可能有的废物流动关系，通过专家分析，筛选出类别、规模、方位上相匹配的设计或改造方案。

原料链在生态工业园区中的配比取决于园区中不同产品、不同生产过程和不同企业对资源和能源需求的差异。原料链上、下游企业间灵活、高效的合作关系是园区得以生存的基础。因此，相互耦合的企业所属行业必须要具有一定相关度，要做到废物有“用武之地”，并且可能“一废多用”，即一个企业排出的废料可应用到两个以上的原料链中，分别与两个或多个行业的企业耦合构成循环系统，确保所有物质都得到循环往复地利用，凸显最大的生态经济效益。

（3）多样性。多样性原则是建设园区生态工业链网结构的基础。以经济价值作为唯一目标将使生态工业的多样性大打折扣。要实现工业经济的多样性，首先要目标多元化，它确保了工业生态系统具有较高的柔性和适应性。因此，在发展经济的同时必须兼顾环境、生态、社会等多重目标，政府在制定政策的过程中可考虑将这些内容涵盖进去。在园区建设中，可以引进不同的产品、不同的生产过程和不同的企业，利用它们对资源和能源的需求差异，实现优势互补，形成灵活、高效的合作关系。园区成员组成和相互间的联系要多样化，而且要有创新，不能一成不变，这样才能保证工业生态系统的平衡和稳定发展。此外，多样性原则对建设稳定、丰富的景观生态系统以及社会生态系统同样具有指导意义。

（4）高效性。在追求经济成本和环境成本优势的市场里，仅仅是地域上的邻近已经不足以确保现代企业竞争力。生态工业园区的设计在于形成高效的工作系统。园区内部有着很好的友邻关系，这主要指园区内企业、政府和社区间有着紧密、高效的合作和畅通的交流。园区通道包括公路、轻轨、铁路和管道应靠近废物、废水或能量的利用者或供应者，同时对希望购买或售卖废物的个人和小商业者保持良好的通达性，包括物资流通和信息交流。

生态工业园区别于传统的废物交换项目，它并不满足于简单地进行一来一往的资源循环，旨在系统地增加一个地区的总体资源。因此，园区将承担所在区域的经济发展、资源永续、社会安定的任务，它的运作将以园区所有成员包括企业、政府、社区为了减少废物和增加经济效益而进行的密切合作为基础。在运转机制上，生态工业园区则是一个有着高效的物质、能量和信息流动的网络，而网络的组织和各个节点的绩效则是决定生态工业园区效率的关键因素。

（5）地域性。生态工业园区要根据当地实际的自然条件和技术条件，科学合理地选择和调整产业结构和产业布局，以获得地尽其利、物尽其用的最大经济效益，同时保护良好的生态环境。生态工业园区不是封闭的个体，它通过生态链将周边区域内的企业纳入到整体生态工业大循环中，使地区经济发展和环境保护融为一体，共同繁荣。

（6）进化性。生态工业的实现具有进化性。生态工业系统中的进化思想主要体现在更多地依靠可再生资源的持续利用以及废弃物资源和能源的开发，以达到物质的循环。人们的观念是在不断更新的，对资源和环境问题的认识也在逐步深入。工业生态系统将调整自身以适应当地自然资源的再生周期，减少使用不可再生资源，当然这种调整要受到技术、经济等各种因素的制约，并不是短期内能够完全实现的。此外，生态工业园的发展也是一个动态过程，必然会有成员的更新、调整和淘汰，成员间的合作关系也需要经过一段时间的磨合和适应。

（7）整体性。根据统筹发展理念，园区的规划应根据整体性原则，注重事物的结构关系和整体作用。充分把握工业园区的整体性原则，考虑其聚集性、关联性、循环性的特点，对工业园区内的企业从工业流程到产品的接续、科学布局的规划、科技的扶持等多个角度进行整合，使园区中的各个企业内、园区内、辐射地区内以及地区间形成一个既具独立性又具备整体性的区域，以利于工业园区更合理、更高效、更健康、更和谐地朝着高品质和高标准的方向发展。

(8) 生态性。工业园区生态性，主要是指在生产过程中注重节能减排，合理地处理和安排生产和生活中产生的垃圾。利用循环经济理念使生产废弃物“减量化、再利用、再循环”。在园区的选址上，尽量远离城市居住区，布置在城市周边，对居民的影响减到最小；在工业园区的规划中，应将保持园区的环境生态和谐考虑进去，构建生态和谐的新型工业园。

在生态工业园区建设规划中，通常是先确定规划的原则、步骤及方法，然后才确定规划内容。规划原则体现了生态工业园区建设的总体指导思想，规划步骤及方法则体现了规划方案的科学性。

柯金虎认为，生态工业园区规划原则可以归纳为五个方面：即尽可能地保持当地的生态特征和自然景观；采用废物预防作为基本设计原则；运用信息管理系统，以便使能量流和物质流形成一个封闭的环；建立必要的管理机构，以真正实现废物的循环利用；鼓励生产对环境没有影响并在使用过程中安全的产品。

在我国，政府相关部门也提出了生态工业园区规划原则。2003 年国家环保总局（现生态环境部）在《生态工业示范园区规划指南》中提出了六条规划原则：

(1) 与自然和谐共存原则。强调园区应与区域自然生态系统相结合，保持尽可能多的生态功能。

(2) 生态效率原则。强调利用可再生资源和重复利用资源，实现“减量第一”的最基本要求。

(3) 生命周期原则。强调原材料、产品和废物出园后的生命周期管理，最大限度降低产品全生命周期的环境影响。

(4) 区域发展原则。强调尽可能将园区与社区发展和地方特色经济相结合，将园区建设与区域生态环境综合整治相结合。

(5) 高科技、高效益原则。强调采用国际先进的生产技术、生产过程管理和环境管理标准，实现经济效益和环境效益的最佳平衡。

(6) 软硬件并重原则。强调园区具体工程项目建设和环境管理体系的完善。

2.2.3 生态工业园区建设规划的步骤及方法

一般地，园区规划分六个步骤进行：

(1) 了解规划要求。在特定区域规划建设生态工业园区，是该区域自然、经济、社会发展的客观要求。因此，在规划之前，要了解建设园区的目的，重点解决哪些问题，园区建设的可行性等。

（2）建立规划机构。园区规划机构包括三部分，第一部分为领导机构，由园区建设相关部门或单位的领导组成，总体负责园区规划工作；第二部分为专家顾问组，由从事环境保护、生产管理领域的专家、学者组成，负责对园区规划进行专业咨询和业务督察；第三部分为规划工作组，由实际参加园区规划的人员组成，根据园区不同特点及类型，对规划人员的专业背景有特殊要求。

（3）进行规划调查。规划调查的目的是为确定规划目标和制定规划方案提供基础资料和其他信息。在调查中，要了解园区及背景区域的气候、地貌、地质、植被、土壤、水文等自然条件；了解居民数量、社区结构、经济发展状况、企业地理分布；了解目前废物产生和处置情况、发展生态工业的优势及不利因素、废物利用的途径，以及可能形成的产业链；了解环境污染状况、环境容量和环境标准等。

（4）明确规划目标。规划目标可分为总体目标和具体目标。总体目标是生态工业园区在自然、经济、社会可持续发展的预期陈述。具体目标是总体目标的分解、细化，内容包括四部分，第一部分为园区经济发展目标，如 GDP 年平均增长率、万元 GDP 综合能耗、科技进步对 GDP 的贡献等；第二部分为生态工业发展目标，如水资源重复利用率、能源转化利用率、生态工业链等；第三部分为生态环境保护目标，如万元 GDP 工业废水产生量、万元 GDP 工业废气产生量，可再生能源在园区能源结构的比例等；第四部分为绿色管理目标，如园区企业 ISO 14001 认证率、开展清洁生产的企业比例、生态工业培训等。

（5）制定规划方案。规划方案是生态工业园区的建设指南，主要内容包括五部分，第一部分为园区产业链的设计，如物质循环利用流程、水资源梯次利用流程、能量转换利用流程等；第二部分为园区内部功能分区及企业配置，通常，园区可分为生产区、生活区和综合服务区；第三部分为园区生态效益、经济效益和社会效益分析和风险评估；第四部分为园区建设周期和阶段性建设任务；第五部分为园区建设的保障措施。

（6）组织规划论证。制定规划方案后，应组织有关专家对规划方案进行评估，并根据评估意见对规划方案修改，最后呈送政府主管部门批准。需要强调的是，生态工业园区建设受到多种因素影响，因此，规划中应考虑未来发展的多种需要和其他可能性，在土地开发和基础设施建设方面留有余量，允许局部功能和容量的调整。

生态工业园区具有多重属性，是一个特殊的城市社区，内部企业密集分布，存在着复杂组织结构，具有较高环境质量标准。显然，区域规划方法、城市规划方法、园区规划方法和环境规划方法应成为生态工业园区规划方法的基本方法，前者与后者的是一般与特殊的关系。

按规划对象的组织层次及规划时间序列，可分为自下而上和自上而下两种方法。自下而上规划方法强调园区工业共生系统的培育与发展，通常是寻求一个核心承租商（Anchor Tenant），核心承租商规划产业链延伸方向，选择、吸引新的企业成为核心承租商的卫星企业。这样，随着企业的增多，逐渐形成了工业共生系统，形成了生态工业园区。在自下而上规划方法中，规划主体是核心承租商，政府只起辅助支持作用。在自上而下规划方法中，政府负责整体规划，核心承租商只是参与企业的配置规划。

按规划对象的内部构成和外部特征，可分为生命周期评价、系统工程方法和景观生态规划。生命周期评价是一种评价产品在整个生命周期中所造成的环境影响的方法，强调产品从生产到消费的全过程分析。通过生命周期评价，可以为企业实行全面环境管理提供决策信息支持，同时指导消费者的环境产品消费行为。系统工程方法是一种用于处理复杂系统的现代科学决策技术和管理手段。系统工程方法的应用有助于提高大型复杂项目的成功率，通过综合考虑所有相关因素，确保项目从概念到实施的各个阶段都能得到有效管理。这种方法不仅适用于技术领域，还可以应用于组织管理和决策过程，以提高整体效率和效果。景观生态规划是一种综合性的规划方法，旨在通过协调人与自然的关系，优化土地利用和空间布局，以实现可持续发展和生态环境保护的目标。景观生态规划有助于促进生态与人类活动的和谐共存，保护和恢复生态系统，提高土地利用效率，增强城市和乡村地区的生态韧性，从而实现人与自然和谐共生的理想状态。

另外，还有一些常用的规划方法。这些方法有图上作业法、区域分析法和比较法。图上作业法是将文字、数据、原料链流程和其他信息用图表形式表示，特别是编制生态工业园区的地形图、交通图、企业分布图、土地规划图等专题地图和综合地图。区域分析法是全面认识生态工业园区内部生产与消费之间的关系，了解生态工业园区建设面临的问题，以及解决问题应采取的措施。比较法是对生态工业园区各种发展目标和设计方案的可行性进行比较。

2.2.4 生态工业园区选址

影响生态工业园区选址的因素有自然因素和社会因素。自然因素包括地理位置、矿产资源、土地、气候、地质地貌、水文、植被等。社会因素包括历史、产业结构、企业分布、经济发展、城市规模、交通运输、人口结构与数量、政策管理等。

在社会科学中，有不少学科都在研究企业配置和厂址选择问题。工业区位论强调企业应配置在生产成本最低的地点。为此，企业应尽量靠近原料地、燃料地和消费市场；中心地理论强调构建多级市场组成的网络体系，以有效地组织生产与流通；生产布局学理论强调厂址选择六方面因素，即地理位置、厂区的地质地貌条件、开发利用的土地面积、水源的距离和保证程度、交通运输条件、对自然生态环境的影响和其他特殊要求；空间结构理论强调要将企业配置与培育区域经济增长极结合起来，通过“点”（企业）、“线”（企业之间的经济联系）发展，形成区域经济网络，推动区域经济发展；新经济地理理论强调资本外部性的相对规模、劳动力迁移的动力和交通成本决定经济活动和财富在空间配置上的区域整合程度；战略联盟理论强调企业为了应对激烈的竞争，彼此之间可能会在技术开发、生产、营销和售后服务等环节组成战略联盟。

通常，选址方案不止一个，这就需要在多个候选地中确定最优方案。候选地的优化程度可以用地理位置、地质地貌、产业结构、企业分布等一系列相关因子的函数值来描述。

$$f(s_1, s_2, \cdots, s_n) = K_1 s_1 + K_2 s_2 + \cdots + K_n s_n \tag{2-1}$$

式中 f——生态工业园区候选地的优化程度；

$s_1, s_2, \cdots, s_n$——各相关因子；

$K_1, K_2, \cdots, K_n$——各因子的权重。

另外，也可以用下面公式对候选地进行综合评估：

$$Z_j = \sum \left(\frac{x_i - x_{i\min}}{x_{i\max} - x_{i\min}} \times b_i \right) \tag{2-2}$$

式中 i——某项指标；

x——该指标实际值；

$x_{i\max}$——该指标在所有方案中的最大值；

$x_{i\min}$——该指标在所有方案中的最小值；

b_i——该指标的权重；

j——第 j 个方案；

Z_j——j 方案的评价得分。

用公式定量比较两个候选地之间的优化程度，面临的最大困难是如何给各因子（或指标）合理赋值，以及如何合理确定各因子（或指标）的权重。

在对生态工业园区选址进行因子分析和综合评估时，有几个问题需要引起重视：一是高环境绩效目标；二是尽量利用已开发的土地；三是保证园区经济的高收益率；四是下游企业的厂址选择。

案例 1：宁波市镇海再生资源加工园区

宁波市镇海再生资源加工园区位于宁波市镇海区后海塘工业区，地址是杭州湾南岸近期围垦的海涂地，由镇海发电厂的粉煤灰充填而成，地势较低，地形平坦开阔。其距镇海港码头 0.6 km，距北仑港码头 8 km，距宁波市中心 12 km，至宁波栎社国际机场 30 km，铁路支线直达园区，国道、省道与沪杭、甬台温、甬金高速公路毗邻园区，杭州湾宁波跨海大桥连接支线穿越园区，交通便捷，地理位置优越。该园区是由宁波市镇海区人民政府兴办的临港型物流园区，是专门从事进口再生金属资源加工的物流园区。园区总规划面积0.3万亩，其中绿地0.099万亩，绿地率33%，隔离界河及道路用地0.048万亩，实际用地0.153万亩。园区2001年12月正式动工，累计投入资金15.6亿元，2003年10月被国家环保总局（现生态环境部）等有关部委列为全国进口再生资源“圈区管理”试点园区。目前园区主要建有海关国检监管区、商务管理区、员工生活区、污水固废处理区和87个拆解分选区，入园企业87家，生产工人7800余人。

2.3 生态工业园区基础设施建设规划

2.3.1 生态工业园区建设的主要模式

本书第1章已经对EIP的类型有所论述，EIP的规划建设与传统的工业发展过程是不相同的，它具有自身的特性。但与一般工业园区相同的是，它在开发过程中同样要经历几轮的规划和设计。在具体规划EIP时，首先要了解园区建设的主要模式、影响园区建设的主要因素和园区设计的主要框架。按照其所有权关系可以把EIP划分为自主实体共生EIP和复合实体共生EIP。另外，还可以按照以下划分标志，将EIP分为不同的类别。

（1）按照共生参与企业是否有核心企业参与可以将其划分为关键型EIP、优势型EIP和伴生型EIP。关键型EIP是指在园区中间包含有一个核心企业的EIP。优势型EIP是指在园区中存在着一个或几个优势企业的EIP。伴生型EIP是指没有核心企业和优势企业，而是由数量众多的伴生企业建立各种废物的交换关系而形成的EIP。

（2）按照共生参与企业产业类别可以划分为多样化产业EIP和单一产业EIP。大多数专家均称卡伦堡的企业共生模式成功关键之一，在于汇集“不同”产业，这些产业各有不同进料需求与不同副产品。若在相同产业中的公司，想要发展企业共生关系的机会可能会较受限制。本质上来说，具有多样化产业类别似乎有着兼具稳定性及恢复力的优势。

（3）按照共生参与企业形成条件可以划分为自发型和规划型。卡伦堡案例是一个比较典型的自发型EIP，这是受到其地理条件和环境背景的影响。自发型园区是有条件的，即园区企业要有副产品交换的需求和交换的收益。自发寻找其合作伙伴可能需要很长的时间。因而EIP的执行策略就是要学会把握每一可能时机，强化这种实质与心理的“想象”，加速产业生态系统的合作。

2.3.2 生态工业园区建设的关键条件

以公认地视为共生典范的丹麦卡伦堡为例，卡伦堡企业共生体系六大公司之一的 Novo Nordisk 副总裁 Jorgen Christensen 认为，共生网络的建立需要满足以下几个条件：

（1）产业必须不同，但彼此有所需求。

（2）共生体的组合必须是基于商业合作，最好是可获利的。如果某种环境减废技术与机会存在，然而不是相关厂商的核心事业，厂商并不会去利用它。

（3）发展必须出于自愿，并与法制机构密切配合。政府法规在卡伦堡企业共生体系中扮演极重要的角色，如政府对于特定物质排放的法规限制，以及对于特殊物质处理给予奖励等，均促使厂商利用区内副产品衍生新技术。

（4）伙伴间的实质距离要短，才会经济可行。在典型的产业生态学理论论述中，比较容易忽略此要点。

（5）卡伦堡各工厂的经理人彼此熟识。在典型的产业生态学理论中，也常忽视社会网络与社群意识。

综合上述发展 EIP 的关键条件，企业共生的组合方式没有绝对规则，应视当地情况决定。此外，本研究与上述讨论中对于产业类别的不同看法在于，多样化的产业类别固然是关键，但并不是所有的企业共生都一定有复杂的网络关系。鉴于核心企业被视为可能促成企业共生的关键因素，根据产业生态进展阶段与其所处环境条件不同，有必要将核心企业区分为“单核心”与“多核心”，以此弥补过度强调“产业多样化”的缺陷。将上述关键条件列表如下，见表 2-4。

EIP 的类型多样，由于规划企业的背景和现有情况不同，采用的规划手段也不尽相同，所以，需要有针对性地进行个体化规划。

表 2-4　发展生态工业园区的关键条件

比较项目	关键因素	内　容
核心企业	单核心企业	围绕核心企业可以快速组成园区成员
	多核心企业	可以形成较多资源化及副产品交换网络
空间尺度	空间距离	共生企业间有较短空间距离，有利于运输的经济性
	心理距离	整体环境危机意识
		私人信息交换网络
		所有发展必须是自愿且与管理机构保持密切合作关系
法制与契约	奖励诱因与限制	通过法规创造财务奖励诱因
	私人契约	借助于双边基础协商，达成私人契约关系的约束

2.3.3　点上开发，面上保护

我国国土空间开发与保护的《全国主体功能区规划》指出：“重点生态功能区，要形成‘点上开发，面上保护’的空间结构”，而这一目标的实现，需要确定与重点生态功能区相适宜的土地利用模式。

“点”在国土空间利用上来说主要是指集约化的建设用地（城市、建制镇、村庄等)、工矿用地（工业园区、采矿用地）等。“点上开发”是指在尽量不破坏周边或更大范围生态环境的前提下，对土地、矿产、能源、生态等资源的节约化、集约化开发，使得用地效率达到最高，点上开发同时也需要高度重视产业的选择，最佳选择是高新技术、无污染、用地集约的产业。

地理学上，“面”也是个区域，具有空间概念。面与点相对应，在国土空间利用上讲，主要是指大面积的耕地、林地、水域、草地以及园地等，是整个国土空间的生态本底。“面上保护”是指对自然资源和生态环境的全面保护，主要是对耕地、林地、水域、草地以及园地的保护，其目的在于尽量避免点上开发对面上的不利影响，维持区域整体生态系统的安全稳定。

点与面都是空间概念，可大可小，按照不同的区域尺度，点可以是面，面也可以看作点。点与面的关系既相互对立，又相辅相成，两者关系可以看作“局部与整体”的关系。点的开发可以促进面的保护，面的保护又可以为点的开发带来发展的动力。依据重点生态功能区自身特点和其功能定位，开发就是要尽可能控制在最小范围和空间内，避免开发过程对重点生态功能区产生更大范围的影响，实现重点生态功能区整体的有效保护，从而更好地促进点上的发展，形成生态保护与经济社会发展的良性互动。

国家重点生态功能区的功能定位是：保障国家生态安全的重要区域，人与自然和谐相处的示范区，总面积约 386 万平方千米，占全国陆地国土面积的 40.2%。国家重点生态功能区特性见表 2-5。

表 2-5 国家重点生态功能区特性

功能定位	功能类型	规划目标	开发原则
保障国家生态安全的重要区域，人与自然和谐相处的示范区	1. 水源涵养型； 2. 水土保持型； 3. 防风固沙型； 4. 生物多样性维护型	1. 生态服务功能增强，生态环境质量改善； 2. 形成“点状开发、面上保护”的空间结构； 3. 形成环境友好型的产业结构； 4. 人口总量下降，人口质量提高； 5. 公共服务水平显著提高，人民生活水平明显改善	1. 对各类开发活动尽可能减少对自然生态系统的干扰； 2. 各类开发都要控制在尽可能小的空间范围之内； 3. 严格控制开发强度，逐步减少农村居民点占用的空间，腾出更多的空间用于维系生态系统的良性循环； 4. 实行更加严格的产业准入环境标准，严把项目准入关； 5. 在现有城镇布局基础上进一步集约开发、集中建设

在重点生态功能区发展过程中，要实现人口和产业在空间上的相对聚集以及重点生态功能区“点上开发、面上保护”的空间发展战略，须从人口聚集空间土地利用类型和产业转型土地利用类型两个方面提出与“点上开发、面上保护”相匹配的土地利用模式。

2.3.3.1 人口聚集空间土地利用类型

A 城镇高挖潜土地利用模式

城镇高挖潜土地利用模式也称作城镇低效用地再利用的土地利用类型，主要是对传统城镇化土地粗放式利用的集约化再利用。重点生态功能区城镇的经济发展水平相对较低，城镇土地呈现粗放式的利用，集约度相对较低。

B 散居集中土地利用模式

针对重点生态功能区不同区域农村居民点的实际情况，因地制宜，采取不同的或集中或分散的方式进行布局，使整个区域形成“大集中小分散”的格局。

C 高山生态移民安置土地利用模式

把原来位于高山区域及环境脆弱地区高度分散的人口，通过移民的方式集中起来，形成新的村镇，在生态脆弱地区达到人口、资源、环境和经济社会的协调发展。

2.3.3.2 产业发展土地利用类型

A 生态工业园区土地利用模式

在工业集聚的前提下，首先，通过在园区规划设计中提高土地使用的投入产出效率，设置合理的容积率、建筑密度及绿地率等；其次，开展科学评价，根据工业园区的自然条件、水资源、土地利用状况、绿化环境等分析，对工业园区生态型土地适宜度和土地生态敏感性进行评价；最后，要适当降低园区门槛，在生态工业园区内设立中小企业园区，主要接收返乡创业、小型投资等企业，引入土地置换模式，探索县区级工业园区与不同乡镇共同分担土地指标、共同获取收益的机制。

B 生态农业综合发展土地利用模式

生态农业综合发展土地利用模式是重点生态功能区产业转型的主要途径，根据当地的区位条件和土地资源的特点，充分考虑好农业生产与土地生态健康的关系，通过农业用地的规模化经营，构建出符合生态学的高产、优质、高效的可持续农业生态系统，实现农业生产系统中污染物的低排放或“零排放”，达到农业生产发展、生态环境保护、资源的再生利用、农民增产增收、社会效益优良等综合效益的最大化。

C 生态旅游园区土地利用模式

生态旅游就是在保护生态环境的前提下，实现旅游的可持续发展。生态旅游用地包括三类：一是生态旅游自然景观用地，指生态旅游用地中的非建设用地；

二是生态旅游人文景观用地，指生态旅游用地中的建设用地；三是生态旅游服务设施用地，指生态旅游用地中用来进行旅游接待和旅游服务的建设用地。

2.3.4 生态工业园区基础设施建设主要措施

为了加强固体废弃物、废水、废气的管理与控制，生态工业园区应采取一系列的污染防治策略，具体包括以下几方面：

（1）加强对园区的经济发展规划和建设项目的环境影响评价。根据《中华人民共和国环境影响评价法》和《规划环境影响评价条例》的要求，加强对规划的环境影响评价工作，提高规划的科学性，遵守有关环境保护标准以及环境影响评价技术导则和技术规范，从源头预防环境污染和生态破坏，促进经济、社会和环境的全面协调可持续发展。坚决不采取危害环境与资源的建设政策，不开展危害环境与资源的项目，保证入园项目低污染、低能耗和低排放。

（2）大力推动园区内清洁生产，实施对工业污染排放的总量控制。强调对资源的有效利用，而不是只着眼于达标排放。企业在生产过程中应该遵循循环经济的要求，进行清洁生产，实现环境安全化。废旧机电产品再循环利用产业作为静脉类产业，企业应注重减少污染物的产生，利用先进的工艺技术，推进环境安全化的生产方式。在环境安全的前提下，开展废旧机电产品资源的回收利用，建设环境友好型的产业模式。

废旧机电产品的再生利用过程分为拆解和加工两个重要环节。在拆解阶段，要注重企业环保型拆解技术的利用、减少能源消耗和污染物的产生；在加工阶段，实现企业清洁生产，提高资源能源利用率，同时减少污染物的排放，达到废旧机电产品全生命周期的环境友好。

（3）实现废水的资源化，提高园区废水无害化处理率。加快建设园区废水处理厂，提高废水处理技术水平，利用处理后的废水于园区市政等各种用途，缓解水资源的紧张。水是人类须臾不可缺的重要资源，它既是生命之源、又是发展之本。没有了水，或者说没有了清洁的水，人类和一切生命都将毁灭，到那时再奢谈工业水平或社会财富，都将毫无意义。反过来说，只要有人类的生存，废水处理也就注定是一件必须认真从事的事业。应该大力鼓励和采用适用于我国国情的、高效的、低耗的废水处理技术，不能满足于照搬外国的方案和技术。

（4）建立绿色物流，减少物流过程中的环境污染。绿色物流是在考虑现代物流在交通运输、仓储、包装加工等环节对环境影响的基础上建立起来的现代环保型物流方式。绿色物流是“清洁生产、绿色流通、合理消费”的可持续发展模式的组成部分，包括物流活动、管理和控制。在对废旧机电产品再循环利用园区进行绿色物流管理时，应从整个产业链的角度来组织物流。在上游—同区，同区—下游，下游—市场的物流流通过程中，考虑每个过程进行包括运输、仓储和包装环节的环境影响，进行绿色管理和控制，建立一体化的绿色物流配送体系。

在交通运输方面，根据《中华人民共和国大气污染防治法》对车辆运输过程中产生的气排放限制对车种进行规制，同时对车辆噪声进行规制，促进企业选择合适的运输方式，建设一体化的物流中心；在仓储方面，保证绿色仓储、制定废旧机电产品再循环利用物料和拆解后再生资源的仓储过程的环保要求，建立封闭式的仓储设施，避免露天暴露产生的粉尘等污染；在包装环节，考虑废旧机电产品及其拆解后再生资源的特性采用不同的运输方式，如对金属资源进行压块运输，对废旧印刷线路板进行包覆运输，既要避免因包装简单而造成的环境问题，也要避免因过度包装而造成的浪费。

2.4　生态工业园区构成及规划设计

2.4.1　工业园区组成

工业园区中除了工业建筑，出现了更多办公、居住、文体等建筑类型，如高层办公楼在园区中往往成为地标式建筑。总部办公楼的地标性与群体建筑的统一性是现代产业园的一个新特点。

工业园区根据用地功能要求，可以分为以下八个组成部分：标准厂房区、专业工厂区、仓库区、管理区、公共与公用设施区、生活区、道路用地和绿化用地等。

2.4.1.1　标准厂房区

标准厂房区是指在规定区域内统一规划，具有通用性、配套性、集约性等特点。主要为中小工业企业集聚发展和外部工业投资项目运行提供生产经营场所的发展平台。

推进标准厂房建设，有利于优化资源配置，缓解用地紧张的矛盾；有利于优化生产力布局，促进中小企业发展；有利于培育产业集群，建设先进制造业基地；有利于改善生态环境，实现经济社会和谐协调发展。

标准厂房区的划分，根据国内外的资料分析和研究，一般以200 m×400 m组成的地块来布置较为经济，这样既便于厂房的布置，也可以减少内部的道路面积。工业园标准厂房区分为分块建造和统一建造两种方式。小地块3~5公顷，中地块6~10公顷，大地块12~20公顷。

根据《厂房建筑模数协调标准》（GB/T 50006—2010）及对开发区现有厂房的分析研究，标准厂房一般采用6~9 m的柱距进行建设，横向一般采用4~6个柱距，纵向跨度一般采用3~5个柱距，首层层高一般为5~6 m，二层以上层高为4~5 m。适合采用标准厂房的产业门类有：通车、汽车零配件、金属工具、金属容器、食品生产、纺织服装、印刷包装等。

基于标准厂房的用地容积率区间控制：

根据《厂房建筑模数协调标准》（GB/T 50006—2010）及对开发区现有厂房的分析研究，标准厂房一般采用6~9 m的柱距进行建设，横向一般采用4~6个柱距，纵向跨度一般采用3~5个柱距，首层层高一般为5~6 m，二层以上层高为4~5 m。

适合采用标准厂房的产业门类有：童车、汽车零配件、金属工具、金属容器、食品生产、纺织服装、印刷包装等。

基于标准厂房的用地容积率区间控制，若以18 m×45 m为标准厂房尺寸，150 m×250 m的地块中布置该种厂房，建筑密度最大可达60%。2023年5月，自然资源部修订了《工业项目建设用地控制指标》，旨在提升工业用地的单位面积利用效率和产出水平。这一修订是对党的二十大关于“实施全面节约战略，推进各类资源节约集约利用”部署的贯彻落实。

2.4.1.2 专业工厂区

专业工厂区按工厂的特定要求建造，以适应特定的工业流程、空间尺度等需求。专业工厂区的用地，应根据工厂的实际需要来划分，一般划成1~5公顷的地块。

2.4.1.3 仓库区

仓库区用于原材料、产品等物资的一般周转性存放。

2.4.1.4 管理区

管理区的主要用途为园区的管理办公，一般设有管理办公楼、科技中心、信息中心、展览中心、培训中心等。

2.4.1.5 公共与公用设施区

公共与公用设施区是指商业、体育休闲、医疗卫生等公共设施与服务用地。根据具体情况确定，一般设有医疗门诊部、消防站、车库、环境卫生和绿化服务机构、饮食和方便商店以及变电站、供水设施、污水处理设施等。

2.4.1.6 生活区

为职工生活配建的宿舍、住宅、服务等用地。生活区是指为单身职工和外地不带家属的职工而建造的单身宿舍、食堂、浴室等建筑。生活建筑也可建造在附近的居住区内或位于园区较安静的地段，且与生产区相距不远。商业、社区则分布在生活区内，有条件的园区配备幼儿园、小学等配套设施。

2.4.1.7 道路用地

道路用地服务于工业园区交通、运输功能。由于功能分区严谨、生产流线等特殊的工艺要求，新兴产业园应内外分流、人货分流，员工的生活、生产活动有规律，交通便捷、通畅。货运的流线安排则要考虑货运车的进出、装卸货避免对生活区、生产区造成影响。

2.4.1.8　绿化用地

绿化用地包括公共绿地、防护隔离绿地等。工业园区用地组成见表2-6。

表2-6　工业园区用地组成

用地名称	工厂、仓库	管理、公共与公用设施	生活	道路	绿化
用地比例/%	50~70	5~10	5~15	8~12	10~20

注：工业用地中标准厂房与专业工厂之间的用地比例，应根据具体情况确定。工业小区的平均容积率宜控制在1.5~2.0之间。

2.4.1.9　土地需求预测

土地需求是工业园区建设的一个核心内容，它为工业园区的发展奠定了基础，是工业园区合理布局的前提。这项工作必须根据社会经济发展计划、企业发展计划和人口预测（就业岗位预测），确定合理的用地需求。

土地需求的预测必须贯彻以下几个原则：一是用地数量必须满足工业园区的合理发展，必须为工业园区的建设提供充足的土地；二是节约用地、合理用地的原则，提高土地资源利用的效率；三是尽可能地少占耕地。土地预测需求量是一个变数，往往考虑工业园区的建设发展高新技术的特点等因素，在预测规划中常留有余地，宽打窄用，以免未来实际建设中捉襟见肘。另外，利用土地要本着少占耕地良田，防止土地浪费使用，近些年来我国工业园火热，使得城市边缘的土地浪费较多，对城市的正常运行造成不良的影响。

2.4.2　工业园区基建

2.4.2.1　土地功能分区

外区使用土地的基本出发点在于把功能相同或相近的用途区集中或相邻布置，一方面使得相同、相近的用途区便于联系、协作，另一方面使得功能不同、相对的用途区不至于相互干扰。功能分区对于工业园区而言应该有所发展、有所调整。一般来说，把大专院校、研究机构集中布置，孵化、中试等设施与此相结合布局，生产企业独立设置，其他服务设施如行政管理、金融、贸易等也采取集中布局的模式。由于高新技术产业比较注重环境效益，在功能分区的同时，提倡土地的混合使用，提高土地利用效率，常见的如居住建筑、服务设施、科研设施在地域上交错布局，既考虑功能又与当地环境相融合。总体布局可以满足功能的要求，又各有特点。总部办公楼一般是产业园的标志，位于园区中心或重要地段；厂房、办公、宿舍及配套按照使用要求分区布置在园区内。附属建筑的布置临近厂房且绿树环绕。园内多植被，舒适宜人，如图2-2所示。

2.4.2.2　各类设施布局

除了功能分区外，还有各种设施的布局。这里所说的设施包括市政基础设

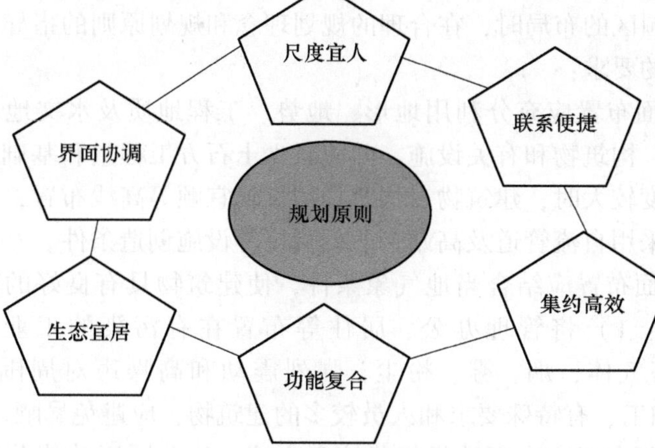

图 2-2 土地利用规划原则

施，公共服务设施和标志性设施。市政基础设施中最重要的是道路网的规划，道路网是工业区的发展骨架，对工业区规划布局影响最大，《公路工程技术标准》按公路功能及交通量分成了五个等级：高速公路、一级公路、二级公路、三级公路、四级公路。工业园区道路一般高于三级公路要求（设计最低日交通量 2000 辆）。规划布局时，应考虑以下因素：

（1）要满足工业区内的交通需求，道路系统构想清晰，分级明确，一方面与区外城市干道有便捷的联系；另一方面区内形成完整协调的系统。道路的走向、级别要根据交通流量等因素确定，保证工业区交通顺畅、安全。

（2）通过道路网规划，制止区外交通穿越工业区，便于区内各功能区、各种设施以及各种用地之间的联系，满足区内交通安全。

（3）要考虑发展的趋势，尤其要考虑汽车数量的集聚增长所带来的受面压力。

（4）要满足消防、救护、抗灾、避灾的特殊要求，还要结合其他市政设施的布局尤其要考虑地下管线的布局需要。其他市政基础设施的布局要注意配套齐全。各种工程管线（包括电力、电信、给水、雨水、污水、燃气、供热等）应该地下敷设，减少对工业区日常生活的干扰。

各种设施之间要相互协调，便于其他功能的充分发挥。公共服务设施的规划布局应该根据其功能进行适当分类，不仅要满足其自身功能的发挥，还要适应工业区生产活动的活动规律，便于用户的使用。更重要的是，要考虑到公共服务设施在组织生产生活方面的作用，为加强工业园区的凝聚力提供条件。标志性设施往往是工业园区形象的反映，标志性设施的规划建设是城市设计的重要内容之一。应该综合工业园区的特点，总结、提炼出工业园区具有代表性的特点，选择合适的区位，确定适宜的建设方案，使之真正成为工业园区的象征。

安排工业园区的布局时，在合理的规划理念和规划原则的指导下，还应注意以下几个方面的要求：

（1）总平面布置应充分利用地形、地势、工程地质及水文地质条件，合理地布置建筑物、构筑物和有关设施，并应减少土石方工程量和基础工程费用。如当厂区地形坡度较大时，建筑物、构筑物的长轴宜顺等高线布置，并应结合竖向设计，为物料采用自流管道及高站台、低货位等设施创造条件。

（2）总平面布置应结合当地气象条件，使建筑物具有良好的朝向、采光和自然通风条件：1）将管理办公、居住等布置在有污染的工业厂房上风位；2）应防止有害气体、烟、雾、粉尘、强烈震动和高噪声对周围环境的危害；3）高温、热加工、有特殊要求和人员较多的建筑物，应避免暴晒。

（3）总平面布置应合理地组织货流和人流。工业园区功能分区与道路组织必须满足生产工艺流程要求，使物流线路短捷，运输总量最少；按功能分区，合理地确定通道宽度；根据工业园区内各组成部分的功能要求，结合用地条件和周围环境关系，合理确定它们相互之间的位置，务使整个工业园区的布置合理紧凑。

（4）在符合生产流程、操作要求和使用功能，符合各种防护间距要求的前提下，建筑物、构筑物等设施应联合多层布置，合理地紧凑安排；厂区、功能分区及建筑物、构筑物的外形宜规整，便于节约用地。

（5）辅助性设施不宜占用适于企业布置的地段。条件许可时，可以布置在各企业（工厂）之间的隔离地带，或者尽量利用工业园区零星和不规则的地段。

（6）动力设施和仓库应布置在工业园区各用户单位的负荷中心，并与外界接线联系方便。

（7）工业园区内的主要运输线（铁路、道路等），应当与城市内外的干线相联系，并与港口码头、车站、仓库区等处有便捷的联系。

（8）公共中心的布局，应能方便地为工业园区内职工服务，最好设在工业园区的中心地带，并与居住区取得有机联系。

2.4.3　生态工业园区建设建筑节能

在我国北方地区，建筑采暖能耗占当地全社会能耗的20%以上，采暖期，当地空气中的CO_2排放量明显高于非采暖期，建筑能耗必将大幅度增加，建筑能耗占总能耗的比重也会越来越大。生态工业园区建设过程中往往考虑到了水、土地等资源与电、热等能源的节约，以及废水、废气与废渣的处理与循环再生利用，而往往忽视了建筑节能。

建筑节能的理念应贯穿于建筑的整个生命周期。整个生命周期过程全盘考虑，使建筑物在整个生命周期内能发挥最大的使用效能。

(1) 要紧贴功能需求搞前期规划，尤其是对于建筑物持续性耗能的部位更要做到反复论证、充分调研，要做到使用功能和维护能耗的和谐统一。

(2) 建筑设计要充分考虑建筑物施工的一次性能耗和日后管理使用中的持续性能耗，运用合理布局、控制容量、合理选材等手段实现低能耗设计。

(3) 施工过程中应注意合理进行施工组织设计，严格按照施工计划和施工工艺进行，要科学组织流水施工，严把进度和质量关口，避免因工期和质量问题出现窝工、返工等造成能源浪费。

(4) 建筑物竣工交付使用后，使用单位要针对建筑物单体制定详细的维修管理规划，对建筑物的结构、装修、上下水管线、供电管线的布局、规格等做详细的登记，制定各部分的维修计划，做到全过程管理、精确管理。

建筑节能的技术措施应着眼于人类对建筑的功能需求。目前建筑节能技术的发展主要在于新材料的应用和新施工技术的推广。对于新型材料的开发，目前主要以材料改良为主，笔者认为材料改良从某种程度上限制了人们的思维，禁锢了人们的头脑。在科学技术引领工程技术发展的今天，应该更加牢固树立“科技是第一生产力”的观念，跳出技术改良的禁锢，从最根本的功能需求出发，创造功能更满足需求、能源消耗更小的全新产品；对于新的施工技术，同样立足以实现施工目标为基础，以节能降耗为目标，从根本出发，从源头开始，努力创造全新的革命性的新材料、新技术。

2.4.4 传统工业模式与生态工业模式理论对比

传统工业模式与生态工业模式的对比见表 2-7。

表 2-7 传统工业模式与生态工业模式对比

类 别	传统工业	生态工业
目标	单一利润、产品导向	综合效益，功能导向
结构	链珠式、刚性	网状，自适应性
规模化趋势	产业单一化、大型化	产业多样化，网络化
系统耦合	纵向，部门经济	横向，复合生态经济
功能	产品生产	产品+社会服务+生态服务+能力建设
经济效益	局部效益高、整体效益低	综合效益高、整体效益高
废弃物	向环境排放、负效益	系统内资源化、正效益
调节机制	外部控制、正反馈为主	内部调节、正负反馈为主

续表 2-7

类　别	传统工业	生态工业
环境保护	末端治理，高投入，无回报	过程控制，低投入，正回报
社会效益	减少就业机会	增加就业机会
行为生态	被动，分工专门化，行为机械化	主动，一专多能、行为人性化
自然生态	厂内生产与厂外环境分离	与厂外相关环境构成复合体
稳定性	对外部依赖性高	抗外部干扰能力强
进化策略	更新换代难、代价大	系统进化快、代价小
可持续能力	低	高
决策管理机制	人治，自我调节能力弱	生态控制，自我调节能力强
研究与开发	低，封闭性	高，开放性
工业景观	灰色、破碎、反差大	绿色、和谐、生机勃勃

2.5　生态工业园区企业生态链建设

了解产业链链接原理对于深入理解再生资源生态工业园区的特点、构建并推动再生资源产业的发展至关重要。本节在阐述再生资源生态工业园区产业链链接原理的基础上，分析产业链链接技术，下节提出原料主导型再生资源产业链链接模式和产品主导型再生资源产业链链接模式，并以宁波再生金属资源加工园区为例进行具体的分析。

形成再生资源生态工业园区产业链必须满足四个要素：增大自然资源存量、提高资源生产率、满足社会性长期需要，以及系统创新活动。再生资源生态工业园区产业链的结构不仅对园区，对所在经济区域，甚至对整个循环经济的发展都至关重要，产业链的设计与集成部分的内容则有助于加深对再生资源生态工业园区产业链链接原理的理解。

2.5.1　再生资源生态工业园区产业链的内涵与特征

产业链一般是指依据循环经济的发展原理，以恢复和扩大自然资源存量为宗旨，以提高资源基本生产率和根据社会需要为主体，对两种以上产业或产品的链接进行设计或改造并开创为一种新型的产业系统的系统创新活动，如图 2-3 所示。主要通过在企业内部、企业之间建立产业链乃至大范围建立循环工业网络以实现物质的最优循环和利用，其中某个企业的工业“排泄物”通过系统的自身循环或外循环方式，再生为本企业或其他企业的“营养”来源。

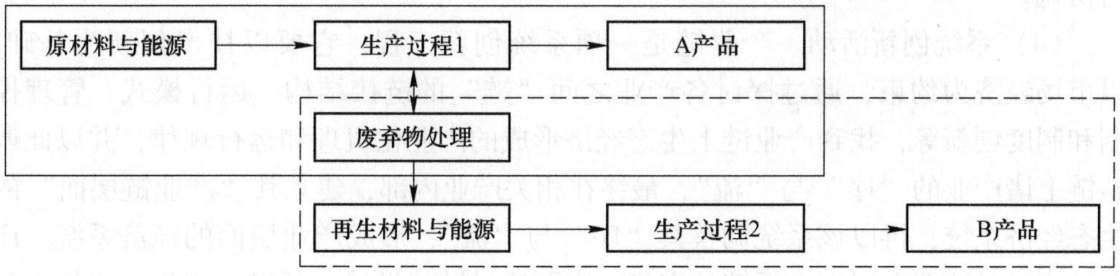

图 2-3 产业链示意图

2.5.2 再生资源生态工业园区产业链的形成机理

在循环经济型工业系统中，同时存在着多种资源通过类似于生物食物营养联系的工艺生产关系相互依存、相互制约，这就是“循环经济产业链”。它既是一条能量转换链，也是一条物质传递链。物质流和能量流沿着产业链逐级逐层流动，原料、能源、废物和各种环境要素之间形成立体环流结构，能源、资源在其中反复循环并获得最大限度的利用，使废弃物资源化实现再生增值。

在由一系列制造型企业和服务型企业组成的循环经济工业区内，企业间按工业“食物链”和闭路循环实现园区、企业和产品三个层次的管理，通过园区内数十家工厂的数百个不同种类、不同品质、不同大小的物质流、能量流、信息流进行集成、分析，形成物质充分循环利用、能量交换梯级使用和环境源头治理的循环产业链和循环生产网络。循环经济型工业园区内靠近的工业、企业或公司的这种相互依存，类似于自然生态食物链中的“工业系统”，可以用产业链来表征。

当然，要形成再生资源生态工业园区产业链，必须满足以下四个要素：

(1) 增大自然资源存量。增大自然资源存量就是使自然资源存量增大，是产业链设计与开发活动的宗旨，即所设计与开发的循环产业链的最高目标是在求得经济发展的同时，推动生态系统的恢复和良性循环，使生态圈产生出更丰富的自然资源，不断提高和扩大自然生产力的水平与能力。

(2) 提高资源生产率。产业链系统是为提高生产率而设计的，但这一生产率要用“资源基本生产率”的概念来评价，即从资源的原始投入对自然环境的作用算起，到产品退出使用，回到自然环境为止，全面和全过程地测度其生产率。在生产转换过程中，人力资源的劳动生产率问题已得到广泛关注。因此，它更侧重于通过产业链的链接与转换过程的设计、开发和实施使生态资源在原始投入和最终消费方面提高效率，进而从可持续发展的层面上，全面持久地提高生产率。

(3) 社会性长期需要。产业链应该具备社会性，即它建立的是以社会长期需要为主体的商业秩序与环境，它在生产、交换、流通和消费过程中所建立的秩序既要使商家及产业链上各方获取利润，又要与自然生态系统保持着长期的友善与协调。

（4）系统创新活动。产业链是一项系统创新工程，它要以技术创新为基础，以市场经济为约束，通过探讨各产业之间“链”的链接结构、运行模式、管理控制和制度创新等，找到产业链上生态经济形成的产业化机理和运行规律，并以此调整链上诸产业的“序”与“流”，最终在相关产业内部，建立其“产业链层面”的生态经济系统，再以该系统调整其“序”与“流”，形成产业层面的经济系统。产业链应该是这两个层面上系统的交集，它要通过链的设计、开发与实施，将技术创新、管理创新和制度创新有机地融为一体，开创一种新型的产业系统。

2.5.3　再生资源生态工业园区产业链的设计

在再生资源生态工业园区内，模仿自然生态系统的运作模式，各种在业务上有关联、有联系的企业聚集在一起，形成循环经济产业链。再生资源生态工业园区产业链的结构是决定企业、园区甚至地区的整个循环经济系统的可持续发展的关键因素。生态工业园区实际上是一个生物群落，可能是由初材料加工厂、深加工厂或转化厂、制造厂、各种供应商、废物加工厂、次级材料加工厂等组合而成的一个企业群。或者，也可能是由燃料加工厂甚至废物再循环厂组合而成的一个企业群。其中存在着资源、企业，环境之间的上下游关系与相互依存、相互作用的关系，根据它们在园区中的作用和位置的不同也可以分为生产者企业、消费者企业和分解者企业。另外，在该企业群落中还伴随着资金、信息、政策、人才和价值的流动，从而形成一种类似自然生态系统生物链的循环产业链。因此，所谓再生资源产业链是指某一区域范围内的企业模仿自然生态系统中的生产者、消费者和分解者，以资源（原料、副产品、信息、资金、人才）为纽带形成的具有产业衔接关系的企业联盟，实现资源在区域范围内的循环流动。

在整个再生资源生态工业园区中，存在着各种要素与元素，这些要素与元素之间存在着十分复杂的关系，这些关系既有上下游企业之间的副产品交换、信息和资金的流动，也存在当地政府、园区管理者的政策和管理活动，以及市场的竞争与合作。按照生物链的分析方法，将再生资源生态工业园中的各种要素、元素分成三大类：一类是公共设施类（A），即支持工业园区中企业发展的一些公共设施，包括信息中心、技术中心、道路交通、垃圾填埋厂、能源中心（电、热、气）等；第二类是循环经济（B），是指工业园区中的各企业，这是园中的主体，它们按照生产者、消费者和分解者的关系分别处于产业链条的不同节点上，并按照生物链的运作规律进行着资源（材料、能源、水）、信息，资金和人的流动；第三类是支持服务链（C），包括政府、园区管理者、市场、法律、金融等，这些因素将从政策、资金和市场的角度来影响园区内的企业。

A、B、C 三类要素除了其内部具有十分密切的联系外，其三者之间的关系也具有很强的依存性。公共设施类因素是为了提高工业园内企业的资源利用效率而建立的一些基础设施，由于这些设施的存在，节省了企业大量投资建设的开支，成为吸引企业进驻工业园区的一个重要因素，同时也是构成企业生物群落的基础；循环经济产业链是循环经济工业园区中的主体因素，相当于企业生物群落中的生物种群；支持服务因素构成了工业园区企业生物群落生存与发展的大的环境与条件，对于工业园区内的各要素都将产生影响。

2.5.4 再生资源生态工业园区产业链集成

再生资源生态工业园区产业链的构建是在企业内部、企业之间建立产业链以实现对物质和能量等的更有效利用，物质、能量等的循环与共享是通过具体的集成方案得以体现的。在系统集成方案中，将应用生态学和系统工程方法把最先进的工艺、具有市场前景的产品融入到产业链设计中。系统集成包括物质集成、能量集成、水集成和信息集成四个方面。

（1）物质集成。构建废旧机电再利用产业链，使各成员之间进行物质传递、供应和副产品交换。具体方法是根据产业集群发展需要，确定企业的上下游关系，并根据物质供需方的要求，运用过程集成技术，调整物质流动的数量和质量，完成生态产业链网的构建。尽量考虑资源的回收利用或梯级利用，最大限度地降低资源的消耗和有毒有害物质的使用。另外，还应引入从事资源回收和再生的公司来收集各企业产生的废物，进行资源化、无害化处理，同时为制造企业提供再生的原材料，在其周围形成资源循环、再生、再加工的格局。

（2）能量集成。构建能量梯级利用产业链，依据能量的品质差异，进行“能量层叠”梯级利用，如热电联产、热电冷三联供。在各企业寻求各自的能源使用效率最大化的同时，实现集群内总能源的优化利用。另外，最大限度地使用可再生能源，如风能和太阳能等。

（3）水集成。构建水循环利用生态产业链，循环利用、分级使用水资源，既可节约水资源，又可提高水的利用率。水集成主要采用节水工艺、直接回用、再生回用、再生循环方式进行集成。由于下游企业使用的水质要求较低，因而可以采用上游企业的出水。在设计时还应考虑建立具有收集和使用雨水的设施。

（4）信息集成。信息集成是利用先进的信息技术对集群内的各种信息进行系统整理，建立完善的信息库、计算机网络和电子商务系统，并进行有效的集成，充分发挥信息在集群内部、与外界交流，以及对集群管理和长远发展规划的作用。信息集成促进集群内各企业之间有效的物质循环、能量利用、环境与生态协调，使其向成熟的产业生态系统发展。这些信息包括有害及无害废物的组成、废物的流向信息、相关生态链上产业（包括其辐射产业）的生产信息、市场发展信息、技术信息、法律法规信息，人才信息及其他相关领域信息等。

2.6　再生资源生态工业园区产业链链接模式

区域产业链是指在某特定区域范围内所形成的产业链条或链段，是产业链在特定区域空间的形态。区域产业链是一种区域经济组织。它的构建、运行和发展应符合区域经济发展及产业组织运行的基本规律，因此，区域经济系统理论、劳动地域分工理论、产业组织理论和竞合理论等，便是指导区域产业链构建与运行的理论基础。

针对不同的原料及产品，将园区区域产业链划分为以原料为主导的产业链链接模式和以产品为主导的产业链链接模式，并分别讨论研究。

2.6.1　原料主导型再生资源产业链链接模式

再生资源生态工业园区的废旧原料供应主要来自国内外市场中的废电线电缆、废电机及废五金电器产品。废旧原料经上游企业回收后，运输至再生资源生态工业园区，工业园区内拥有多家从事废电线电缆、废电机、废五金电器拆解的企业，废电线电缆、废电机及废五金电器分别经过拆解、破碎、分选，转化为各种再生原材料，如废铜、废铝、废钢、废不锈钢及废塑料等，园区中的再生原材料主要销往园区外的深加工企业，由深加工企业进行熔融、冶炼转化为各种工业用材料产品，如铁锭、铝锭、不锈钢制品以及塑料颗粒等。

以原料为主导的产业链链接模式是根据不同的废物原料而设计的产业链链接模式，如图 2-4 所示以原料为主导的产业链链接模式中，再生资源生态工业园区主要完成废旧原料的初级加工，如分解、破碎及分扬，将废旧原料仅由废旧形态转变为可再利用的金属形态，而金属的深加工则由园区外的深加工企业完成。因此，以原料为主导的产业链链接模式下的再生资源生态工业园区的生产产物为各种金属原料，园区内的中游拆解企业与园区外的下游深加工企业之间的连接度相对不够紧密。

2.6.2　产品主导型再生资源产业链链接模式

园区废旧机电利用经过中游企业的初级加工及素材加工，拆解产物主要包括五种，分别是废铝、废铜、废钢、废不锈钢和废塑料。不同的拆解产物再经过不同的深加工制成铝锭、铜丝铜杆、钢块和不锈钢制品等。以产品为主导的产业链链接模式是根据不同最终产物而设计的产业链链接模式，如图 2-5 所示，本节主要以宁波再生金属资源加工园区为例分析。

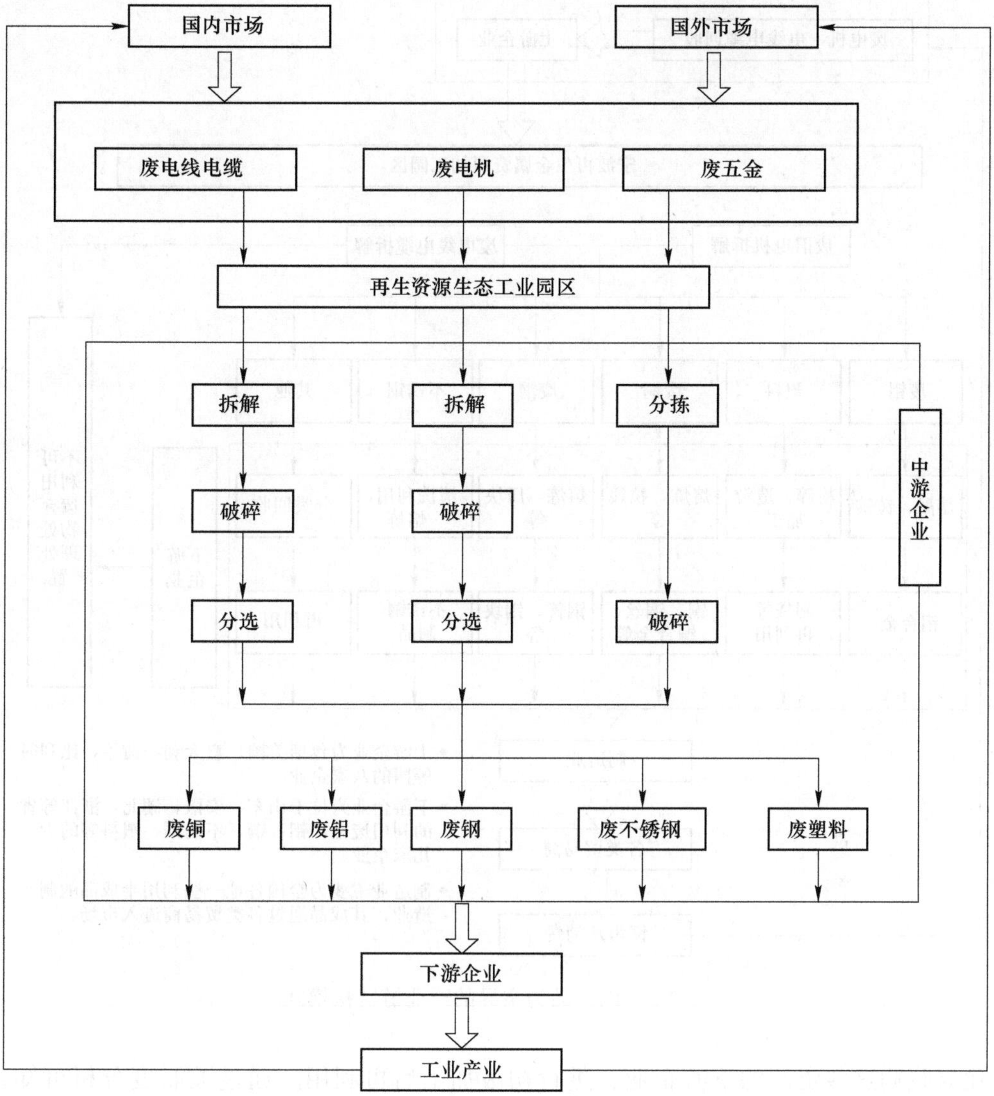

图 2-4 以原料为主导的产业链链接模式

由图 2-5 可知，产业链本身就是一个资源梯级利用的过程，所以在产业链各链接部分提高资源梯级利用效率的关键在于将有用的资源配置至合理的部分，同时按照产业链各部分的性质、使用原料及最终产品的差异来合理地利用资源。

根据宁波再生金属资源加工园区的实际状况，园区处于废旧机电再利用产业链的初级部分，该部分主要为简单地拆解与收集废旧机电产品中的有用成分，从而提供给产业链的下游企业。为提高产业链间资源的梯级利用效率，可在园区内

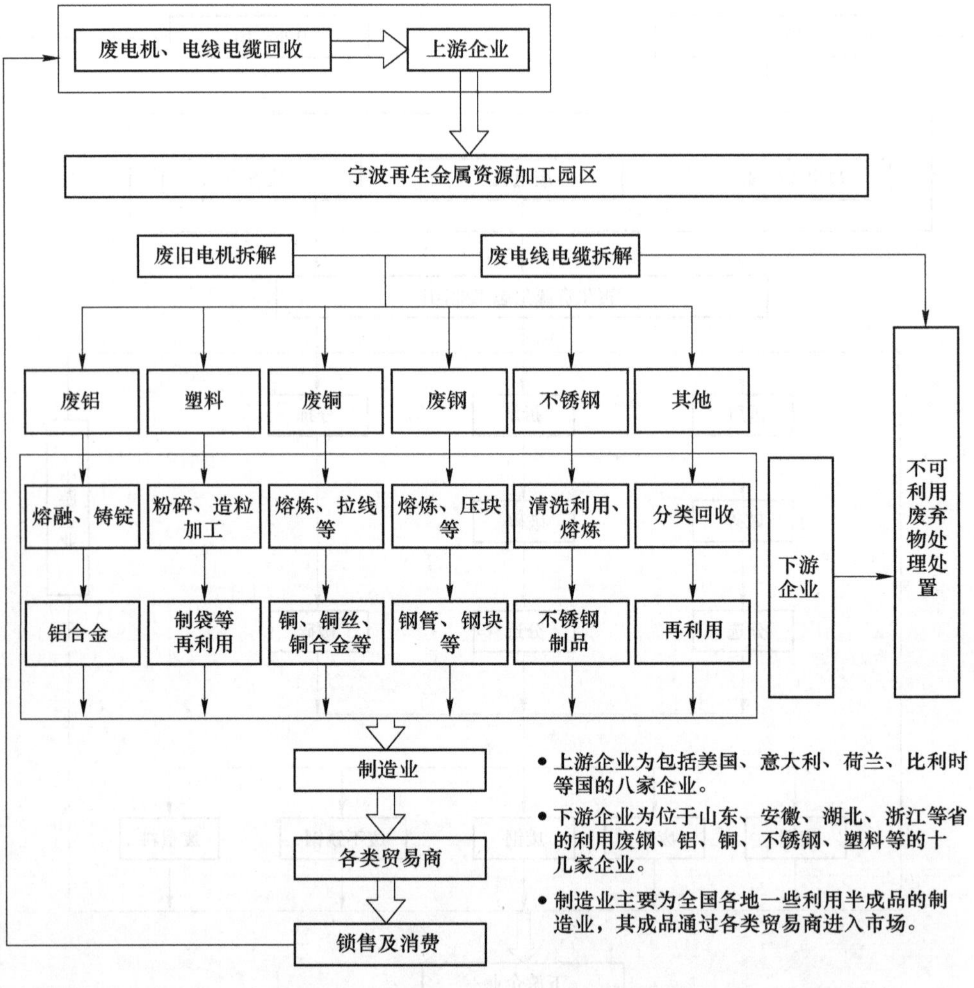

图 2-5　以产品为主导的产业链链接模式

建立收购这些资源的下游企业，进行初级加工后再利用。通过关联度分析可知，废钢铁可作为该园区的主导产业链，可以废钢铁资源为主导拓展产业链，从而提高资源的利用效率。

天津子牙环保产业园计划在园区内建立废旧机电产品拆解工业，其中也包括了关于废旧机电产品的精细拆解和拆解后资源的后续利用，在园区内建立关于废机电产业的长链条式发展。天津子牙循环经济产业区从事废旧机电产品拆解项目的主要企业有广州北方光电科技有限公司、台州齐合天地金属有限公司、宁波明阳再生资源有限公司、广州市万绿达集团有限公司等。拆解后的资源在园区内加工利用，终端产品主要有铜条、铜米、铜锭、铝锭等型材，以及电极线等。可在此基础上对园区的产业链上下游企业进行合理的优化配置，形成合理的功能分区，使产业链链接间的资源优化配置达到利益最大化。

2.6.3 再生资源生态工业园区内部产业链循环模式

本节以宁波再生金属资源加工园区为例说明以废旧机电产品回收利用为主的再生资源生态工业园区内部的产业链循环模式，如图 2-6 所示。该模式对能源采用减量化以及能源梯级利用技术，使得能源效率得以大幅提高，具体内容如下。

首先，在企业内部，可以提倡利用减少能量消耗的技术。在园区企业的内部推行节能工艺、节能技术，同时进行园区内的余热回收利用。余热是指在各种热能转化和利用过程中，未被利用而浪费掉的能量。根据余热的种类、排出情况、

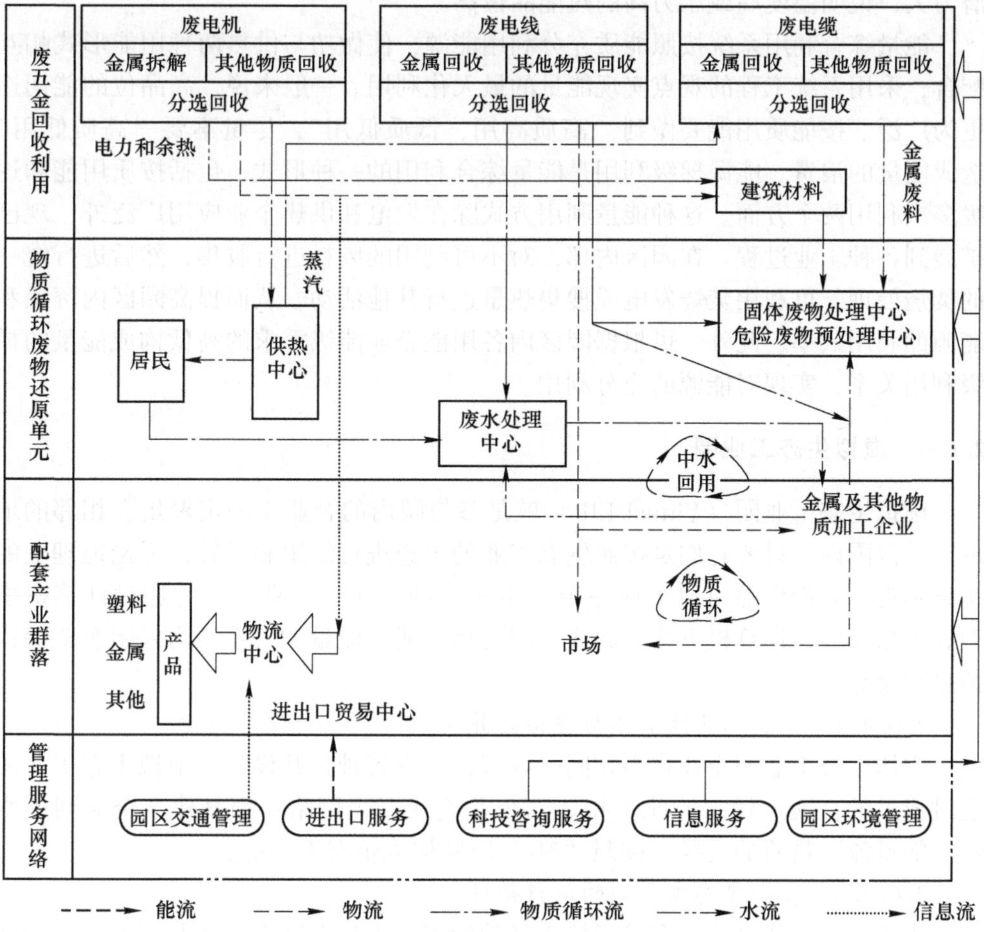

图 2-6 宁波再生金属资源加工园区产业链内部配置图

介质温度、数量和利用的可能性进行企业内部综合热效率及经济可行性分析，可使企业在减少能源消耗和提高对能源的利用上取得明显效果。余热在利用时应优先考虑由释放余热的设备和系统首先利用，在其用于加热设备本身而无法回收，或者用后仍有部分可回收时可用来生产蒸汽或热水，以及产生动力。

再生资源生态工业园区内还可展开能量综合利用。根据能量守恒定律可知，能量在数量上具有守恒性。同时，能量在质量上具有品位性，在其转换与传递过程中，存在品位的差异。热能是能量转换与传递的主要形式之一。电能、机械能可全部转变为热能，而热能却只能部分转变为机械能或电能，即电能、机械能的品位比热能高。在热能转换成机械能过程中，高温高压热源比低温低压热源转换潜力大，说明温度高或压力高的热能品位高。

能量综合利用系统按照能质充分利用能源，使做功与供热两种用能形式相互配合，采用系统工程的观点实现能量的最大化利用。一般来说，高品位的能用途更为广泛。按能质用能要做到“高质高用，低质低用”，尽量不要“高质低用”造成能量的浪费。能源梯级利用是能量综合利用的一种形式，包括按质用能和逐级多次利用两个方面。这种能量利用方式除在发电和供热企业应用广泛外，现已扩展到各种工业过程。在园区内部，对不可利用的废料进行收集，然后进行统一的焚烧处理，可利用焚烧发电或搜集热量进行其他活动，从而提高园区内资源和能源的利用效率。此外，可根据园区内各用能企业能级需求的高低构成能量的梯级利用关系，实现对能源的充分利用。

2.6.4　虚拟生态工业园

虚拟生态工业园（Virtual EIP）就是参与园内的企业不一定聚集在相邻的地理区域范围内，只要它们是按照生态工业的思想进行组织和运转，无论地理上的距离远近，它们仍然可以组成一个“事实上的”生态工业园。它通过计算机模型和数据库，在计算机上建立起成员间的物料或者能量的关系，为入园企业提供信息和指导。

2.6.4.1　生态工业园实体与虚拟的异同

实体生态工业园企业集中在同一区域，共享各种公共设施；虚拟生态工业园通过成员的交通运输，彼此不相邻的企业连成一个网络；都是建立企业间的水流、能量流、物质的交换，按照“3R”原则构成生态工业链。

2.6.4.2　虚拟生态工业园的运行条件

由于各个企业之间存在着运输半径的约束，事先在网络中谈判，然后在现实中加以实施是企业间进行废物资源交易的方式，这就要求完全的信息共享。这就需要建成一个信息集成共享系统，它是整个虚拟园区的“中央总部”。

2.6.4.3 虚拟生态工业园的实现要求

（1）各企业要采取清洁生产技术。

（2）存在一个或几个核心企业并且该企业所使用的资源和代表的产业具有稳定性和一定的发展前景。

（3）各企业在地理位置上不应相距太远。

（4）企业之间能形成生态工业链。

（5）企业间应形成一个具有稳定性的联盟，以保证虚拟生态工业园的可持续运行。

2.6.4.4 政府要求

政府除了完善相应的市政配套设施外，在虚拟生态工业园区的建立和运行中还应承担组织和联络作用、绿色理念的宣传与导向作用、制定相应的优惠政策和完善的法律保障、提供有条件的政府优先采购和虚拟生态工业园面临的问题等，起到多重作用。

虚拟生态工业园不是由政府规划而是自发组织的，这意味着它们的产生几乎完全是市场力量推动的结果。园区企业与只追求经济利益企业的不同在于它既提供私有产品也提供公共物品，因此虚拟生态工业园只有满足企业决策者们判断理性的标准才有可能建立起来。

虚拟生态工业园区作为一个新生事物，有着十分显著的生态效益，但具体实施存在一定的困难，特别是企业对它的认识还不足。为此，除了相关机构加强有关虚拟生态工业园的宣传力度之外，还应从经济角度，通过不同的补贴或税收优惠政策来强化企业的采购行为，鼓励企业使用其他企业的排放物作为原料，进入再循环。但优惠方式应该是针对企业消纳其交易对象排放物的数量，而不是企业自身，也就是说，只有企业消纳了其他企业的排放物才能享受政策优惠。另外，优惠的程度也应经过精心测算，优惠程度过少会影响企业的积极性，过多则会让企业误认为其生产行为没有造成环境污染，不用承担环境成本。

2.7 我国再生资源生态工业园区建设障碍及思路

2.7.1 生态工业园区规划建设中存在的障碍

（1）技术障碍。实现物质循环和废物最小化是有一定难度的，比如在当今还没有一项综合技术可将具有放射性的废物应用化学原理转化为有用物质。要真正实现工业园区的生态化，还必须有生态工业园区的特定技术作为支持，包括信息技术、水重复利用技术、能源综合利用技术、回收与再循环技术、重复利用与替代技术等。

（2）经济障碍。企业会将回收与循环利用副产品、废物发生的费用，以及购买新原料和简单处置废物发生的费用之间权衡，即使废物的再利用和循环技术可行，企业也可能不会这样做，除非在经济上是有利可图的。当产品被生产出来及废物被处置时，为了再循环，必须把物质分离成各组成部分，而分离需要付出劳动和费用。有时企业仍然需要通过循环和再利用，将废物转化为有用的产品在企业内使用，此时复杂的拆分、分离技术将被使用。当然，有些并不需要很多费用的物质可能比其他的物质更容易循环。金属相对来说就容易循环，比如大多由铝金属组成的已剥去标签的苏打罐，就不必花费太多的时间去考虑如何将产品的组成加以分离，而有机废物就难以循环利用。

（3）政策障碍。最大的障碍来自于目前的环境法规，其次是有关工业园区的管理办法，这些政策都严格限制污染性项目的引入或进入。而按照生态工业理念，通常被限制的污染性项目产生的废物在工业生态系统中可能是中间产品或副产品，因此，所谓污染性项目在生态工业园区内外以及不同生态工业园区内的生态内涵可能有所不同，应根据具体情况而灵活界定。我们对生态工业中首要的废物减量化原则的理解是：废物减量化是指局域或区域总体效果的废物减量化，而不是指单个企业或者少数几个企业的孤立效果，是面而非点，是结果而非过程。另外，现有的环境政策如排污收费、污染物配额分配等可能适用于生态工业园区的建设初期，由于对构建工业生态链产生障碍而不太适用于园区的成熟时期。

2.7.2 我国生态工业园建设思路

（1）改造重构原有工业园区及高新技术园区。我国以前的园区成长是依靠廉价的土地和优惠的政策起步和发展的，随着入世的成功，开发区的优惠政策将不复存在，而我国人多地少和城市化的压力也需要有更为严格的土地管理来控制城市蔓延对耕地的占用。因此，我国生态工业园的建设如果重复以前园区建设的老路（重新圈地，重搞基础建设），不但不经济，而且也困难重重，在原有园区的基础上改造重构无疑是一种行之有效的方法。我国国家级的工业园区和高新技术开发区有100多个，如果包括省级和地市级的开发园区更是不计其数。这些开发区经过20多年的建设，基础设施条件已初具规模，一些园区已经成为具有一定规模的工业基地。这些都为生态工业园的建设提供了众多可选择的空间。利用原有园区的基础设施和开放的市场环境，调整招商战略，由政策优惠转向废弃物交流、共同获利、共同管理环境等成本节约的利益驱动，重新定位竞争优势，将赋予现有园区新的活力。

（2）发展有自主知识产权的环保技术。园区内的企业能够构成生态链，达到能源的多级利用，是生态工业园的基本要求。这就要求较高的环境保护和能源利用技术，但技术开发水平不高和国外的技术限制使我国在这两个方面的发展较为落后。如果不加大研发投入形成自主知识产权的环保技术，必将在以后的国际竞争中处于劣势。在自我研发的过程中，我们应重视无害环境技术，充分利用我国高校科研资源，研制和开发适合我国国情的先进实用技术；同时也不应忽视一些地方和企业在长期处理环境问题中形成的特色技术，最终形成有自主知识产权的环保技术体系。

(3) 建立完善的市场调控体系。生态工业园是依托市场经济的可持续开发模式。工业经济时代的市场规则有些并不利于可持续发展。一些发达国家在兴起产业生态思想和循环型经济理论的同时就提出了重构市场规则的思想。我国的市场经济起步较晚，在生态工业园的建设上应借鉴发达国家的先进经验，如减免对资源节约和综合利用的税收、征收污染税、将资源环境成本纳入产品成本等，以此完善我国的环保市场调控体系。

(4) 严格环保执法，强化环境监督管理。生态工业园的良好发展需要环保技术的支撑，需要一个有效的管理组织来协调各个企业的相互利益关系，这就需要健全环境保护的法规体系、管理体系和监督体系。因此，在建立生态工业园的同时，我们就应该注意加强环保工作的统一监督和管理，规范执法行为，提高执法的透明度，加强国家和各地环保部门和监察部门对环境执法的行政监察。

(5) 加强国外资源的利用。我国的生态开发技术起步较晚，总体上还比较落后。因此，应以多种方式吸引国外资金、引进先进技术，缩短我国在环境保护方面与发达国家的差距。还应积极参与全球环境合作，利用国际社会对环境保护项目的支持，提高我国的资源综合利用能力和环保技术水平。

2.8 再生资源生态工业园区产业链调整

2.8.1 再生资源生态工业园区产业链现状

再生资源生态工业园区的产业链在新时代背景下正在经历转型升级，并逐渐迈向成熟发展阶段。

(1) 产业链完善。随着市场的逐步开放，我国再生资源产业链从产生源到利用企业已形成了一套较为完整的流程，包括固定收购点、流动收购点、拾荒者、资源加工企业等层层筛选和分类。

(2) 回收量和回收总值提升。数据显示，我国主要可再生资源的回收总量和总值呈逐年上升趋势。例如，2023 年，我国废钢铁、废有色金属、废塑料、废纸、废轮胎、废弃电器电子产品、报废机动车、废旧纺织品、废玻璃、废电池（铅酸电池除外）十个品种再生资源回收总量约为 3.76 亿吨，比 2022 年增长 1.5%。其中，废钢铁依旧是回收量最大的品种，占再生资源回收总量的 60%以上。报废机动车的回收量增幅最为明显，同比增长 29.2%。这表明再生资源产业正逐渐扩大其规模和影响力。

（3）园区化发展趋向“园区化”。“园区化”是行业发展的新形态，即在园区内实现资源的规模聚集，与地方经济形成紧密互动关系，打造园区内的产业链条，形成公共服务和交流平台，实现污染的集中治理。

（4）上游回收环节分散。再生资源的回收环节相对分散，部分子行业中的企业需获取牌照才可进行对应废物回收，且牌照具有较强的地域性，导致相关再生资源回收分散。同时，大部分子行业长期缺乏相关部门的规范和监管，未形成产业集群。

（5）中游加工环节技术壁垒不突出。处理及加工企业主要受补贴、牌照及监管三种方式约束。政府补贴旨在引导新生行业发展，但同时也可能使业内企业对补贴形成依赖。

（6）政策支持。近年来，国家持续开展循环经济试点、再生资源回收体系试点、“城市矿产”示范基地、静脉产业生态工业园区等多项重大示范工程，促进了产业园区的发展，这些园区以扎口管理、产业链循环衔接、公共平台支撑、环保集中处理、资源规模化、高值化利用为主要特征。

综上所述，再生资源生态工业园区产业链正在不断完善和发展，但仍面临一些挑战，如上游回收环节的分散性、中游加工环节的技术壁垒不突出等问题。随着政策的进一步支持和技术的进步，预计这一产业链将更加成熟和高效。

2.8.2　产业链调整

再生资源生态工业园区的产业链调整与发展战略，旨在响应国家对环保和可持续发展的要求，优化产业结构，提升资源利用效率。以下是一些可能的调整方向和发展战略：

（1）提高技术创新能力：通过引进先进技术和设备，加强研发能力，提高废弃物资源的转化效率，降低生产成本，增强产业链的核心竞争力。

（2）完善产业生态系统：构建完整的产业链条，包括回收、分选、处理、深加工等各个环节，形成闭环经济体系，实现资源的最大化利用。

（3）强化政策引导和监管：政府可以出台相关政策，引导产业园区内的企业进行结构调整和升级改造，同时加强环保监管，确保园区内企业的环保标准符合要求。

（4）推动产业集聚发展：鼓励相关企业集中入驻园区，形成规模效应，通过共享基础设施和服务，降低单个企业的成本负担。

（5）拓展绿色金融支持：通过绿色信贷、绿色债券等金融工具，为再生资源产业提供资金支持，促进其健康发展。

(6) 培育市场导向机制：鼓励企业根据市场需求进行生产，提高产品的市场竞争力，同时开拓国内外市场，增加产品的出口比例。

(7) 加强人才培养和引进：通过教育培训，提升从业人员的技能水平，同时吸引高端人才加入，为产业链的升级提供人才保障。

(8) 推动信息化建设：利用大数据、云计算等信息技术，提高产业链的管理水平和运营效率，实现智能化生产。

(9) 加强环境保护和可持续发展：在产业发展的同时，注重生态环境保护，实现经济效益和环境效益的双重提升。

(10) 促进区域协调发展：考虑到地区差异，制定符合当地实际的发展策略，促进区域间的协调和合作。

通过上述战略的实施，再生资源生态工业园区的产业链可以实现更加可持续和环保的发展，同时提升整体的经济效益。

2.8.3 静脉产业园

根据国务院印发的《“无废城市”建设试点工作方案》，“无废城市”并非没有废弃物产生，而是在保障社会经济发展的同时，一方面减少物质消耗，另一方面通过物质、能源的循环利用，实现城市废弃物的近零排放。

可见，建设“无废城市”的关键之一是持续提升城市废弃物减量化、无害化、资源化处理水平，静脉产业园正是解决这些问题的终端方案。

静脉产业园是城市固废的综合治理方案，它以生活垃圾焚烧发电为核心，将生活垃圾、市政污泥、医疗垃圾、餐厨垃圾、建筑垃圾、电子垃圾等废弃物进行一体化处理，把传统的“资源—产品—废弃物”的直线模式，改造为“资源—产品—再生资源”的循环模式，变废为宝。静脉产业园实现了三方面的协同：

(1) 工艺的协同。生活垃圾焚烧产生的蒸汽提供给污泥干化、餐厨处理、医疗垃圾蒸煮等项目，发的电除供园区生产、管理使用外，实现并网。污泥、餐厨、医疗垃圾处理后的可燃残渣送入垃圾焚烧炉。填埋场、生活垃圾、餐厨垃圾产生的渗滤液，及园区生产、生活产生的废水，经渗滤液处理中心集中净化处理后，形成中水，全部用于园内生产用水和绿化用水，实现零排放、全回用；浓水送至生活垃圾焚烧厂回喷处置。各类废弃物处理过程中产生的难以处理的臭气，全部送入垃圾焚烧炉进行焚烧、净化。餐厨垃圾处理时产生的沼气、垃圾填埋场的填埋沼气和渗滤液处理站厌氧产生的沼气，统一收集、共同净化后，送往垃圾焚烧厂进行热能利用，还可送往沼气发电机组发电。

(2) 公共设施的协同。道路、栈桥、地磅、园区管网、办公楼、宿舍楼、食堂等均可实现共享。

(3) 管理的协同。可共享管理、专业技术、维修、化验等人员。

总之，静脉产业园因协同而具有了环境影响和占地面积小、投资成本和运行成本低、资源利用和管理效率高的优势，成为发达国家优先选用的固废综合处理模式。

我国在 2006 年颁布了《静脉产业类生态工业园区标准（试行）》，但自 2016 年习近平总书记提出普遍推行垃圾分类制度，及 2017 年《生活垃圾分类制度实施方案》正式颁布以来，新的时代要求更快、更好地推进静脉产业园建设，要求进一步优化园内各废弃物处理设施之间的物流和能流关系，对静脉技术和管理协同提出了更高的要求，也对参与静脉产业园投资、建设、运营的企业提出了更高的要求。

案例 2：青岛市西海岸新区静脉产业园

本节内容以上海康恒环境股份有限公司建设的青岛市西海岸新区（原黄岛区）静脉产业园为案例。

西海岸新区静脉产业园的建设，以生活垃圾和餐厨垃圾处理为核心，所有项目整体打包、统筹考虑，统一完成可研及环评手续，同步开展项目建设，通过固体废物处置项目之间的协同共生关系，实现各项目之间的物质循环及能量的梯级利用，提升废弃物的资源化利用水平，真正实现污染物的集中控制和废水、废渣等的零排放，代表了我国城市废物管理和静脉产业园的发展方向。园区占地总面积近 50 万平方米，由西到东基本形成管理区、产业区、填埋区三大功能分区，主要布局有生活垃圾焚烧发电项目、餐厨垃圾处理项目、污水处理项目、固化飞灰填埋场项目等。生活垃圾焚烧发电一期项目规模为每天处理 2250 吨生活垃圾，年产生炉渣 18.1 万吨，全部由园区配套建材厂制成环保砖，实现 100% 的资源化利用；年产生焚烧飞灰 2.48 万吨，经固化处理后送往飞灰填埋场进行安全填埋，真正实现了垃圾的减量化。餐厨垃圾处理厂一期规模为每天处理 100 吨餐厨垃圾，年产生粗油脂 657 吨出售。园区为西海岸新区发展留出了充足空间，规划中未来还将建设规模为 1500 吨的生活垃圾焚烧发电二期，及规模为 100 吨的餐厨垃圾处理厂二期项目。在二期项目未建的情况下，目前园区所有处置项目及配套设施的总用电量为每年 7903 万千瓦，全部由生活垃圾焚烧发电一期项目提供，另有超过 2.56 亿千瓦的多余电量可并网。

园区的智能化程度相当高。通过智能综合管理平台，可实时监控生产全流程，并设置有完善的园区应急管理处置机制；另有在线自动监测中心，全程监控并对外公布园区污染物排放情况，随时接受政府和公众的监督。变废为宝的静脉产业园，是开展环保教育的最佳基地。西海岸新区静脉产业园以开放的理念进行厂区设计，尽可能地向公众展示物质与能源的循环过程，并专设科普展厅，以实物、模型、沙盘、读物、展板、宣传片等多种形式普及环保知识。而更直观的教育则是园区内用炉渣砖铺设的道路和用环保材料创作的雕塑作品。

去工业化的建筑外观、花园式的园区环境，这些都是康恒环境项目的专属“标签”，西海岸新区静脉产业园延续了康恒环境一贯的美学标准，无论是建筑本身，还是园内绿化、景观广场、滨水区，都保持了很高的艺术水准。园区内还专门建有供员工与市民共享的休闲、健身场馆，体现了康恒环境一贯秉承的和谐发展的蜂巢理念。

西海岸新区静脉产业园属于典型的“一园一企”政府和社会资本合作（Public-Private-Partnership，PPP）模式。政府编制园区整体项目建议书及可研报告，确定园区整体边界条件；然后组织园区整体招投标，确定投资人。这种模式的优点是政府不用投资园区基础设施建设，与企业之间的责任也很明确，实现了从建设者到监管者的角色转变。当然，这样的模式因为招投标边界复杂，对政府专业能力要求比较高，但西海岸新区政府以专业水准作出了最佳选择。

城市工业进园发展已经是大势所趋，针对这一发展趋势，一些学者提出关于工业园区的思想和相关的概念。这种研究主要集中在工业集中发展、产业集群培育方面，对工业园区的内在机制研究不够。同时，现实中也形成了工业园区发展模式，如全国各地的开发区模式、浙江的“块状经济”模式、广东等地的“来料加工”以及苏南的“以乡镇企业发展带动”的模式等。关于工业园区的理论与实践研究可以说是如火如荼，但是在研究对象的选择上国内对工业园区的研究还大多局限在园区个体的研究中。由于城市产业存在着地域的分异和组合，城市工业园区也是多类型、多组合的，因此对城市工业园区全局性研究还比较滞后；工业园区之间的联系及整体优势的研究近期才刚刚起步，理论落后于实践，而实践缺乏理论的指导，其发展轨迹也容易出现偏差，对城市工业乃至城市总体竞争力产生不利的影响。

对工业发展的研究，可以基于微观和宏观两个层面，微观层面包括对企业和园区的研究，而园区更具有区域视角上的研究意义；宏观层面主要是园区所在的城市和更大的区域范围，而城市是工业发展的基本支撑，本文选取微观层面的工业园区和工业园区所在的城市为基本研究领域，并以它们互为关联和互为影响的辩证统一思想为指导。

丹麦的卡伦堡“工业共生体”是生态工业园区的典型代表，它由发电厂、炼油厂、生物工程公司、石膏材料厂、市政分区供暖系统等五家主要企业组成。它通过企业间的工业代谢与共生关系，实现了区域内企业间废弃物的相互交换，减少了资源消耗，减少了废气排放，促进了废物的重新利用。它源于交换产生的经济效益，估计每年为1000万美元。之后，美国、加拿大、法国、澳大利亚等发达国家也开始规划建设生态工业示范园区，其他发展中国家也正积极兴建生态工业园区。美国拥有大量的工业园区，数量在数千个之上；英国拥有约200个工业园区；德国大概有300个工业园区；荷兰有大约有130个工业园区；日本有600余个工业园区。

2.9　生态工业园区建设中软环境设计

再生资源生态工业园区技术规范和标准是规范园区建设与运营，规范和指导企业运营的行动指南。本节首先分析技术标准建立的必要性，介绍我国再生资源产业标准现状，以废旧机电产品产生园区为例，分析国内外废旧机电产品标准建立的情况，初步探讨我国废旧机电产品标准框架体系。

2.9.1　技术规范建立的必要性

技术标准与规范是指重复性的技术事项在一定范围内的统一规定，是有关使用设备工序、执行工艺过程，以及产品、劳动、服务质量要求等方面的准则和标准，当这些技术规范在法律上被确认后，就成为技术法规。

由各个企业通过向标准组织提供各自的技术和专利，形成一个个产品的技术标准；企业产品的生产按照这样的标准来进行，所有的产品通过统一的标准，设备之间可以互联互通，这样可以帮助企业更好地销售产品；标准组织内的企业可以以一定的方式共享彼此的专利技术的特点。技术标准包括基础技术标准、产品标准、工艺标准、检测试验方法标准，以及安全、卫生、环保标准等。

知识经济时代的到来，使世界范围内的技术标准竞争越来越激烈，谁制定的标准为世界所认同，谁就会从中获得巨大的市场和经济利益。因此，一个时期以来，发达国家政府都争先恐后地加大力度进行标准化战略研究，试图在技术标准竞争中牢牢掌握主动。目前，欧盟拥有的技术标准就有 10 万多种，德国的工业标准约有 1.5 万种，日本则有 8200 多种工业标准和 400 多种农产品标准。

(1) 技术标准作为人类社会的一种特定活动，已经从过去主要解决产品零部件的通用和互换问题，正在更多地变成一个国家实行贸易保护的重要壁垒，即所谓非关税壁垒的主要形式。据统计，发展中国家受贸易技术壁垒限制的案例，大约是发达国家的 3.5 倍。

(2) 技术标准与专利技术越来越密不可分。在传统产业里，技术更迭缓慢，经济效益主要取决于生产规模和产品质量，技术标准主要是为了保证产品的互换和通用性，技术标准与技术专利分离。而今天，对于高新技术产业来说，经济效益更多取决于技术创新和知识产权，技术标准逐渐成为专利技术追求的最高体现形式。在国外出现一种新的理念：三流企业卖苦力，二流企业卖产品，一流企业卖专利，超一流企业卖标准。

(3) 技术标准越来越成为产业竞争的制高点。技术标准已经成为产业特别是高技术产业竞争的制高点。在传统大规模工业化生产中，是先有产品后有标准。在知识经济时代，往往是标准先行，这在高技术产业领域表现尤为明显，如在互联网应用前就先有了IP协议，在高清晰度彩色电视和第三代移动通信尚未商业化前，有关标准之战已如火如荼。关于高新技术标准的竞争，说到底是对未来产品、未来市场和国家经济利益的竞争。正因为如此，技术标准不仅在产品领域受到青睐，而且已经成为抢占服务产业制高点的有力手段之一。还有一个值得注意的现象是，在国际标准之外出现了越来越多的所谓事实标准。例如，美国微软公司的 Windows 操作系统和英特尔公司的微处理器，虽然没有成为国际标准，但事实上得到世界公认，并且“赢者通吃”。事实标准的出现是新经济时代的一个重要新特点，呈现“跑马圈地”的高速扩张态势，行业集中度快速提升。

国家标准委提供了全面的国家标准信息，包括拟立项、正在起草、征求意见、正在审查、即将实施、现行以及废止的标准。用户可以查询到各类标准的详细信息，如标题、编号、发布日期、实施日期和废止日期等。

技术标准在促进科技进步、提高产品和服务质量、保护消费者权益以及推动国际贸易等方面发挥着重要作用。随着全球化和技术的发展，标准化工作面临着新的挑战和机遇，需要不断地进行创新和改进。

2.9.2 我国再生资源产业标准

全国专业标准化技术委员会是我国标准化工作的重要组成部分，它们负责制定和修订国家标准，推动标准的实施和推广。截至2022年底，全国共有1319个专业标准化技术委员会，其中包括：技术委员会（TC）共计546个，这些是主要的标准化组织，负责特定领域的标准制定工作。分技术委员会（SC）共计756个，这些是在技术委员会下设立的分支机构，专注于更细分的领域或行业。标准化工作组（SWG）共计17个，这些是为了特定任务或项目而设立的临时性工作组。这些技术委员会按照产业划分，涵盖了第一产业、第二产业、第三产业以及社会公共事业等多个领域，反映了我国标准化工作的广泛性和专业性。此外，这些委员会的成员来自不同的企业，包括国有企业、民营企业以及外商投资企业，体现了我国标准化工作的多元化和包容性。

从数量来看，我国再生资源行业标准还远远不够，很多方面尚未制定配套的标准。因此，我国急需加快再生资源标准体系的构建，绘制再生资源标准制修订工作的发展蓝图，分阶段不断完善各类标准，尤其是产品质量标准及配套的原材料选购、生产工艺、检测方法、能耗限制、物排放等标准，加快标准的制修进程，如尽快完成各类废机电产品、再生塑料制品、再生有色金属的产品标准，用标准来规范产品的生产，促进产业健康有序发展。

2.9.3 废旧机电产品加工国内外标准法规

废旧机电产品处置已经成为一个全球性的环境问题。面对电子废弃物快速增长的状况，一些发达国家颁布实施了电子废弃物的相关法规和指令。我国目前则仍缺乏相应的法律规范和标准，已不能适应目前的环境保护要求，也不能满足电子废弃物资源化产业的发展需要。如何根据国情，建立起一套适合自己发展的电子废弃物法规和标准，成为目前我国环境保护及电子业界需要共同解决的课题。发达国家废旧机电产品标准规范现状如下。

2.9.3.1 欧盟

欧洲近年来电子电气设备报废量平均每年440万吨，其中德国约180万吨，法国约150万吨，芬兰约10万吨。据估计，电子电气设备报废量在未来5年内会增长20%。

欧盟在20世纪60~70年代就开始颁布有关某些有毒有害物质的限用或禁用法规，所管制的有毒有害物质的范围及受限产品不断扩大。欧盟现有相关法规主要包括：67/548/EEC指令，即欧盟理事会关于危险物质分类、包装及标签的成员国的法律、法规及管理条例趋同指令；1999/45/EC指令，即欧洲议会和理事会关于危险制品分类、包装及标签的成员国的法律、法规及管理条例趋同指令；76/769/EEC指令，即欧盟理事会关于限制某些危险物质及配制品的营销和使用的成员国的法律、法规及管理条例趋同指令；91/157 EEC指令，即关于含有部分危险物质的（消费者用）电池和蓄电池指令，该指令主要限制的是电池里所含的汞、铅及镉等有害物质；94/62/EC包装及包装废弃物指令；2002年10月颁布的《欧盟电子废弃物管理法令》。可见，欧盟对含有毒有害物质废弃物的管理，随着其环境认识与意识的变化而不断发展完善。

经过各利益相关者长时间的谈判与博弈，欧盟在2003年2月13日发布了2002/95/EC指令，即《电子电气设备中限制使用某些有害物质指令》（简称RoHS指令），要求欧盟成员国家确保从2006年7月1日起，所投放于市场的电子电气产品不包含铅、汞、镉、六价铬、多溴二苯醚（PBDEs）和多溴联苯（PBBs）；2003年2月13日发布的《废旧电子电气设备指令》（简称WEEE指令）要求生产者对废弃后的家用电子产品承担部分回收、处理和处置的责任，并给出了十大类超过80个品种的报废电子电气设备清单。这两项法案对电子电气设备的生产直到回收处理处置的全生命周期都做出了相应的规定，奠定了欧洲各国立法的基础和框架。

WEEE指令概括性地提出报废电子电气设备处理的相关环保要求，包括鼓励使用有利于拆除和恢复的报废电子电气设备及其组件和材料的设计和生产、报废电子电气设备分类收集、处理、再生利用率的规定等方面。要求成员国确保建立系统且使用能获得的最先进的处理、回收和循环技术负责报废电子电气设备的处理，并确保报废电子电气设备的处理单位获得权威机构的许可。WEEE指令规定了下列物质必须从废弃电子电气设备中去除：含多氯化联苯的电容器、含汞零部件、电池、表面积大于 10 cm^2 的印刷电路板、含溴化火阻剂的塑料、阴极射线管、含氯氟烃、含氢氯氟烃、含氢氟烃、碳氢化合物，表面积大于 100 cm^2 的液晶显示屏和带有气体放电管逆光的显示屏，含放射性物质的组件，高度大于 25 mm、直径大于 25 mm 的电解电容器等 15 类零部件或材料。此外，给出了阴极射线管、含有臭氧层破坏气体的零部件及气体放电管拆解的特别要求，以及报废电子电气设备储存、处理的技术要求。此外，2006/12/EC 废弃物指令也有对废弃物回收处理技术的原则性规定。

2.9.3.2 英国

英国每年有超过 5 万吨的废电路板被淘汰，其中仅有 15%以一定方式回收，剩下 85%被填埋处理。为实施欧盟 WEEE 指令，2006 年英国贸易和工业部向国会提交了 WEEE 法规（The Waste Electrical and Electronic Equipment Regulations 2006），该法规于 2007 年 1 月 2 日生效。该法规结合英国法律体系及电子电气设备报废状况，制定了回收利用率目标及具体实施细则。2007 年 1 月 5 日，《WEEE 许可证法规》[The Waste Electrical and Electronic Equipment (Waste Management Licensing)(England and Wales) Regulations 2006] 生效，该法规规定了报废电子电气设备的处理及资质要求。为使《WEEE 许可证法规》及《报废电子电气设备处理的再循环与回收利用》具有可操作性，英国环境部制定了《报废电子电器设备处理、回收利用与再循环最佳可得技术导则》，以危险物质的零部件的去除为核心，十分详细地规定了报废电子电器设备处理、回收利用与再循环的技术与设施要求。

2.9.3.3 日本

日本将循环经济理念全面地融入到社会经济运行架构中，日本的循环经济立法体现了这一点，出台了基本法《循环型社会形成推进基本法》，将循环社会作为日本“环境—经济—社会管理”的基本原则；设立了《固体废弃物处理和公共清洁法》《促进资源有效利用法》两部综合法，再根据产品的性质制定了七部专项法，分别是《促进包装容器分类收集和循环利用法》《家电再生利用法》《食品再生利用法》《绿色采购法》《建筑材料再生利用法》《多氯联苯废弃物妥善处理特别措施法》《报废汽车再生利用法》，这些专项法直接反映了日本对固体废弃物类别的认识以及社会回收处理系统的构架。其中与废弃家用电器关系最紧密的专项法是《特定家用电器再商品化法》，该法于 1998 年颁布，2001 年 4 月开始实施，该法的立法目标为促进特定家用电器的回收、运送及再商品化，确保废弃物得到合理处理以及资源得到有效利用。特定家用电器包括电视、冰箱、洗衣机、空调器，2009 年起追加了液晶电视及烘干机。该法明确了各主体的责任：制造商和进口商必须强制回收它们生产的指定电器，并负责安排适当的存放场所以及循环使用回收电器的零部件；零售商必须在规定的条件下收集废旧电器，并将收集的电器运送给生产商或指定接收单位；市政部门必须将收集的电器运送给生产商或指定接收单位，也可以自行再循环；消费者必须参与回收利用工作，如将废旧电器运送给零售商、支付回收费用等，该法还规定了家用电器零部件及材料的再商品化标准。

2.9.3.4　瑞士

瑞士目前适用的电子废物法规全称为《电器和电子设备归还、回收和处置条例》（ORDEA）于1998年开始实施，规制对象包括家用电器、办公电器、各种信息技术产品等。处理费支付采用消费者购买产品时预付的形式，对不同产品种类收费不同，该法令分总则、情况说明书和附录三部分。总则中规定含有污染物的零部件在进一步处理前必须先拆除，并采用环境无害化的方式进行单独处置。阴极射线管和含金属的元件在达到环境要求、经济上有利的条件下必须再利用；不可再利用的有机材料组成部件，如塑料混合废物，必须在有资质的工厂进行焚烧处置。情况说明书则根据目前的工艺水平在对电子电器产品做了总体规定的情况下，再分别对大型电器、小型电器、制冷和空调电器、印制电路板、阴极射线管提出具体的处置要求。内容包括含多溴二苯醚类物质的电容器必须在危险废物焚烧厂进行焚烧；需要再使用的已被模压的发泡剂，其残余的氟氯烃含量不能超过0.5%等。

2.9.3.5　美国

由于更倾向于利用市场的力量实施生产者延伸制度，美国在电子废物方面的法律法规显得比较分散、既有国家环境署制定的法令，也有各州不尽相同的相关法律。

政府法令方面，美国在20世纪90年代初就对废弃电子电器产品的处理制定了一些强制性的条例，2002年当局针对回收利用又出台了一系列法规法令，对从事回收制冷剂的人员资格、使用的设备及回收比率等都作出明确的规定，使回收利用过程能够达到政府所规定的各项要求和技术指标。

自2000年以来，美国先后有20多个州尝试制定自己的废弃电子电器产品专项管理法案，2000年4月，马萨诸塞州最早通过了全面禁止废弃电脑显示器和电视机进入填埋场或焚烧炉处理的相关法案；阿肯色州2001年出台的《电脑和电子固体废弃物管理法案》中规定，解决废弃电子电器产品的方案是部件回收、二次使用、捐赠转移和专业拆解处理等；2003年9月，加利福尼亚州通过了《电子废弃物回收再利用法案》，规定从2004年7月1日起顾客在购买新的电脑或电视机时，要交纳每件6～10美元的电子垃圾回收处理费，并明确规定了阴极射线管不能填埋处理，2005年1月1日全面禁止电脑和电子设备进入州立填埋场。

美国对废家用电器的管制主要分白色家电和黑色家电两类。前者如加利福尼亚州的注册机电物回收（Certified Appliance Recycling，CAR）制度主要针对白色家电，包括洗碗机、烘干机、冰箱、冷柜、加热器、空调、干燥器、垃圾压缩器、烤箱、微波炉等；而《电脑和电子固体废弃物管理法案》则主要针对黑色家电，如电脑、电视机、VCD等。

2.10 再生资源生态工业园区发展战略

《中华人民共和国循环经济促进法》中第二条规定“本法所称循环经济，是指在生产流通和消费等过程中进行的减量化、再利用、资源化活动的总称”，同时指出“本法所称资源化，是指将废物直接作为原料进行利用或者对废物进行再生利用”。可见，再生资源产业是循环经济的重要构成部分，而再生资源生态工业园区作为实现资源再生以及促进产业结构转型的重要场所，结合其当前所面临的实际问题，制定再生资源生态工业园区发展战略对促进我国循环经济发展，最终实现整个中国社会经济的可持续发展将意义重大。

本节通过目前我国再生资源产业所面临的优势、劣势、机会和威胁，构建了再生资源产业发展的中长期战略目标体系。在分析我国再生资源生态工业园区的布局现状和特点的基础上，深入研究了再生资源生态工业园区的区位模式，冀图对再生资源生态工业园区的战略布局规划提供理论指导。同时，由于产业链的结构特点对再生资源产业以及园区的发展影响重大，本节的最后部分根据再生资源生态工业园区的产业链现状，如产业链不完整、回收环节薄弱等，提出子产业链的调整与发展战略。

2.10.1 再生资源产业发展战略

近年来，我国对再生资源的综合利用尤为重视，再生资源产业也因此得到了大力发展，市场规模越来越大。但由于缺乏一套完善的战略规划，目前中国再生资源产业的发展仍存在许多问题，如市场秩序混乱、企业规模小且经营分散、二次污染严重等。针对中国再生资源产业发展现状的SWOT分析如下所述。

2.10.1.1 再生资源产业的优势

（1）再生资源丰富。2022年我国十大再生资源回收总量为3.71亿吨，同比下降了2.6%。

在这一总量中，废钢铁是回收量最大的品种，占到了全国再生资源回收总量的65%。具体来看，2022年全年废钢铁的回收量约为24081万吨，同比下降了3.8%。这反映了在粗钢产量达到历史最高点后，受到多重因素的影响，粗钢产量延续了下降的趋势。

除了废钢铁外，其他如废玻璃、废旧纺织品和废弃电器电子产品的回收量也有所下降，同比分别下降了15.4%、12.6%和10.4%。这些数据表明，尽管再生资源回收行业整体呈现增长态势，但不同品种的回收量可能会受到市场需求和宏观经济环境的影响而有所波动。

此外，再生资源回收不仅对环境保护有积极意义，还具有重要的经济价值。根据商务部的数据，截至 2022 年底，我国十大再生资源回收总价值量为 14900 亿元，同比增长了 8.8%。这一增长反映了再生资源行业的经济效益和市场潜力。

综上所述，我国再生资源回收行业虽然在某些品种上出现了回收量的下降，但整体上仍然是一个具有巨大潜力和经济价值的行业。随着技术的进步和环保意识的提高，预计这一行业将继续发展壮大。

（2）丰富的劳动力来源以及低廉的劳动力成本。再生资源产业可以分为再生资源回收产业和再生资源加工利用产业。再生资源回收产业有三大职能：一是将散布在社会各行各业的再生资源进行回收，也就是人们常说的废旧物资回收；二是进行拆解、鉴别、分类，以便于充分利用各种资源；三是进行初加工，如进行适当的分割粉碎，打包压块等初加工，以便于流转到有关深加工企业进行加工利用。再生资源加工利用产业是由以各种再生资源为主要生产原料，通过深加工以获得具有全新使用价值的物品为目的的各类加工制造企业构成，属于工业生产领域。再生资源时间分布的短暂性和空间分布的分散性，使得资源回收产业有着巨大的劳动力需求。

由再生资源产业的回收和加工利用活动特点可知，再生资源属于劳动密集型产业。随着我国城镇化建设的进一步推进，大量涌入城市的务工人员为再生资源产业提供了丰富的劳动力来源；反过来，随着再生资源产业的发展，将会为更多的人提供就业机会，同时也缓解我国现阶段的就业压力。《中国资源综合利用年度报告（2022）》中的数据显示，截至 2022 年，2022 年全国耕地净增加约 130 万亩，这是继 2021 年后再次实现的净增加。

全国建设用地供应达到了 76.6 万公顷，同比增长了 10.9%。全国新立探矿权 362 个，出让收益达到 126.1 亿元；新立采矿权 1384 个，出让收益为 1338.9 亿元。全国地质勘查投入为 1008.4 亿元，其中油气地勘投入 822 亿元，非油气地勘投入 186.4 亿元。全国新发现非油气矿产地 132 处。报告还提到了矿产资源政策法规的新变化和矿产资源管理方面的新进展。这些数据和信息为我们提供了一个全面的视角，以了解中国在资源综合利用和管理方面的最新动态。通过这些数据，可以观察到中国在推动资源可持续利用、环境保护以及生态文明建设方面所做的努力和取得的成效。同时，这些信息也对于政策制定者、行业参与者以及社会公众了解国家资源政策的发展趋势具有重要意义。

（3）具有社会效益、经济效益以及环境效益。进入 21 世纪以来，我国社会经济的高速发展有目共睹。但我们应清醒地认识到，我国现阶段经济的快速发展是以对资源的大量消耗和环境的严重污染为代价而得来的。

“资源—产品—污染排放”型的线性发展方式不考虑有限的资源和生态环境的承载能力，显然不可取。国外一些国家“先污染，后治理”的发展方式虽然后来取得了显著的成效，但其也为此付出了沉重的代价。循环经济模式则以减量化、再利用、资源化为准则，从源头就试图减少资源消耗和废物产生，通过对废弃物的资源化和再利用，实现资源的高效利用，整个过程对环境的影响降至最低。再生资源产业对废旧资源进行回收和加工利用，创造经济效益的同时，避免了对原生资源的大量攫取，具有显著的社会环境效益。发展再生资源产业是实现循环经济，推动社会经济可持续发展的重要途径。

2.10.1.2 再生资源产业的劣势

（1）再生资源产业发展缺乏战略规划和定位。具有完善的再生资源产业发展机制与体系的国家，一般都有明确的产业战略定位。例如，日本的再生资源产业发展战略以资源再利用为根本目的，德国的侧重点为再生资源技术与设备的出口，美国则是建立在环境保护的基础之上，而我国再生资源产业缺乏战略规划与定位，使得再生资源产业涉及多个管理部门，如科技部、国家发展和改革委员会、财政部、生态环境部、供销合作社、工信部等，造成部门分割，机构重叠，从而政出多门，使相关产业政策法规贯彻不力，最终降低管理效率，影响整个再生资源产业持久健康发展。

（2）企业规模小，技术水平低，容易造成二次污染。再生资源行业中，民营企业占企业总数的80%，占就业总人数的75%左右，是再生资源回收行业的主体，国有企业和三资企业占比较低，从总体上看，我国废旧物资回收利用的企业规模较小，大多采用小作坊或家庭作坊的生产模式，加工利用技术水平低，对环境造成严重污染。一些再生资源加工利用企业用的打包、压块、剪切设备还处于20世纪60—70年代的水平，如何有效规范再生资源产业，提高行业集中度，推进再生资源产业的技术进步和结构升级已经迫在眉睫。

（3）行业力量薄弱。中国目前还没有建立一个规模较大的再生资源产业联盟，当国内的再生资源企业与国外一些废旧物资出口商谈判时，他们面对的往往不是一个出口商，而是整个欧洲或美国的出口联盟，单个企业与整个企业联盟比起来，其力量显然是非常渺小的，因此，许多小企业常常在谈判中遭受经济损失。

（4）市场秩序混乱。目前，中国再生资源市场中存在一定程度的违法销赃、偷税漏税现象。由于回收环节较多，回收系统以利益为导向导致了回收成本的上升，像塑料制品等一些经济价值不高的废旧产品往往得不到回收。一些企业无照经营，自行收购报废汽车，私下改装或拼装，扰乱了报废汽车拆解市场的秩序，甚至留下了安全隐患。

（5）缺乏适当的营销模式。由于市场秩序的混乱，导致再生产品常常被误认为是二手产品，因而往往在二手市场上以较低的价格卖出，这种简单的销售模式不仅不能反映再生产品本身的价值，而且还会留给消费者一个负面的印象，即再生的产品的质量比新产品的质量差。但实际上，经过先进再生技术的加工，某些再生产品的质量不仅不比新产品差，其性能甚至优于新产品，鉴于再生产品的特殊性，亟需为再生产品研究出一套有效的市场营销模式。

（6）产业链较脆弱。随着再生资源产业市场的逐步放开，中国已形成了从产生源拾荒者、流动收购点、固定收购点、资源化加工户（或企业）等层层筛选、分类、最终到利用企业的完整流程。再生资源产业链主要包括废旧物资回收、资源化加工处理、再利用三个环节，但中国再生资源产业链比较脆弱，主要原因有以下几个方面：再生资源相对原生资源没有价格优势，利用企业对使用再生资源的积极性不高，从而引起产业链中断；资源再生产业市场结构不合理，存在过度竞争，导致某些环节没有盈利空间，引起产业链中断；劳动力价格上涨，物流成本上升等外部原因所引起产业链上各环节的利润缩减也会引起产业链中断；提高回收利用的环境标准、加大税负等引起成本增加的产业政策，使产业链上某些主体无利可图，也会引起产业链中断。

（7）专业人才短缺。快速发展的产业对专业人才的需求量是极大的。因此，中国再生资源产业的发展急需教育的支持，而到目前为止，中国在高校课程中还没有专门开设资源再生相关的课程，对于再生资源方面的研究还有待深入。

2.10.1.3 再生资源产业面临的机会

（1）建设资源节约型、环境友好型社会的契机。建设资源节约型、环境友好型社会为再生资源产业的发展提供了良好的机会和平台。我国国民经济和社会发展第十二个五年规划纲要在指导思想中提出要把建设资源节约型、环境友好型社会作为加快转变经济发展方式的重要着力点，要求深入贯彻节约资源和保护环境的基本国策，大力发展循环经济，促进经济社会发展与人口资源环境相协调，走可持续发展之路。

再生资源产业是发展循环经济的重要构成部分。2018 年修订的《中华人民共和国循环经济促进法》中指出："本法所称循环经济，是指在生产、流通、消费等过程中进行的减量化、再利用、资源化活动的总称。"循环经济主要由四部分构成，即生产原料的集约使用、生产的清洁化、产品消费的高效化、废弃物的再资源化，其发展模式为闭环反馈型，即"资源—产品—消费—废弃物—再生资源"，由此可以看出，发展和完善再生资源产业是建立资源循环利用体系、改善经济发展模式、推行新型工业化道路不可或缺的重要步骤。

鉴于此，再生资源回收利用工作首次被列入我国"十二五"规划纲要中彰显出再生资源行业对于落实科学发展观，实现经济社会全面、协调和可持续发展的重要性。

二十大报告中关于生态文明建设的表述体现了中国对生态环境保护的高度重视，展示了国家在推动绿色发展、保护生态环境方面的决心和行动。这些表述为我国未来生态文明建设提供了明确的指导思想和政策依据，也为社会各界提供了共同努力的方向。报告强调了生态文明建设的重要性，提出了加强生态文明建设的总体要求。这包括推动绿色发展、促进人与自然和谐共生、保护生态环境等方面的工作。提出了完善生态文明制度体系的具体措施，包括完善生态补偿机制、建立健全生态环境损害责任追究和赔偿制度等。报告强调了推动绿色发展的重要性，提出了加快绿色产业发展、促进循环经济、推广绿色技术等方面的政策措施。报告强调了促进人与自然和谐共生的重要性，提出了加强生态保护和修复、实施重要生态系统保护和修复重大工程等方面的工作。报告提出了加强生态环境保护的具体措施，包括加强污染防治、提高生态环境质量监测能力、严格环境执法等。

（2）再生资源行业法规政策与标准体系逐步完善。近年来，再生资源方面的法规政策日趋完善，《中华人民共和国固体废物污染环境防治法》《中华人民共和国清洁生产促进法》《中华人民共和国循环经济促进法》《再生资源回收管理办法》等法律法规，为再生资源的发展奠定了法律与政策基础。

为了规范再生资源行业的发展，国家已出台《废钢铁加工行业准入条件》《再生铅行业准入条件》《铝行业规范条件》《轮胎翻新行业准入条件》和《废轮胎综合利用行业准入条件》等，逐渐形成再生资源产业的标准体系《再生资源分拣中心建设管理规范》《再生资源回收站点建设管理规范》《废塑料加工利用污染防治管理规定》等管理规范也逐步建立。

目前，我国现行资源节约与综合利用标准近 1500 项，其中国家标准近 650 项，行业标准近 500 项，地方标准 350 项。截至 2019 年底，我国再生资源回收利用领域现行的国家标准共有 164 项。这些标准涵盖了再生资源行业的各个方面，包括回收、加工、利用以及与之相关的其他活动。对于推动再生资源行业的健康发展具有重要意义。它们不仅有助于提高资源利用效率，还能促进环境保护，同时也为相关企业和机构提供了明确的操作指南和标准。通过遵循这些标准，可以确保再生资源回收工作的规范化、标准化，进而推动整个社会的可持续发展。

为有效贯彻实施《中华人民共和国循环经济促进法》和《废弃电器电子产品回收处理管理条例》，国家标准化管理委员会正式发布《废弃产品分类与代码》（GB/T 27610—2011）、《再生利用品和再制造品通用要求及标识》（GB/T 27611—2011）和《废弃产品处理企业技术规范》（GB/T 27873—2011）等国家标准，明确再生资源回收利用领域急需的国家标准项目，为提高资源利用率提供了标准化支持，引导并规范再生资源产业的有序发展，也为我国即将建立“废旧产品回收利用标识制度”奠定了良好的科学基础。

为了进一步明确相关主体的权利和义务，我国正在研究修订《废弃电器电子产品回收处理管理条例》，以健全配套政策并更好地发挥市场的作用。鼓励各地方政府根据本地区的实际情况制定促进循环经济发展的地方性法规，以便更有效地实施循环经济的理念和实践。国家发展改革委印发了《“十四五”循环经济发展规划》，该规划提出了到2025年的目标，包括循环型生产方式的全面推行、绿色设计和清洁生产的普遍推广，以及资源综合利用能力的显著提升。此外，建立资源循环型产业体系，并完善废旧物资回收网络。

2.10.1.4　再生资源产业面临的威胁

(1) 再生资源产业从行业政策层面来看，对环境保护的重视程度不断提升，新环保法监管力度更为严格，为再生资源产业营造了良好的发展环境。同时，鉴于国内再生资源产业起步较晚，不论从实际处理能力还是从“十四五”规划的发展目标来看，行业明显处于供不应求的状况，且未来在一系列政策的支持下市场需求有望继续释放。但再生资源产业发展尚需进一步规范，在发展初期容易遇到来自项目审批、公众关系、政企合作等方面的诸多困难，需要加强引导，以促进行业的健康发展。

(2) 从行业内企业发展情况来看，近几年，垃圾焚烧发电成为固废处理行业的“热门”，各固废企业加速“圈地”扩张，市场集中度不断提升，龙头企业格局日趋稳定。在市场拓展方面，资金实力和融资能力是企业迅速抢占市场的关键，这也推动了垃圾焚烧发电企业融资渠道日趋多元。但总体来看，股权融资凭借较为灵活的融资方式、较低的融资成本成为目前固废环保企业的首选融资途径。

(3) 国际以及国内宏观经济环境的影响。经济全球化不仅意味着我国可以进口其他国家的再生资源，满足高速发展的国内资源市场的需要，同时意味着我国的再生资源市场要不可避免地受到全球再生资源市场，以及原生资源市场的供需状况的影响。尤其是对于我国来说，再生资源产业刚刚初具规模，产业市场处于成长阶段，还亟需国家相关政策法规的完善及扶持，产业基础还不够稳定。而我国再生资源行业目前正面临转型升级的新阶段。2022年，我国十大品种再生资源回收总量约为3.71亿吨，同比有所下降。特别是废玻璃、废旧纺织品和废弃电器电子产品的回收量降幅较大。在再生资源回收产品中，废钢铁的回收量最大，占全国再生资源回收总量的65%。由于粗钢产量的调整以及新冠肺炎疫情等多重因素的影响，废钢铁回收量也出现了下降。我国再生资源行业经历了从政府主导的计划经济时代到现阶段的成熟发展过程。当前，行业正处于转型升级的新阶段，面临着巨大的变革。在绿色发展理念的引领下，再生资源回收体系不断完善，行业创新升级步伐加快。十大品种再生资源回收总量和回收总额取得新突破，行业规模和发展质量得到进一步提升。《“十四五”循环经济发展规划》提出到2025年基本建立资源循环型产业体系，对多种资源的利用率或使用量作出规划，资源循环利用产业产值预计将达到5万亿元。此外，“无废城市”概念的提出，旨在推进固体废物源头减量和资源化利用，减少填埋量，降低固体废物的环境影响。我国再生资源行业虽然面临如回收总量下降的一些挑战，但整体上正在向更加成熟和规范的方向发展。随着政策的推动和行业的自我革新，预计未来将实现更高质量的发展。

(4) 没有有效的再生资源回收体系，资质企业面临“吃不饱”难题。再生资源回收市场尚处于无序状态。一方面，很多具备资质的再生资源加工处理企业由于回收不到“原材料”，只能处于半开工或停工的尴尬境地，依靠国家财政补贴才能维持生存；另一方面，小作坊式的加工处理企业，由于处理方式粗放，不考虑环境效益，以牺牲环境为代价来追求利润。例如，在废旧家电回收领域，许多居民受利益驱使，只愿意将废旧家电以较高的价格卖给回收者个人，而这些废旧家电或未经检测安全性，直接就经个人或私人回收机构转手以二手货名义卖出，或者经简单翻新后被以次充新，给不知情的消费者造成极大的安全隐患和损失。

(5) 公众环保意识不足。一方面，公众在日常生活中的行为还没能完全做到环保友好，垃圾随意丢弃的现象在一些小城市很普遍；另一方面，环保消费理念在消费者中还没有普遍建立起来，大部分公众认为再生资源产业就是很脏的垃圾处理行业，认为再生产品一定没有新产品的质量好，这些现象体现了公众的环保意识还较差。

2.10.1.5　再生资源产业发展中长期战略目标体系

我国再生资源产业在2023年的中长期发展目标聚焦于推进绿色转型和构建循环利用体系，以实现资源的集约节约利用和应对气候变化。

具体来说，有以下一些关键的发展目标和计划：

(1) 加快绿色发展方式转型：国家鼓励和支持再生资源回收行业的发展，这有助于促进资源的有效利用，减少环境污染，同时为经济发展提供新的增长点。

(2) 构建废弃物循环利用体系：政策制定者强调了建立和完善废弃物循环利用体系的重要性，这不仅有助于形成绿色低碳的生产方式，还能提升社会治理水平。

(3) 推动碳达峰和碳中和目标实现：与全球气候变化应对行动相一致，我国也在积极推进能源结构的绿色低碳转型，包括发展大型风电光伏基地等重大项目，以实现碳达峰和碳中和的目标。

(4) 规范行业发展：国家发展改革委等部门发布了关于加快废旧物资循环

利用体系建设的指导意见，这表明政府正致力于规范再生资源行业的发展，确保其健康有序地成长。

（5）扩大行业规模和提升技术水平：目前我国再生资源回收企业约有 10 万家，从业人员约 1500 万人，这显示了行业已经有了一定的规模。未来，随着技术的进步和创新，这些企业将能够更有效地回收和处理再生资源，提高资源利用效率。

综上所述，2023 年我国再生资源产业的发展目标是通过加快发展方式的绿色转型，构建循环利用体系，推动碳达峰和碳中和目标的实现，以及规范和扩大行业规模，促进行业的健康发展。这些目标的实现将对环境保护、资源节约和经济社会可持续发展产生积极影响。

2.10.2 再生资源生态工业园区战略布局

2.10.2.1 再生资源生态工业园区战略布局的重要意义

再生资源产业是社会经济发展到一定阶段，经济增长方式发生转变和产业结构进行调整的背景下产生的新型产业，是实施循环经济的重要内容。再生资源生态工业园区在吸引再生资源相关企业集聚、促进产业链耦合以及传统线性经济向循环经济模式的转变方面影响重大，可将其视为推动循环经济发展的增长极（Growth Pole）。

根据增长极理论，一个国家要实现均衡发展完全是一种理想，增长并不是同时在任何地方出现，它以不同的强度首先出现在增长点或增长极上，通过增长极的增长或创新来诱导其他经济单位增长。在区域经济运行中，增长极具有两种效应：极化效应和扩散效应。极化效应表现为生产要素向增长极的聚集，扩散效应表现为增长极生产要素向周围区域的转移。

再生资源生态工业园区作为推动循环经济发展的增长极，对其进行战略布局，具有三方面的意义。

（1）极化效应可推动园区再生资源经济的发展。作为头等长板的园区，拥有的政策优势和区位优势会吸引大量的再生资源企业及上下游企业入驻，这些企业的集聚又会吸引人才、技术、原材料等各种资源向园区内集中。由于目前我国再生资源产业处于初级起步发展阶段，从事再生资源的企业大多、规模小、面分散，再生资源的加工处理技术水平低下，对周围环境造成了不可逆转的破坏。通过对园区的战略布局，将不同区域在空间上分散的企业纳入生态工业园区集中管理，不仅可以取得规模效应，还可以使企业少花成本或不花成本获得某些产品和劳务，增加整体收益，取得外部经济，同时具有显著的环保效果。

（2）通过园区的扩散效应，以点带面，带动区域的循环经济发展。扩散效应是园区经济发展到一定阶段，园区内各种政策和区位优势逐渐丧失，经济要素和经济活动向区外扩散带动周边地区发展的过程。循环经济不能一蹴而就，再生资源作为实施循环经济的重要途径，对再生资源生态工业园区从宏观上进行战略布局，在园区的再生资源经济发展到某个阶段后，逐渐向外扩散，从而带动整个大区域的循环经济发展。

（3）通过对再生资源生态工业园区统一规划战略布局，对各园区的再生资源产业进行精准定位，明确各园区的主导产业和发展重点，可以避免有些地区借建设园区之名；或者垄断土地和进口指标，以炒卖土地为主要目的；或者为了获得国家政策上的财务补贴，不顾实际发展情况，一哄而上地重复建设，造成资源的巨大浪费。

2.10.2.2 “十四五”时期工业绿色发展布局

随着生态文明理念的深入人心，政府对环境保护的重视程度不断提高。制定和实施了一系列旨在促进绿色、低碳和循环经济的政策和措施，以实现可持续发展的目标。为了应对全球气候变化的挑战，我国提出了“3060”目标，即在2030年前实现碳达峰，2060年前实现碳中和。这要求工业领域加快绿色转型，推动能源结构和工业结构的优化升级。随着经济发展进入新时代，我国更加注重经济结构的优化和升级，以及发展质量和效益的提升。工业绿色发展成为推动经济高质量发展的重要途径。科技进步和创新是推动工业绿色发展的关键动力。新技术、新材料、新工艺的研发和应用，为工业节能减排、绿色制造和资源综合利用提供了支撑。在全球化背景下，我国工业绿色发展趋势与国际市场和国际规则紧密相连。通过加强国际合作，引进先进的绿色技术和管理经验，提升了我国工业绿色产品的国际竞争力。在“十四五”时期，我国工业绿色发展规划背景受以上因素的影响，在此期间我国的工业绿色发展布局主要聚焦于以下几个方面：

（1）统筹发展与绿色低碳转型：政府将通过制定相应的政策和措施，推动工业发展与环境保护相协调，确保经济增长的同时实现低碳转型。

（2）深入实施绿色制造：推广绿色制造理念，鼓励采用环保材料和生产工艺，减少生产过程中的污染和废弃物排放。

（3）加快产业结构优化升级：调整和优化产业布局，淘汰落后产能，发展高技术、低消耗、低排放的产业，促进产业结构向更高端、更智能、更绿色的方向转变。

（4）大力推进工业节能降碳：通过技术创新和管理提升，降低能源消耗，减少温室气体排放，实现工业生产的节能减排。

（5）全面提高资源利用效率：优化资源配置，推广循环经济，提高原材料的利用率，减少资源浪费。

（6）积极推行清洁生产改造：鼓励企业改进生产工艺，使用清洁能源，减少污染物排放，实现生产过程的清洁化。

(7) 提升绿色低碳技术和产品服务供给能力：研发和推广绿色技术，提供低碳产品和服务，满足市场对绿色消费的需求。

(8) 构建工业绿色低碳转型与工业赋能绿色发展相结合的体系：形成一套完整的工业绿色发展模式，不仅包括生产环节的绿色化，还包括产品设计、供应链管理等全生命周期的绿色化。

总的来说，这些举措反映了我国对于实现碳达峰、碳中和目标的承诺，以及对于应对气候变化的国际责任的认识。同时，这也意味着我国在“十四五”期间迎来工业领域的深刻变革，以科技创新为动力，推动传统产业的转型升级，培育新的经济增长点，实现绿色可持续发展。

2.10.3　再生资源生态工业园区布局现状与特征

2.10.3.1　再生资源生态工业园区布局现状

我国再生资源生态工业园区布局正处于转型升级的新阶段，面临多方面的发展机遇与挑战。

当前生态工业园区在推动再生资源产业高质量发展方面取得了一些成效：

(1) 产值增长：生态工业园区中高新技术企业产值占比达到45%。

(2) 资源利用率提升：工业固体废物综合利用率达90%，工业用水重复率达77%。

(3) 环境效益显著：东部园区实施效果最好，碳排放消减率和废水单位工业增加值排放量均有所改善。

同时，再生资源行业的发展仍面临诸多挑战：

(1) 社会认知问题：再生资源回收利用行业常被等同于捡破烂，受到社会排斥，行业工作人员也常受到轻视。

(2) 技术和投资不足：行业内部缺乏产学研模式，科学基金投入不足，导致技术含量不高。

(3) 回收率低下：废钢、废塑料、废旧纺织品的回收率均处于较低水平，与世界发达国家相比有较大差距。

(4) 前端回收不稳定：传统的回收方式效率低下，客户流失率高，价格机制不规范。

综上所述，我国再生资源生态工业园区布局正在不断优化，通过实施多项重大示范工程，促进产业园区模式发展，同时也在完善废旧物资回收网络，提升回收站点的运营管理水平。尽管存在一些挑战，但随着政策支持和技术进步，再生资源产业有望实现更高质量的发展。

2.10.3.2　再生资源生态工业园区布局特征

在已经申报成功并大力发展的“城市矿产”示范基地中。部分园区取得了良好的经济效益和社会效益。对这些发展成熟的园区综合其形成背景、区位特点等因素进行分析，主要表现在两方面：

（1）具有良好的废旧物资回收基础，如山东临沂、湖南汨罗和浙江台州等地区。在20世纪70年代末期，在浙江台州路桥区峰江镇一带，当地农民就开始从全国各地收购废旧金属，以家庭为单位进行拆解。到20世纪90年代初期，当地农民逐步开始从国外进口废旧金属。由此可见，以废旧金属回收拆解为主的再生资源产业在进行园区化集聚管理之前已经培育了良好的产业基础。

（2）园区所在地具有良好的区位优势，选址靠近港口或邻近海域。一方面，有利于企业进口国外的废旧资源，减少中转环节，降低交易成本；另一方面，有利于企业在短时间内以低成本转移进口的废旧资源，如天津子牙环保产业园、宁波市镇海再生资源进口加工区、广东清远再生资源加工园区正是依托于此。

2.10.3.3 我国废弃电器电子产品处理与回收利用发展现状

我国是全球最大的电器电子产品制造国，我国家电回收产业迎来爆发式增长。最新数据显示，2024年废旧家电回收量同比增长14.83%。预计今年全国废旧家电回收总量将突破2亿台。但废弃电器电子产品（Waste Electrical and Electronic Equipment，WEEE）管理体系相对不够完善，缺乏规范性。在这种情况下，政府需要研究并发布适应我国WEEE市场现状的政策措施。

随着相关法律法规的颁布，我国WEEE回收处理的发展大致经历了以下4个阶段。

第一阶段是2009年之前市场经济体制下再生资源的传统回收模式。在此阶段，我国缺少针对WEEE指定的相关法律法规仅有《环境保护法》《固体废物污染环境防治法》等通用型法律法规。

第二阶段是2009—2011年，主要为以零售商和制造商以旧换新政策和政府补贴回收模式。在此阶段，我国颁布了《废弃电器电子产品回收处理管理条例》，第一次针对WEEE的回收和处理提出相应要求，建立以基金制为核心的EPR制度体系，为后续法规政策的颁布提供了基础和支持。

第三阶段是2012—2015年，主要为以个人回收为主的传统回收模式。在此阶段，我国颁布了《废弃电器电子产品处理基金征收使用管理办法》，鼓励并推动正规拆解企业进入市场参与回收处理工作，并对相关企业给予财政补贴，促使WEEE的回收处理规范化。

第四阶段是2016年后，主要为创新回收模式为主、多模式并存发展。在此阶段，我国颁布了《生产者责任延伸制度推行方案》，并修订了《固体废物污染环境防治法》，进一步规范WEEE市场，提升回收率，降低环境污染。针对乱象丛生的拆解产业，2016年起，我国开始对WEEE回收企业实施更严格的资质制度，不再增加经国家认可的处理企业数量，由原先的“量”的上升转变为对

“质”的提升；并对优质回收企业给予财政补贴，例如：在我国 2020 年出台的《关于完善废旧家电回收处理体系推动家电更新消费的实施方案》中，便鼓励电子产品生产、销售方利用自身渠道优势，发展逆向物流，开展废旧家电的回收工作。

我国在 WEEE 治理工作方面尚存在以下问题：

(1) 我国 EPR 制度发展较为缓慢。截至 2022 年，已有 109 家企业获得由我国生态环境部颁发的 WEEE 拆解与处理资质。然而，我国的 EPR 制度仍处于初级阶段，尚有许多问题亟待解决，在此过程中，需要充分考虑我国 WEEE 行业的现状和回收拆解市场的基本情况。

(2) 我国的 WEEE 回收处理商良莠不齐。在我国，正规回收和非正规回收同时存在，且由于非正规回收不需要专业技能，受到的限制更少，所以在市场中占据主要地位。大多数 WEEE 回收者包括供应商、收集站点、中间商和经销商。大量劳动力参与回收活动和复杂的收集流程结构使得补贴措施难以实施。

(3) 非正规的 WEEE 处理技术将对环境产生严重危害。与回收相比，WEEE 的拆解和利用过程是产生环境影响的主要来源。非正规回收和拆解不考虑环境成本，其利润和市场份额远远超过正规回收企业。目前相当一部分的拆解工作仍由非正规团体完成，由此带来的环境危害难以估量。

2.10.3.4　再生资源生态工业园区战略布局规划

再生资源生态工业园区与生态工业园区相比，有自己的特点。它的主导产业是以再生资源的加工利用为主，在具有经济效益的同时，具有更重要的环境和社会效益。在进行再生资源生态工业园区战略布局规划时，首先要了解其规划的原则，在这些原则的指导下继而探索园区布局的区位模式。

2.10.3.5　再生资源生态工业园区战略布局规划原则

由于再生资源产业具有显著的外部性，再生资源生态工业园区的战略规划既要遵循市场经济的规律，也要注重政府的协调引导。在对再生资源生态工业园区进行战略布局规划时，需要遵循以下原则：

(1) 统一性原则。近年来，由于我国政府高度重视再生资源产业的发展，国家“十二五”规划也将其列为重点新型节能环保型产业。各地出现了“一窝蜂上马”的再生资源生态工业园区建设的现象，某些并不具备园区建设软硬条件的地区也盲目建设，重复建设造成了资源的大量浪费。这要求各级政府应严格审批，认真考察各地的实际状况，依据当地再生资源产业结构特点进行协同统一规划，防止出现重复建设。

(2) 系统性原则。园区的战略布局规划是一个复杂工程。应遵循系统性原则对园区辐射地区的宏观经济、产业和微观环境进行全面调查和研究。深入了解园区周边区域的经济发展状况，以及市场需求和基础设施情况。从区域实际经济发展水平出发，深入分析再生资源产业链，在充分掌握第一手材料并系统性分析的基础上，确定再生资源生态工业园区的建设规模。

(3) 市场化原则。园区的建设应遵循“政府搭台，企业唱戏”的模式。政府要按照市场经济要求转变职能，可以通过制定法规，如对园区企业污染预防的要求，以及对废物减少和再利用的奖励等，促进园区向生态工业园的转变。但要注意到，园区企业共生体的形成必须是出于企业的自愿，即不仅在经济上可行，而且同时具有环境效益，这样才能保证园区的长期稳定发展。

2.10.4 再生资源生态工业园区的区位模式

区位模式，是指社会经济等活动在空间分布上呈现出来的一般规律。对区位模式进行深入探究，可以认识再生资源生态工业园区的空间布局规律，为再生资源生态工业园区的战略布局规划提供理论指导。

1909 年，工业区位论的奠基者，德国经济学家韦伯的《工业区位论》一书中，将影响工业区位的因素分为两类：一类是影响工业分布于各个区域的“区域性因素”；另一类是在工业区域分布中，把工业集中于某地而不是其他地方的“集聚因素”。他提出企业应选择成本最小的地方设厂，并指出三个影响工业企业区位选择的主要因素：运输成本、劳动力成本和聚集经济。该理论至今仍被看作是经济地理中进行生产布局和区域规划研究的基础理论之一，之后区位理论得到了不断地完善和发展。

生态工业园区的重要的区位因子可以概括为基础设施、交通运输、自然地理条件、信息系统、资源供给以及政府政策和法律法规。再生资源生态工业园区可以在参考生态工业园区的重要区位因子的基础上，结合自身园区的特点，进行科学分析取舍。

钟书华在《科技园区管理》一书中，将科技园区区位模式分为四种。同样，根据区位因子和再生资源生态工业园区布局的关系，将区位模式分为选择模式、拓展模式、营造模式和集聚模式。

2.10.4.1 选择模式

选择模式是指在特定区域内，借助于逻辑学、数学等分析手段和工具，对某一区域内两个或两个以上的备选地点的区位因子进行分析，选择一个综合区位因素相对较优的地点进行规划和建设。对园区区位因子的分析可以为定性分析，也可以为定量分析。定性分析是把各备选地点的区位因子粗略地分为好、中、差三个等级。通过对比，选择一个总体相对最优的地点作为园址。

选择模式的出现与政府的重视直接相关。近年来，由于政府大力提倡循环经济，并出台了各种鼓励和补贴措施，各地兴起了再生资源生态工业园区建设的热潮，延续了之前其他类型园区布局中“先决策，后论证”的情况。即先解决

“可行性问题”，再解决“相对合理问题”。

2.10.4.2　拓展模式

拓展模式要求根据规划中的再生资源生态工业园区的产业特征，在具有优势区位因子的地点规划建设。结合再生资源产业的特征，根据优势区位因子的不同，可将拓展模式分为以下四种：

（1）基础设施完备型。在基础设施完备的地方选址，既可以缩短园区的规划建设周期，又可以降低前期建设投入成本。

（2）交通便捷型。便捷的交通有利于园区再生资源的快速输入和快速输出。由于我国再生资源产业处于起步阶段，产业利润空间狭小，再生资源的物流费用过大，势必会挤占企业的利润空间，加大企业的经营压力，不利于企业的长期发展。

（3）原材料充足型。这里的“原材料”区别于一般意义上的原材料，是指作为再生资源产业加工利用对象的固体废弃物。再生资源行业的特点决定了园区的规划布局应该优先考虑接近这些“原材料”来源丰富的地区。

（4）产业基础雄厚型。分析现有的再生资源加工处理企业的地理分布可以发现，它们主要分布在珠江三角洲、长江三角洲和环渤海地区等产业发展水平较高的地区。这些地区的经济发达，产业集聚度高，相应企业对再生资源产品的接受与需求程度也高。

拓展模式强调优势区位因子对再生资源生态工业园区发展的重要作用。但应该注意，实际现实中，很多园区的选址在考量了优势区位因子的同时，也综合考量了其他区位因子，这些区位因子之间相互加强。例如，宁波市镇海再生资源加工园区所在的镇海区，为浙江省、江西省、安徽省部分地区的内外贸易货物中转运输枢纽，具有良好的区位优势，北濒杭州湾、临东海，连杭甬运河，区内有镇海港区，内外水上交通十分发达。目前已基本形成了集铁路公路、水运和管道等运输方式于一体的综合运输交通枢纽。此外，宁波市镇海再生资源加工园区所在的宁波市，金属生产与加工业发达，为园区发展提供了强有力的保障。现有60多家铜、铝、锌等生产厂家，每年约需要125万吨金属原料。

2.10.4.3　营造模式

营造模式指通过高强度的投入，使某个区域获得相对优势的区位条件，从而在此区域规划和建设。营造模式一般是由政府推动并承担建设成本，前期投入高，投入的回报期限长，具有高成本、高风险、未来发展不确定性的特点。政府在采用营造模式时，须认真论证，谨慎决策。园区再生资源产业链的正常运行需要各个利益相关方的共同投入，任一利益相关方的缺失都有可能阻碍园区的正常发展。

2.10.4.4 集聚模式

集聚模式是指某一区域通过引入推动型产业之后，吸引再生资源产业链的关联企业加入。再生资源生态工业园与企业集聚根据时间顺序，存在两种关系：第一种是先有再生资源生态工业园，再有企业集聚；第二种是先有企业集聚，达到一定规模后，出于对社会利益、经济利益和环境利益的共同诉求，再形成再生资源生态工业园。集聚模式同样受园区区位因子的影响，如完善的基础设施、便利的交通、雄厚的产业基础、优惠的政府政策等。

在集聚模式中，集聚企业之间的关系可分为非关联集聚和关联集聚。关联集聚是指园区的企业之间存在原材料、产品、资金、信息、人员等方面的交流与联系，企业之间可能是生产的上游和下游关系，也可能是生产过程和产品趋同的竞争企业关系。非关联集聚，则是指入驻园区的企业没有原材料、产品资金、信息、人员等方面的交流与联系，企业的进入主要受园区低廉的土地成本或优惠政策的吸引。

综合上述内容，我国在进行再生资源生态工业园区的战略布局时，应从以下几个方面综合考虑后进行决策。第一，应根据区域废旧机电产品预测的报废量，按报废量相对比例布局园区，以东部为重点，同时在中西部设立示范型园区以点带面进行推广。第二，在考虑优势区位因子的基础上，结合当地的产业结构，发展产业特色型的再生资源生态工业园区，从而与当地的产业进行对接，推动区域循环经济的发展。第三，根据节约资源及环保的原则，鼓励再生资源生态工业园区的布局优先选择园中园的模式，这样不仅有利于节约大量的资源，还有助于对已有的工业园区进行改造升级，建立新型的企业共生关系。总之，对再生资源生态工业园区的战略布局要一切从当地实际出发，在政府的引导辅助下，充分尊重市场运行规律，唯有如此，才能保证园区的长期可持续发展。

参 考 文 献

[1] 刘光富，鲁圣鹏，李雪芹．中国再生资源产业发展顶层设计框架体系研究［J］. 华东经济管理，2012，26（10）：80-84.

[2] 朱华桂，贾学军．基于危机意识的再生资源产业发展研究［M］. 南京：南京大学出版社，2012：8.

[3] 吕征宇，于亚杰．资源综合利用标准化现状分析［J］. 再生资源与循环经济，2013，6（8）：11-13.

[4] 任军，马咏梅，赵晓辉．增长极理论视角下的我国中、西部增长极战略布局［J］. 税务与经济，2008（4）：11-16.

[5] 阎兆万，王爱华，展宝卫，等．经济园区发展论［M］. 北京：经济科学出版社，2009.

[6] 周宏春．变废为宝：中国资源再生产业与政策研究［M］. 北京：科学出版社，2008.

[7] 2010′中国再生金属产业回眸与前瞻（三）［J］. 资源再生，2011（2）：6-11.

[8] 王昶，徐尖．日本城市矿产资源开发利用政策及启示［J］. 世界有色金属，2013（2）：62-65.
[9] 罗尔夫·施泰因希尔佩尔．再制造：再循环的最佳形式［M］. 朱胜，姚巨坤，邓流溪，译．北京：国防工业出版社，2006.
[10] 吴国清，张宗科．中国废旧家电回收处理技术发展探究［J］. 家电科技，2007（11）：36-37.
[11] 吴慧媛，刘景洋，董丽伟，等．我国各省市冰箱报废量预测［J］. 再生资源与循环经济，2011，4（1）：31-34.
[12] 郭翔，钟书华．生态工业园区的区位模式［J］. 科技进步与对策，2006（6）：54-56.
[13] 钟书华．科技园区管理［M］. 北京：科学出版社，2004.
[14] 静脉产业园的康恒实践［N］. 学习时报，2019-03-01（008）.
[15] 钟昌标．论数字经济与资源空间配置理论创新［J］. 学术交流，2025（1）：88-96.

3 生态工业园区管理体系研究

本章主要介绍再生资源生态工业园区的建设管理体系，依园区规模布局，分析谋定园区管理框架体系、绿色生产、经济规划指标体系以及专利商标等“引智工程”建设。再生资源生态工业园区管理体系旨在规范与指导我国再生资源工业园区的建设与运营，推动园区经济与环境和谐发展。

3.1 再生资源生态工业园区建设管理体系

再生资源生态工业园区，是指以从事再生资源加工的企业为主体建设的工业园区，园区建设与运营以保障环境安全为前提，以节约资源、保护环境为目的，运用先进的理念与管理方式，规范和指导企业健康有序地开展生产运营，实现各类再生资源清洁、高效地生产，包括废弃物转化为再生资源以及将再生资源加工为产品等过程。国家环保总局（现生态环境部）推行了《国家生态工业示范园区标准》（HJ/T 274—2025），该标准规定了国家生态工业示范园的评价方法、评价指标和数据采集等方法。本节从再生资源生态工业园区的建设方针与条件、建设布局、管理模式、管理制度、绿色物流、管理信息系统、环境保护系统、园区文化建设等方面探讨了再生资源生态工业园区的建设管理体系。

3.1.1 园区建设方针与条件

再生资源生态工业园区的建设方针是园区规划与建设的指导思想，主要包括以下几方面：

（1）政府引导，市场运作。在再生资源生态工业园区建设过程中必须始终坚持以企业为主体的原则，突出市场化运作；充分发挥政府指导作用，加强政策引导，严格准入条件，强化监管和服务，为园区提供良好的政策环境、公共服务和技术服务、建立健全废旧物资回收体系、逆向物流体系和其他服务保障体系。

（2）创新驱动，持续发展。把创新驱动作为再生资源生态工业园区持续发展的核心战略，建设废弃物资源化科技创新平台，着力解决废弃物资源化的共性问题、关键技术问题，建立健全资源化、再制造检验和检测服务体系、标准体系和规章制度，强化再生资源品质量监管，大幅度提高园区核心企业的技术创新能力、产品检测能力。

（3）系统规划，严格管理。以土地集约利用、资源合理配置为前提，统筹规划再生资源生态工业园区布局，对园区内项目建设按投资强度、产出率、利用率等进行严格管理，避免低水平重复建设，系统考虑、有序建设，提升园区的竞争力和综合实力。

（4）产业集聚，彰显特色。在空间上与整体规划相衔接，大力引进国内外规模大、实力强的再生资源加工企业，积极引导企业在空间上形成集聚。同时，在功能分区的基础上突出产业发展特色，着力拓宽再生资源产业链，不断拓展产业类型和产业规模。

（5）区域合作，辐射带动。在再生资源生态工业园区发展过程中，遵循区域合作、辐射带动发展的原则，注重产业链上下游企业在区域上的密切合作。

按照《国家生态工业示范园区标准》（HJ/T 274—2015）的相关规定，涉及一系列综合性指标，主要包括但不限于以下几个方面：（1）园区需采用清洁生产技术和循环经济模式，减少污染物排放，实现资源的高效利用和循环利用；（2）园区应具有高效益的经济发展模式，通过优化产业结构和提升产业链水平，实现经济的可持续增长；（3）园区需要不断推动科技创新，鼓励和支持企业进行技术研发和技术改造，提高产品的科技含量和附加值；（4）园区的规划和建设应遵循科学合理的原则，包括空间布局合理、基础设施完善、生态环境保护等；（5）园区的建设和发展应与当地社区和谐共生，促进社会公平和文化发展，提高居民生活质量；（6）园区应得到政府相关部门的政策支持和指导，包括财政、税收、金融等方面的优惠政策；（7）园区的发展应符合可持续发展的要求，注重生态保护和资源节约，实现经济发展与环境保护的双赢；（8）园区需建立一套完善的监督评估机制，定期对园区的生态环境、经济效益、社会责任等方面进行评估和监督；（9）鼓励公众参与园区的规划、建设和运营过程，提高透明度，促进公众对园区发展的理解和支持；（10）园区应积极参与国际交流与合作，引进先进的管理经验和技术，提升园区的国际竞争力。

需要注意的是，国家生态工业示范园区的建设是落实科学发展观、建设生态文明的重要举措，有利于提高园区经济发展质量、推动园区发展的生态化转型、促进区域资源环境与经济协调发展。这些标准和要求旨在引导园区走可持续发展道路，实现经济、社会、环境的全面协调和长远发展。

3.1.2　园区建设布局体系

在第 2 章中已对园区建设布局做了详细的描述，而在管理体系上还需注意以下要求。再生资源生态工业园区的建设布局包括园区选址、园区规模要求、园区建设管理分区、园区监管体系、园区协同方式。具体内容如下：

（1）园区选址。再生资源加工产业的主要原材料为国内回收或国外进口废旧产品，而再生资源加工产业的主要下游企业为各种深加工企业。因此，园区应优先选择交通运输便利的区域，尽量靠近进出口海岸，具备相应的当地产业结构和产品市场。同时园区不应侵占农田作物区，而应尽量使用荒地、丘陵等地区。

(2) 园区规模要求。再生资源生态工业园区是一个闭环式循环经济系统，其目的是对再生资源加工产业内的企业进行统一管理与监督，形成较为完善的生态产业链，确保废旧原材料绿色且有效的处理，为此再生资源生态工业园区面积不低于80公顷，绿化面积不低于30%，入驻企业不低于50家，年拆解量不低于60万吨。

(3) 园区建设管理分区。园区应建设综合管理区，包括海关、质检、环保监管区、园区管理委员会，园区开发公司；生产加工区，包括深加工产业链；污染物处理区，包括废水、废气、固体废弃物处理设施；生活服务区，包括职工宿舍、生活服务设施等。园区应统一建设污水处理厂、垃圾焚烧设施、环境监测点等环保设施。各区之间衔接合理，满足园区内物流运输及日常管理的需要。

(4) 园区监管体系。园区应集中建设一个独立性、封闭性较强的区域，设立电子地磅系统、视频监控系统、放射性探测系统，并建立统一的日常管理台账，对进出园区的废旧资源与再生资源产品进行严格的监管；园区还应加大对园区企业再生资源加工过程的废气、废水、固体废弃物及噪声的管理，确保园区的环境友好性运行。

(5) 园区协同方式。再生资源生态工业园区应大力推进园区内企业与企业、企业与高校、企业与科研院所之间的深度研发合作，探索面向再生资源产业的协同创新模式。在探索协同创新的过程中，理顺协同创新主体之间产权、利益分配等各种关系，为协同创新的和谐发展奠定基础。坚持企业是创新的主体，认真贯彻自主创新、方法先行的工作思路，创新再生资源的拆解与再利用技术方法，延伸再生资源生态工业园区产业链，促进生态工业园区的发展和综合实力的提升。

3.1.3 工业园区规模

工业园区的合理规模是在集约、高效利用土地资源的原则下，以有效的开发周期为指导，参照所在城市工业经济发展的规模指标，考虑当地经济开发能力的约束与能良好地维护城市生态环境安全的条件，以以人为本、不滥用土地、为子孙后代赖以生存的土地留出发展空间的可持续发展的思想为指导，根据产业集群发展的实际需要而进行规划的合理空间范围。工业园区的规模包括空间规模、投资规模、企业规模、产出规模等，但空间规模是一切规模的基础。工业园区的空间规模应以规模效益理论为基础，即随规模增加带来的报酬变化来确定园区规模，这是影响工业园区空间规模的主要因素。

规模经济学将规模报酬分为三种类型，即规模报酬不变、规模报酬递增与规模报酬递减。对于工业园区而言，规模报酬不变表示新企业的进入或总投资规模的扩大导致工业园区产出以相同的比例增加，即工业园区规模的扩大不给原有企业或新增企业带来生产成本的下降和经济效益的上升。规模报酬递增表示新企业的进入或投资规模增加会导致企业平均成本的增加。规模报酬递减，即规模不经济同样适用于工业园区，工业园区同样存在着规模经济和规模不经济（图3-1）。

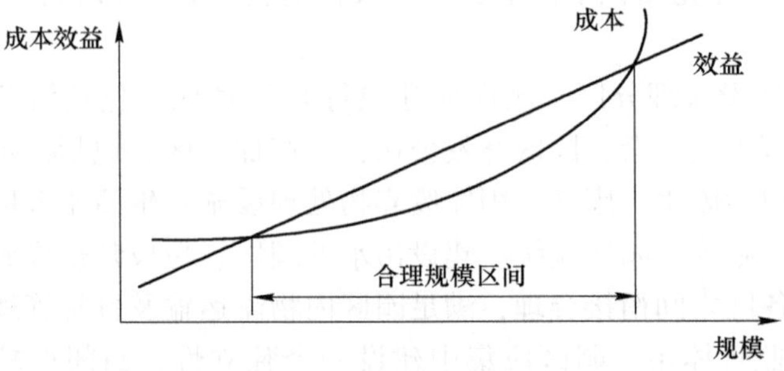

图 3-1　工业园区的合理规模区间

资料来源：张洪波．城市工业园区发展机制及空间布局研究——以长春市为例［D］．哈尔滨：东北师范大学，2009.

对于工业园区规模大小在什么情况下算作适度，应该有一定的衡量标准，工业园区的规模标准应以投资的工厂、规模、成本、效益为衡量标准。规模经济效益不是在扩大规模基础上形成的，只有建立在产业集聚需要基础上的空间扩张才可能保证必要的空间开发效益。当然产业集聚最直观的表现是在一定地域空间内企业数量的增加和经济总量的提高，也表现在产业链的延长和产业范围的扩大，这都需要空间规模的支撑。

关于是否存在最佳工业园区空间规模，学术界还没有定论，因为决定工业园区规模的因素有很多，诸如项目的内容、国民经济发展状况、投资环境、政策法规、人地关系的紧张程度等都会影响工业园区的规模。由于不同的园区在其依托的区域发展水平等各方面均存在较大的差异，因此不存在统一的最佳规模标准。

3.1.4　影响工业园区布局的因素

3.1.4.1　自然环境因素

自然环境主要是指用地的地理位置、地形、地质、气候、土地资源等自然要素。地理位置是某一事物和其他事物的空间关系。如工业园区若与城区距离适宜且不妨碍城市发展，可以使工业园区充分利用与其他区域的空间关系，就近接受城市辐射和扩散，促进自身发展。考虑到工业企业生产的需要，工业园区的用地一般应较为平坦、开敞，并且以较强的土地承载力和温和的气候为宜。对于土地资源，主要是要考虑尽量少占耕地，多利用不宜耕作的土地，减少土地资源的浪费和对自然环境的破坏。

从环境保护出发，工业布局应趋向分散，避免集中污染和相互影响。从工业本身来看，一方面有些产业对环境条件要求高，如电子、感光器材、医药制药等高新技术产业，这就要求工业园区所处地区的空气、水等环境要达到一定水平。另一方面，有些工业对周边的水环境、大气环境、声环境等造成一定影响，如医药制药、食品生产、机械加工等。因此在进行工业园区布局时要综合考虑城市主导风向、水源、与中心区远近等。

3.1.4.2 社会因素

（1）交通通达度。交通通达度是用来反映土地交通区位的一项指标，该指标与土地的级别有密切关系。道路、水运航道等就像是一个区域的骨架，交通条件的优劣直接关系着该区域各项产业的发展状况，关系着该区域投资环境是否良好，进而也会对工业区位的优度等级产生影响。因此交通通达度是否良好，密切关系着工业园区的发展状况。

（2）基础设施状况。基础设施状况基本上包括供水、排水、供热、供气这四项影响因子。这四项基础设施都是工业发展过程中不可或缺的重要资源，是工业园区正常运行的基本条件。

（3）政府政策。优厚有利的区位政策能够让企业处于宽松良好的发展环境中，从而达到降低生产费用、扩大收入的目的。在现实情况中，政府往往会通过改善当地的区位条件、增加区位补助金以及增加区位限制条件等优惠政策来吸引、诱导或是改变个人和企业的区位投资倾向，进而对当地产生极为有利的正面影响，帮助该地区拥有更多的企业入驻，并促进当地工业园区获得更好的发展。反之，若没有有力的政府政策的支撑，较之其他地区的优厚政策，必然会对工业园区的发展造成一定的影响。

（4）居民的适宜出行距离。工业园区与小城镇是联系密切的整体，两者之间有着大量的经济和社会活动联系。工业园区与小城镇间的社会活动主要是指居民的出行、交流。工业园区与小城镇的一体化发展要求在居民出行的合理范围内进行工业园区的选址，以满足两者间的交流需求。居民出行的合理范围测算是根据居民的出行方式（表 3-1）和最大出行耗时确定不同出行方式居民的适宜出行距离（表 3-2）。

表 3-1　小城镇居民出行方式构成

交通方式	步行	自行车	摩托/电动车	公交	出租车	三轮车	小汽车	其他
比例/%	18.13	28.05	25.38	1.50	1.31	5.18	17.77	2.68

表 3-2　不同出行方式的适宜出行距离

交通方式	平均速度/(km·h^{-1})	最大出行耗时/min	最远出行距离/km
步行	5~7	20	2
自行车	11~4	30	6
公交车	16~25	25	10

3.1.4.3　工厂生产工艺的要求

工业园区的产业结构、主导产业类型对园区的选址影响较大。不同的产业对资源、工业企业场地的需求、对外交通联系、劳动力需求等都有所不同，工业园区宜考虑园区的产业定位进行选址，如图 3-2 所示。

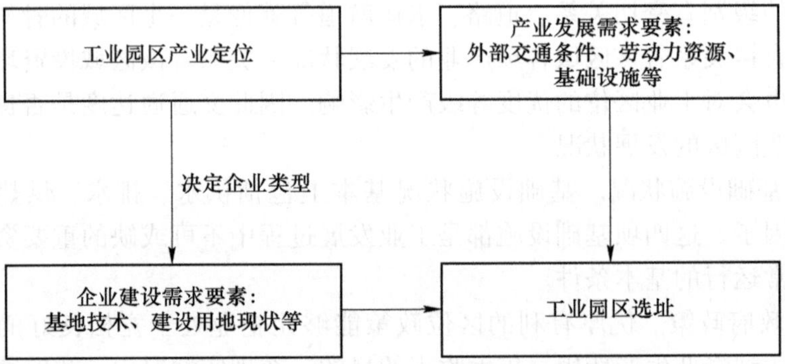

图 3-2　产业定位与工业园区选址要素的关系

主导产业是小城镇工业园区产业定位的核心，根据各地资源、产业发展条件不同，工业园区主导产业类型多种多样，其中主要包括以下几种类型：

（1）资源加工型产业。主要是依托当地的矿产及能源资源进行加工的产业，包括煤、石油等能源加工产业、矿产资源加工产业、建材加工产业等。

（2）食品生产、加工型产业。主要是依托当地的特色农产品、生物资源（药材）等进行加工的产业。

（3）传统工业型产业。主要是以当地特色传统手工业发展的，包括工艺品制作、特色产品生产等产业。

（4）装备、机械加工型产业。主要是以装备制造、机械加工为主的产业。

（5）高新科技型产业。主要是电子制造、物流商贸、新兴产业、文化创意等产业。

各产业类型对园区选址要素的不同需求，形成了不同的工业园区选址结果，表 3-3 总结了各类产业对园区选址要素的需求和影响。小城镇工业园区选址时，应根据园区的产业定位，综合评价园区内主要产业对各要素的需求和影响，进行合理的选址布局。

表 3-3 各类产业对园区选址要素的需求和影响

产业类型	产业类别	资源要素	交通条件要素	劳动力要素	环境影响	园区与城镇关系
资源加工型	煤化工、石油化工、矿产加工、建材等	靠近资源产地，部分企业靠近市场地	产品外运需要便利的大运量交通条件，靠近交通枢纽	劳动需求量大，有一定技术要求	环境污染严重，需加强环境治理	一般在城镇外围或远离城镇的地方
装备、机械加工	装备制造、机械加工、汽车零件等	靠近市场地	产品运输量大，一般靠近交通枢纽	劳动力需要量大，对专业技能人员有要求	对环境有一定影响	一般布局在城镇周边
食品生产、加工型	农特产品加工、中药材加工、生态农业等	靠近资源地，一般为特色农产品、生物物种资源等	对外交通条件要求不高，但需要保证产品运输设备的畅通	一般技术要求低，劳动力以农村剩余劳动力及城镇人口为主	对环境有一定影响	一般在城镇内或边缘
传统工业型	工艺品、编织制造业等	一般靠近原材料地	对外交通条件要求不高	需要有一定技艺的人才，吸纳本地劳动力	对环境影响小	一般布局在城镇周边
高新科技型	电子产业、商贸、创意产业等	靠近市场地	需要与城市有便捷的交通联系	对高新技术人才需求量大	对环境影响小	一般布局在核心城镇内部或边缘，靠近城镇教育文化中心

资料来源：乔显琴．“产城一体化”视角下的小城镇工业园区空间布局规划研究——以汉阴县月河工业区为例［D］．西安：西安建筑科技大学，2014.

3.1.4.4 工厂协作与联合的形式

工业园区的组织模式不同，产业区布局模式也不尽相同。园区产业的组织模式主要分为以下两种，如图 3-3 所示：

（1）同质型产业集聚模式。对于资源较单一、发展基础较弱的地区，通过集中挖掘已有资源，充分利用市场、交通条件，开发工业园区主导产业。工业园区以主导产业的集聚形成规模效应来实现工业园区的稳定成长。同质型产业集聚模式下，依靠一类产业集聚产生规模效应而得以发展，会导致不同产业间相互联系不密切，工业园区产业多为分片式布局，可利用生态绿化、服务片区等作为各产业片区联系的纽带。

（2）产业链模式。产业链模式是以主导产业为核心，以前后向产业或关联产业为补充的产业结构。产业链模式的组织要求以实现园区产业生态发展为目的，遴选具有能量、物质循环或信息流通的产业，组织高效的产业链。一般循环经济产业园、生态产业园等产业组织多为产业链模式。

产业链模式要求根据产业链内产业的前后向关系、物质流动关系及产业链间的关系进行产业、企业的布局，工业园区以产业链为单位进行产业的空间布局。

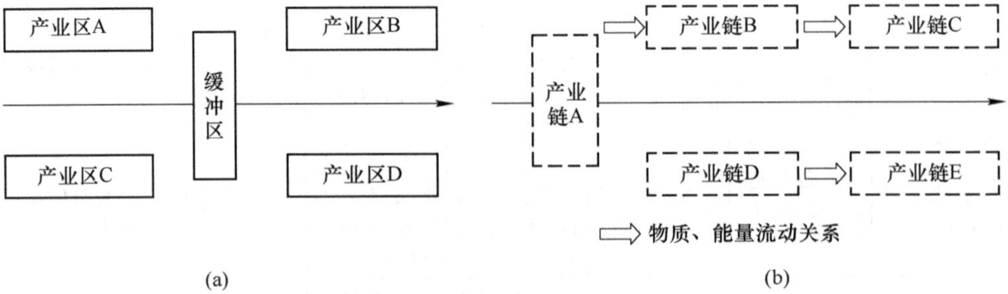

图 3-3　园区产业组织模式

（a）同质型产业集聚模式；（b）产业链模式

资料来源：乔显琴．“产城一体化”视角下的小城镇工业园区空间布局规划研究——以汉阴县月河工业区为例［D］. 西安：西安建筑科技大学，2014.

3.2　生态工业园区物业管理体系

再生资源生态工业园区管理模式是指在园区产业、现状等具体情况基础上形成的一整套管理理念、管理程序、管理制度和管理方法等的集合。

3.2.1　主导模式

根据生态工业园区管理模式设置管理机构，具体负责生态工业园区的管理和运营。根据生态工业园区管理主体的不同，生态工业园区管理模式可以分为三类：管理委员会主导模式、企业主导模式、管理委员会和企业混合管理模式。再生资源生态工业园区在管理模式的选择上应该坚持一切从实际出发的原则，在当地经济发展水平、产业结构发展现状、社会文化等基础上选择适合当地的生态工业园区管理模式。

3.2.1.1　管理委员会主导模式

管理委员会主导模式，也称为管理委员会直接运作型，是指由当地政府主管部门设立专门的园区管理委员会，以政府机构的身份来负责园区的管理和运营。此种模式中行政因素发挥较大的作用，政府可以利用自己掌握的资源为园区的运营提供诸多便利之处，短期内对园区的发展极为有利。

管理委员会主导模式又可以分为纵向管理模式和集中式管理模式，纵向管理模式是指园区所在政府部门成立管理委员会全面负责园区运营，但是园区企业各类日常管理仍由原来企业的主管部门负责，管理委员会只负责在各部门之间协调但不直接参与生态工业园区的建设和管理。集中式管理模式是我国大多数园区采用的管理模式，是由园区所在部门成立专门的机构—管理委员会来负责园区的建设和管理，此种模式下管理委员会的管理权限较大。

管理委员会主导模式的优点是在园区的管理中可以充分发挥政府的力量和资源优势，从地区整体的角度对园区进行规划、建设和管理，利用掌握的信息做出顺应社会发展趋势和潮流的产业发展政策，疏通园区和各级政府管理机构之间的关系。在获取国家财税优惠政策和资金支持等方面具有一定的优势，在对外交流和招商引资等方面也具有一定的权威性和优势。

管理委员会主导模式的劣势有：

(1) 管理委员会不符合市场经济的发展规律。管理委员会作为政府机构，直接参与市场经济的运行，虽然在一定程度上有利于园区经济的发展，但是不符合市场经济发展要求，长此以往会扰乱市场经济秩序，阻碍市场经济健康有序发展。

(2) 园区管理委员会定性不明确，缺少法律依据。虽然我们将管理委员会作为一级独立的政府看待，但是，管理委员会并没有被列入我国行政管理机构，也没有相关的法律依据。

(3) 政企不分开，人事制度落后。虽然大部分园区在管理委员会下会成立园区开发公司，但是往往是管理委员会与开发企业一套班子或者开发公司形同虚设，不利于公平竞争环境的形成。而且，企业采用政府管理模式，人事制度落后，不利于吸引企业专业人才，从长期来看还会滋生享乐主义和腐败现象。

3.2.1.2 企业主导模式

企业主导模式是一种产业发展模式，其中企业作为推动力量，在产业园区的开发和运营中发挥关键作用。在这种模式下，通常是某个产业领域里具有强大综合实力的企业，建设相对独立的产业园区。这些企业在自身入驻且占据主导地位的同时，利用其在产业中的凝聚力和号召力，吸引其他同类或相关企业加入园区。企业主导的园区强调专业化运作和园区经济效益，市场化机制在这一模式下得到加速形成。这种模式下，园区的入局者多样化，包括国有企业、民营企业以及科技服务型企业等，它们各自利用自己的优势参与竞争和合作。企业主导模式也体现在产学研协同创新中，企业牵头主导多方参与，聚焦重大产业场景和关键技术问题，通过市场需求和使命驱动，促进创新链和产业链的深度融合。企业主导模式能够有效整合各类资源，包括政府资源、市场资源以及科研机构的资源，形成强大的创新能力和市场竞争力。企业主导的园区不仅关注空间开发，更注重产业生态的运营，促进整个产业链的提升和转型。虽然企业在这一模式下起到主导作用，但政策和要素保障的支持仍然是不可或缺的。政府的政策引导和资源配备对于企业主导模式的成功实施至关重要。企业在园区内通过提供品质空间和服务理念，逐渐形成成熟的业务模式和良好的品牌口碑。专注于科技成果转化、创业孵化和产业投资的企业也开始涉足产业园，利用科创服务和创新资源优势进行差异化竞争。在企业主导的产学研合作中，通常是以项目为导向，通过签订项目合同来开展协同攻关，实现人员双向流动和成果共享。在一些地方，企业主导模式还被用于推动具有地方特色的行业产业大脑建设，以促进区域内产业的集中和优化。

企业主导模式是产业园区发展的一种重要模式，它通过企业的主动性和创新性，推动产业园区的发展，形成产业集群，提升区域经济竞争力。同时，这种模式也需要政府的政策支持和资源保障，以及与其他市场主体的合作，共同推动产业园区的可持续发展。

3.2.1.3 管理委员会和企业混合管理模式

管理委员会和企业混合管理模式是产业园区运营的一种有效模式，它通过整合政府和市场的力量来推动园区的发展。在这种模式下，管理委员会主要负责园区的顶层设计，包括定位、规划、政策制定和资源配置，起到战略大脑的作用。而企业则承担市场化运作职能，提供招商引资、产业服务、孵化等全价值链服务。管理委员会通常负责行政管理职能，如社会事务管理、行政审批等。企业则负责园区的融资开发、设施建设、项目落地和服务等职能。两者需建立科学的管控和协作机制，确保各自优势得到发挥，同时避免职能重叠或冲突。这种协作机制有助于将管理优势转化为园区发展的动能。混合管理模式的改革旨在厘清政府与市场的功能，实现“政府+市场”的共治。这种模式有助于提高园区的运营效率和服务质量，促进园区的转型升级和高质量发展。混合所有制企业在治理机制上应积极探索与国有独资公司不同的模式，以管资本为主，落实董事会职权，并加强事中和事后监管。国有股东通过股东会行使职权，不干预企业日常经营。国家对于混合所有制改革有明确的指导意见和支持政策，旨在通过改革提高国有资本运行效率，增强功能，优化资源配置效率。

管理委员会和企业混合管理模式是一种结合了政府规划与企业运营优势的模式，它能够更好地适应市场化需求，提高园区的整体竞争力和创新能力。通过明确双方的角色和职责，建立有效的协作机制，可以促进园区的健康发展和经济转型。

3.2.2 园区管理制度

再生资源生态工业园区管理制度包括国家层面的生态工业园区管理制度、园区层面的管理制度，以及项目层面的准入制度管理。以废金属和废旧机电产品综合利用为例，具体要求如下所示。

3.2.2.1 国家层面的生态工业园区管理制度

2007年4月和12月，国家环保总局（现生态环境部）、商务部、科技部三部委联合发布《关于开展国家生态工业示范园区建设工作的通知》（环发〔2007〕51号）和《国家生态工业示范园区管理办法（试行）》（环发〔2007〕188号），组成国家生态工业示范园区建设领导小组。三部委齐抓共管，扩大了国家生态工业示范园区的社会影响，为国家生态工业示范园区扶持政策的制定奠定基础，形成联合推动生态工业园区建设的良好局面。

在国家发改委、环境保护部（现生态环境部）等六部委开展的循环经济试点中，环境保护部（现生态环境部）选择建设成效显著的在建国家生态工业示范园区，推荐进入循环经济试点；商务部将国家生态工业示范园区建设纳入国家级经济技术开发区综合发展水平评价体系，推动有关金融机构为园区创建加大融资支持力度，重点支持创建园区参与节能环保国际合作；科技部加大国家科技计划项目对国家生态工业示范园区的支持力度。

国家层面的管理制度是对再生资源生态工业园区宏观层面的管理和调控，包括完善相关的法律法规制度和进行产业结构调整。目前我国再生资源相关的主要法规包括《中华人民共和国循环经济促进法》《中华人民共和国节约能源法》《中华人民共和国清洁生产促进法》《废弃电器电子产品回收处理管理条例》《再生资源回收管理办法》《废弃机电产品集中拆解利用处置区环境保护技术规范（试行）》和《报废汽车回收管理办法》等。除了上述法律法规之外，我国还制定并实施了相关配套的产业发展政策，如税收政策、汽车家电以旧换新措施等。虽然我国颁布了一系列再生资源产业法律政策、地方性法规、行业标准和技术规范，但法律法规体系还不健全、不完善。同时，国家应该从宏观上调整和优化产业结构，鼓励发展再生资源综合利用等循环经济产业，节约资源，保护生态环境，促进生态工业园区建设。国家对生态工业园区的管理执行需要结合园区产业等实际来实施，以废旧机电为例，国家层面需要完善的制度如下：

（1）规范废旧资源的回收，保证废旧资源处理资格制度的落实。废弃电器电子产品处理资格制度是《废弃电器电子产品回收处理管理条例》（简称《条例》）的基本制度之一，其目的是设置行业进入门槛，保证从业企业的设备、技术、环境保护设施、人员管理水平达到一定的要求；同时废弃电器电子产品处理资格制度也可支持《条例》所规定的其他制度的实施，特别是废弃电器电子产品处理基金的顺畅实施。简言之，对于废旧机电产品综合利用这一新兴的社会效益显著的产业的良性发展，废弃电器电子产品处理资格制度将起到重要的扶持作用。

根据《条例》规定，废旧机电产品回收经营者所回收的废旧机电产品必须交付给具备资格的处理企业进行综合利用处理。于 2009 年 6 月 1 日开始实施的家电以旧换新政策，试图探索可能的废家用电器回收体系模式，为《条例》的正式生效做准备。在该政策实施过程中，出现的主要问题之一是部分回收者将回收的废家电进行倒卖、利用监管机制的漏洞而未将废家电送交给指定的拆解处理企业。这种状况反映了回收经营者与处理者之间物流运输渠道的监管不力，因此《条例》正式生效后，规范回收经营者与处理者之间的物流运输渠道是完善政策设计的重要方面。

（2）加强对废旧机电产品拆解产业的财政支持。我国废旧机电产品拆解产业面临着一个普遍的发展瓶颈，即与不使用环境友好型技术的个人回收者相较，正规的废旧机电产品拆解企业需要负担更高的运营成本，这导致企业向消费者提供的废旧机电产品收购价较低，从而大部分废旧机电产品被个人回收者购买，最终流入二手市场或非正规拆解作坊。而正规拆解企业则无法获得足量的废旧机电产品，导致处理能力闲置、亏损严重。以苏州伟翔电子废弃物处理技术有限公司为例，企业为每台废旧电脑所提供的收购价为 50 元（7.35 美元），而个人回收者可提供的价格为 150~200 元（22~30 美元）。

在 2009 年家电以旧换新政策实施后，进入"废家电定点拆解企业名录"的企业暂时摆脱了货源不足的窘境，并依靠政策补贴及规模效应改善了经济绩效。但在进入拆解行业的企业不断增加而大力度财政补贴难以长期持续的情况下，如何避免大规模的产业过剩，实现拆解企业普遍营利，将是下一阶段废旧机电产品综合利用产业扶持政策的重点。特别是废旧电器电子产品处理基金制度的合理设计与有效实施对保证废旧机电产品的资金流来源影响重大。对于利润微薄的废旧机电产品拆解企业而言，保障资金来源渠道的畅通，对企业实现盈利、具备可持续发展能力有着决定性的影响。因此，需要加强对废旧机电产品拆解产业的财政支持，保障资金来源渠道的畅通。

(3) 提高对废旧机电产品深加工企业的污染防治监管力度。废旧机电产品综合利用产业主要包括处于上游的拆解企业与下游的深加工企业两类企业。拆解企业主要应用机械处理工艺，废水、废气产生量较小，对环境的危害相对较小；深加工业则通常应用火法或湿法工艺处理各类拆解产物，重点是废电路板等含金属组分，而该类处理可能涉及大量含有毒有害物质的废气、废液排放，环境影响较大。目前我国废旧机电产品综合利用的产业链建设还不够成熟，大量拆解企业处理得到的各类零部件的下游去向尚不够明确。其中，部分废电路板被直接送到普通的铜熔炉进行深加工，而这类熔炉设备不具备防治二噁英污染的收集与处理。此外，废旧机电产品处理后所得到的无法再生利用的零部件及物质的去向管理也不够明确，尤其是阴极射线管等危险废物。该类废物通常送往填埋场或焚烧厂进行最终处置，危险废物则需送往危险废物处理设施进行最终的无害处置。我国的废物最终处置设施的建设与运营都还处于较为初级的阶段，尤其是危险废物处理能力不足。因此，需要调查拆解企业处理后得到的零部件的去向情况，并根据调研结果设计相应的对策，加强对废旧机电产品深加工产业以及最终处置设施的污染防治监管工作。

3.2.2.2　再生资源生态工业园区管理制度

再生资源产业园区管理制度主要包括集中拆解利用处置制度、废弃电器电子产品处理目录制度、废弃电器电子产品处理基金制度、废弃电器电子产品处理资格制度、经营情况记录制度、废弃电器电子产品处理发展规划制度，以及废弃家用电器与电子产品污染防治技术政策。

（1）集中拆解利用处置制度。

为了贯彻《中华人民共和国固体废物污染环境防治法》的要求，鼓励废弃机电产品的集中拆解利用处置，国家环保总局（现生态环境部）发布了行业标准《废弃机电产品集中拆解利用处置区环境保护技术规范》（HJ/T 181—2005），于2005年9月1日实施。该标准规定了废弃机电产品集中拆解利用处置区（简称集中处置区）的规划、设计、建设及运行过程中的污染防治和环境保护管理要求。该标准要求集中拆解利用处置区的建设应以废弃机电产品拆解利用企业为依托，以废弃机电产品的资源利用为核心，建设与污染物集中处置设施相配套的园区。具体而言，集中处置区应达到以下要求：选址选择在运输便利的区域，尽量靠近危险废弃物集中处置设施；与相关规划相协调；考虑服务区域内的废弃机电产品产生量等因素，避免重复建设；设置管理机构；遵守国家对环境影响评价与污染排放物排放的控制要求；分区建设；企业须具备符合环保要求的工艺与设施；园区应建设专门的环境友好的废物储存与收集设施、统一的污水处理厂，以及集中供暖设施。

此外，标准还规定了集中处置区内污染物的排放与控制的技术要求与排放限值；针对进口废弃机电产品的集中拆解，利用处置区的处理对象为进口废物的特点，特别规定了进口集中处置区的选址、进出口监控、检查与记录等要求。该标准对于正在建设中的为数众多的电子废物集中拆解利用处置区或其他涉及废家用电器拆解及深度处理的工业园区具有工程指导意义。

（2）废弃电器电子产品处理目录制度。

《废弃电器电子产品回收处理管理条例》的适用范围采用目录制度。国家发展和改革委员会已经会同环境保护部（现生态环境部）、工信部联合发布《废弃电器电子产品处理目录（第一批）》，于2011年1月1日实施，该目录的选择主要考虑社会保有量大、废弃量大、污染环境严重、危害人体健康、回收成本高、处理难度大等因素，确定将电视机、电冰箱、洗衣机、房间空调器、微型计算机五种产品作为该目录首批产品，并对各产品的具体范围进行了限定。该目录中的废弃电器电子产品的处理需遵循该条例的相关规定，取得资质许可，采取多渠道回收和集中处理制度、生产者标识制度、资产核销制度和信息报送制度等。

（3）废弃电器电子产品处理基金制度。

《废弃电器电子产品回收处理管理条例》第七条规定：国家建立废弃电器电子产品处理基金，用于废弃电器电子产品回收处理费用的补贴；电器电子产品生产者与进口者依法履行基金缴纳义务。根据国家发展和改革委员会产业所的研究，主张“对拆解处理企业进行直接补贴，面对其他业态的补贴由拆解处理企业反馈来完成”，对于利润微薄的废家用电器拆解企业而言，将要出台的废弃电器电子产品处理基金的使用原则、补贴水平、补贴渠道对企业实现盈利有着决定性的影响。

(4) 废弃电器电子产品处理资格制度。

废旧机电产品的处理技术不符合环保要求时，可能导致危险物质的释放，威胁到环境与公众的健康，并造成潜在可再利用的资源的浪费。废旧机电产品的这一潜在的危险性决定了从事废旧机电产品的处理，必须具备达到一定要求的设施、设备，有相应的专业技术能力，还必须对从业单位和个人进行技术培训、资质审查和审批，并建立专门的管理机制。《废弃电器电子产品回收处理管理条例》第六条规定"国家对废弃电器电子产品处理实行资格许可制度"，并于第六、二十三、二十四与二十八条分别规定了废弃电器电子产品处理资格的审批部门、申请条件、申请程序，以及未取得资格却擅自从事废弃电器电子产品处理活动的法律责任。废弃电器电子产品处理资格制度的规定将有利于废旧机电产品综合利用管理和技术水平的提高，保证废旧机电产品中所含有的危险废物的严格控制，防止污染事故发生。

(5) 经营情况记录制度。

废旧机电产品综合利用企业的经营情况记录制度是服务于循环经济与环境管理目标的。经营情况记录可以保证废旧机电产品的运输安全，防止废旧机电产品及其综合利用产物的非法转移和非法处置，保证废旧机电产品的安全监控，防止废旧机电产品中含有的危险废物不当释放从而避免污染事故的发生。

《废弃电器电子产品回收处理管理条例》第十七条规定：处理企业应当建立废弃电器电子产品的数据信息管理系统，向所在地的设区的市级人民政府生态环境主管部门报送废弃电器电子产品处理的基本数据和有关情况。废弃电器电子产品处理的基本数据的保存期限不得少于3年。

《电子废物污染环境防治管理办法》第九条规定：从事拆解、利用、处置电子废物活动的单位（包括个体工商户）应当按照电子废物经营情况记录簿制度的规定，如实记载每批电子废物的来源、类型、重量或数量、收集（接收）、拆解、利用、储存、处置的时间；运输者的名称和地址；未完全拆解、利用或者处置的电子废物以及固体废物或液态废物的种类、重量或者数量及去向等。监测报告及经营情况记录簿应当保存3年。

(6) 废弃电器电子产品处理发展规划制度。

废弃电器电子产品处理发展规划需提出废旧机电产品综合利用的循环经济和环境保护的具体目标和要求，以及将逐步配套出台的响应的政策文件和措施保障，这就成为政府对废旧机电产品综合利用行业进行环境管理的总要求。

《废弃电器电子产品回收处理管理条例》第二十一条规定：省级人民政府生态环境主管部门会同同级资源综合利用、商务、工业信息产业主管部门编制本地区废弃电器电子产品处理发展规划，报国务院生态环境主管部门备案。地方人民政府应当将废弃电器电子产品回收处理基础设施建设纳入城乡规划。

(7) 废弃家用电器与电子产品污染防治技术政策。

行业环境技术政策是由政府环保部门制定和颁布的，是为实现一定历史时期的环境目标，在提高行业技术发展水平和有效控制行业环境污染的同时又能引导和约束行业发展的技术性行动指导政策。

国家环保总局（现生态环境部）在2006年发布了《废弃家用电器与电子产品污染防治技术政策》，于2006年4月27日实施，对家用电器与电子产品的环境设计、废弃产品的收集、运输与储存、再利用和处置全过程的环境污染防治，以及废弃家用电器电子产品再利用和处置设施的规划、立项、设计、建设、运行和管理提供了管理目标、技术指导及政策制定建议。

3.2.3 园区绿色物流管理体系

绿色物流作为“清洁生产、绿色流通、合理消费”的可持续发展模式的组成部分，既包括企业的绿色物流活动，又包括对绿色物流活动的管理、规范和控制。在对园区进行绿色物流规划时，从整个供应链的视野来组织物流，建立起包括生产商、批发商、零售商和消费者在内的物流系统。对这个系统的每个组成部分进行绿色管理和控制，尽可能地避免因物流而带来的环境影响。

3.2.3.1 规制发生源

在发生源规制方面做到根据大气污染防治法对废气排放进行规制，根据对车辆排放 NO_x 的限制来对车种规制，推进对车辆噪声的规制；在交通量规制方面做到促进企业选择合适的运输方式，统筹物流中心的建设；在交通流规制方面做到道路停车规制。

3.2.3.2 选择绿色供应商

强化企业环境责任意识，结合信息公开化工程，督促园区企业对供应商的环境表现进行评估，对环境表现差的供应商进行督促和适当取舍。

3.2.3.3 倡导绿色生产和绿色营销理念

采用物耗能耗低、废弃物少、对环境影响小的工艺技术，倡导生态设计和绿色制造，采用清洁运输工具，加强对绿色包装的宣传，树立企业的绿色形象。

3.2.3.4 保证绿色仓储

制定储存和保管过程的环保要求，开发引进绿色保养技术，规范值班人员的工作制度，严格按照符合安全与环保的工作守则操作，减少工作中人为造成的污染。

3.2.3.5 建立废弃物的回收再利用系统

与供应链上的其他关联者协同起来，从整个供应链的视野来组织物流，最终建立起包括生产商、批发商、零售商和消费者在内的“生产—流通—消费—再利用”的绿色物流系统。

专业地来说绿色物流流程涉及与商流、资金流和信息流的相互作用，相互影响，其中，资金流是在所有权更迭的交易过程中发生的，可以认为从属于商流；信息流则分别从属于商流和物流，属于绿色物流的部分称为物流信息。所以，流通实际上是由商流和绿色物流组成的，它们分别解决两方面问题：一是产成品从生产者所有转变为用户所有，解决所有权的更迭问题；二是要解决对象物从生产地转移到使用地以实现其实用价值，也就是实现物的流转过程。可以说，商流是动机和目的，资金流是条件，信息流是手段，物流是终结和归宿。因此，在物流运作流程中，必须充分认识到物流、商流、信息流和资金流四者间的关系，既要认清它们各自的运行规律，又要把它们看作一个统一的整体，从流通过程的全局把握，这样才能保证将物流流程运作得更有成效。

当然，对物流管理者而言，需要充分掌握战略、战术和流程设计理论，并能用这些知识进行物流运作方案设计；需要将物流战略构建理念转化为物流运作流程设计思路，体现流程贯彻战略思想的执行力；需要高级物流学、供应链管理课程等的相关理论；需要熟悉物流市场经营策略的影响因素和制定方法；需要掌握将企业战略设计转化为物流运作设计的思路、技术和方法；需要了解物流市场营销学方面的知识；需要掌握物流工程学的理论和方法，从工程的角度在物流运作领域实现主体的战略意图，从而在物流运作管理实践中将所学习的课程有机融合起来，有效运用。

总之物流管理体系其主要职能是为交易企业间选择最佳的运输方式（管道、铁路、航空、公路等）和最佳运输路径（并非一定是两地之间的最短路径，而是使运输总费用最少的路径）。

3.2.4　园区管理信息系统

再生资源生态工业园区管理信息系统，是园区的信息交换中心，是保持园区活力和不断发展的重要条件，在园区发挥着重要的作用。一方面，提供再生资源生态工业园区内相关信息，便于物质和能量在园区、周围社区和区域内进行流动和交换；另一方面，通过示范、宣传等手段，扮演教育和营销角色，以宣传生态工业原理，帮助企业尤其是中小企业理解环境问题和环境法规，克服生态工业运行的障碍。另外，管理信息系统还可以提供有关提高能源效率、节约资源、废物最小化、清洁生产技术和应急反应等方面的指南和建议。

为了实现再生资源生态工业园区管理信息系统的应用，在构建园区管理信息系统时应按照业务内容、业务性质、服务对象及实现功能的不同，将整个系统分为以下几个部分：对外信息发布系统（园区门户网站）、内部 OA 系统、电子商务应用系统、企业信息化公共服务系统、数据交换系统及环境管理信息系统。

3.2.4.1 园区门户网站

园区门户网站主要用于园区管理方对外统一发布各类政务信息，为办理相关事务的园外人士提供网上服务。园区门户网站是展示园区整体形象的窗口，也是园区对外服务及联系的平台。它向公众提供园区全方位的网上展示与介绍、信息发布、企业与产品介绍、招商引资、政策咨询、投诉服务等功能。

3.2.4.2 内部 OA 系统

内部 OA 系统是园区公文处理、工作交办、人事管理、信息发布等事项的重要办公平台。一方面可使得管理者根据城市园区及园区内的企业基本档案了解园区基本信息；另一方面也方便企业与管理部门的事务办理与沟通，帮助管理者对园区建设与管理等事宜进行更好、更合理的决策。

3.2.4.3 电子商务应用系统

电子商务应用系统主要用于优化业务流程，实现对销售体系更全面、更及时、更有效的监控、分析和利用。通过循环数量统计管理、网上支付、交易管理等手段实现上下游企业间在经济上的良性循环，同时也为企业产品销售扩展了电子渠道。通过建立基于全国范围的企业内部信息交互、资源共享的网络，可以紧密结合企业的业务流转过程和管理过程。此外，还能围绕商机、谈判、合同、产品、订货、运输、交付等各个业务环节，建立完整的交易体系，以及灵活、简单、易用的仓储物流管理系统，进行有效管理。

3.2.4.4 企业信息化公共服务平台

企业信息化公共服务平台是解决中小企业信息化问题的有效途径。建立安全可靠、诚信运营的公共服务模式，推动行业及企业信息资源共享。利用网络化的手段，为其他企业提供信息化技术咨询、新产品开发和技术人才培训等专业知识服务。平台集成各行业专家、厂商、供应商等信息化相关服务和资源，形成信息共享与服务互动。平台还提供企业、供应商、行业专家及行业专业人士的在线交流服务，实现多方协作。

3.2.4.5 数据交换系统

该系统不仅仅是提供数据通信的通道，同时也提供不同部门之间数据格式的转换。另外，平台也是信息资源共享的平台，所有审批业务中需要各部门共享的数据都需要在共享交换平台处保存，以便于流程的快速执行与监控。

3.2.4.6 环境管理信息系统

主要功能是将环境信息存储起来，并结合统计数学、优化管理、预测评价模型、规划决策模型等手段进行分析。该系统主要包括企业清洁生产评价子系统和园区物质集成子系统等。企业清洁生产评价子系统根据国家及城市管理部门所确定的环境评价指标体系及园区物流、能流、水流等基本数据对园区生态环境、生态效益做出综合评价，内容包括企业和行业的资源重复利用指标、环境保护指标、环境绩效指标、生态建设指标、生态环境改善潜力的评估。园区物质集成子系统根据企业的用水、原材料、副产品的类型数量等信息，运用过程集成技术，调整物质流动的方向、数量和质量，完成工业生态网络的构建。

3.2.5 园区环境保护管理系统

再生资源生态工业园区环境保护管理系统包括建立 ISO 14000 环境管理体系、实行园区环保动态监控及污染控制体系、能源的梯级利用管理体系和水资源一体化集约管理等内容。

3.2.5.1 建立 ISO 14000 环境管理体系

ISO 环境管理标准融合了世界上许多发达国家在环境管理方面的经验，是一种完整的、操作性很强的体系标准，包括制定、实施、实现、评估和保持环境方针所需的组织结构、计划活动、职责、惯例、程序、过程和资源。其中 ISO 14000 是环境管理体系标准的主干标准，它是企业建立和实施环境管理体系和通过认证的依据，其目的是规范企业和社会团体等组织的环境行为，以达到节省资源、减少环境污染、改善环境质量、促进经济持续健康发展的目的。

对再生资源生态工业园区内企业实行 ISO 14000 环境管理，不仅有利于推进企业实行清洁生产，减少污染物质的排放，节约能源与资源，也有利于园区实现生态化和国际化，使之与国际接轨，更好更快地发展。

3.2.5.2 实行园区环保动态监控及污染控制体系

根据再生资源生态工业园区污染物实际状况，针对废水、废气、固体废弃物、噪声建立动态监控体系。

3.2.5.3 能源的梯级利用管理体系

能源梯级利用是能量综合利用的一种形式，包括按质用能和逐级多次利用两个方面。能源的梯级利用就是要根据体系内部产业链的链接状况及资源的流动方向，合理地配置和利用资源和能源以达到较高的利用效率，在园区企业的内部推行节能和合理用能的技术，同时进行园区内的余热回收利用。此外，还可进行园区内能量综合利用，采用系统工程的观点实现能量的最大化利用。这种能量利用方式除在发电和供热企业应用广泛外，现已扩展到各种工业过程，园区可以根据园区内各用能企业能级需求的高低构成能量的梯级利用关系，实现对能源的充分利用。

3.2.5.4 水资源一体化集约管理

水是一种可更新和可再利用的资源。在用途为非消费性和使用后可被返回的地方，需要建立机制来确保废水流对于资源流或水供给是有用的增加物。如果缺少协调管理，废水流经常只是通过削弱水质和提高水供给的未来成本来减少有效供给。作为一种寻求转变当前不可持续的水资源开发和管理系统的变化的方法，一体化集约水资源管理没有固定的起点，也将很可能不会有终点。因此，一体化水资源管理系统需要对变化做出反应，并能够适应新的经济、社会和环境条件。水资源管理则采用一体化管理模式，强调一体化所有涉水事务的管理和企业间的相互联系，以及社会经济系统与自然生态系统的和谐。

在再生资源生态工业园区的水资源管理模式中，供给管理与需求管理并重，并特别强调需求管理和效率管理，即认为需求是可控的，供给管理应该基于需求管理和效率管理。而且水资源需求是多方面的，基础设施建设应该与不同终端用户水需求的多样化特点如数量、质量（生物、化学和物理方面的）和可靠性水平等相匹配。水资源在园区内多次再利用和再循环，以多种方式（现场、分散或集中等）处理后排放到外部社区或自然生态系统。排放管理在需求管理和效率管理的基础上，主要依据园外社区和自然生态系统的需要进行。而对于雨水，生态工业园将其视为一种重要的资源，将雨水收集作为水源并通过渗透或保留的方式来涵养蓄水层、航道和植被等。

3.3 生态工业园区绿色生产管理体系

清洁生产战略是关于园区企业产品和生产过程预防污染的一种战略，再生资源生态工业园区清洁生产管理体系旨在促使园区企业开展清洁生产活动，保护周边区域生态环境。本节主要介绍再生资源生态工业园区清洁生产管理体系，包括清洁生产的主要技术、实现途径、指标体系和保障措施。

3.3.1 清洁生产理论概述

20世纪60年代，工业化国家开始采用各种途径和技术对生产过程中产生的废弃物和污染物进行治理，以减轻对环境的危害，即所谓的“末端治理”方式，随着末端治理模式的广泛应用，人们发现末端治理并不是一个真正有效的解决方案，很多情况下需要投入高昂的设备费用、维护开支与最终处理费用，其工作本身还要消耗资源、能源，且这种方式还会使污染物在空间和时间上发生转移而导致二次污染。从20世纪70年代开始，一些企业开始相继尝试采取如“污染预防”“零排放技术”“减废技术”“废物最小化”“源削减”“零废物生产”“环境友好技术”等方法和措施，来提高生产过程中的资源利用效率，削减污染物以减轻对环境和公众的危害，这些尝试取得了很好的环境与经济效益，使人们逐渐认识到改进工艺过程与产品的重要性。在总结工业污染防治理论和实践的基础上，联合国环境规划署于1989年提出了清洁生产的战略和推广计划。

我国在20世纪70年代就曾明确提出了“预防为主，防治结合”的方针，强调要通过调整产业布局、产品结构，通过技术改造和“三废”的综合利用等手段防治工业污染。但当时由于缺乏健全的法规、制度和操作细则，加之计划经济体制对资源分配统一管制，这一方针并未得到准确的贯彻和执行。自 1993 年以来，我国政府开始逐步推行清洁生产工作。1994 年，我国制定了《中国 21 世纪议程》，把建立资源节约型工业生产体系和推行清洁生产列入了可持续发展战略与重大行动计划中，并启动和实施了一系列推进清洁生产的项目，实现了清洁生产从概念、理论到实践的转变。目前，全国绝大多数省（自治区、直辖市）都先后开展了清洁生产的培训和试点工作。对开展清洁生产审核的 219 家企业的统计显示，推行清洁生产后企业每年获得经济效益超过 5 亿元、化学需氧量排放量平均削减率达 40%以上，废水排放量平均削减率达 40%～60%，工业粉尘回收率达 95%。试点经验表明，实施清洁生产将污染物消除在生产过程中，可以降低污染治理设施的建设和运行费用，有效地解决污染转移问题，节约资源，减少污染，降低成本，提高企业综合竞争能力。我国政府已将清洁生产纳入有关的法律以及有关的部门规划中，在先后颁布和修订的《中华人民共和国大气污染防治法》《中华人民共和国水污染防治法》《中华人民共和国固体废物污染环境防治法》等法律法规中，都将实施清洁生产作为重要内容，明确提出通过实施清洁生产防治工业污染，此外，2002 年 6 月《中华人民共和国清洁生产促进法》的颁布更预示着我国的清洁生产工作已走上法治化的轨道。

3.3.2　清洁生产的含义及内容

清洁生产战略是关于产品和生产过程预防污染的一种全新战略，它突破了过去以末端治理为主的环境保护对策的局限，将污染预防纳入到产品设计、生产过程和所提供的服务之中，是实现经济与环境协调发展的重要手段。1992 年在巴西里约热内卢召开的联合国环境与发展大会上制定的《21 世纪议程》，将清洁生产作为实现可持续发展的重要内容，号召各国工业界提高能效，开发更先进的清洁技术，更新、替代对环境有害的产品和原材料。2000 年在加拿大蒙特利尔召开的国际清洁生产高层研讨会指出：清洁生产已经成为技术进步的推动者、改善管理的催化剂、革新者的典范、连接工业化和可持续发展的桥梁。

按照《中华人民共和国清洁生产促进法》给出的定义，所谓清洁生产，是指不断采取改进设计、使用清洁的能源和原料、采用先进的工艺技术与设备、改善管理、综合利用等措施，从源头削减污染，提高资源利用效率，减少或避免生产、服务和产品使用过程中污染物的产生和排放，以减轻或消除对人类健康和环境的危害。清洁生产也被称为“废物减量化”“无废工艺”“污染预防”等。从本质上说，清洁生产是在满足人类需要的基础上，尽量减轻或消除人类生产过程对自然环境的破坏，使经济效益、环境效益和社会效益最大化的一种生产模式。清洁生产是一个持续过程，也是一个不断创新的过程，其基本目标就是提高资源利用效率，减少和避免污染物的产生，保护和改善环境、保障人类健康，促进经济与社会的可持续发展。对企业来说，应改善生产过程管理，提高生产效率，减少资源和能源的浪费，限制污染排放，推行原材料和能源的循环利用，替换和更新导致严重污染、落后的生产流程、技术和设备，开发清洁产品。清洁生产的主要内容通常包括三个方面：

（1）清洁与高效的能源、原材料的利用。清洁利用矿物燃料，开展以节能为重点的技术进步和技术改造，提高能源与原材料的利用效率。

（2）清洁的生产过程。采用少废、无废的生产工艺技术和高效生产设备，尽量少用、不用有毒有害的原料，减少生产过程中的各种危险因素和有毒有害的中间产品、组织物料的再循环，优化生产组织，实施科学的生产管理，进行必要的污染治理，实现清洁、高效的利用和生产。

（3）清洁的产品。产品应具有合理的使用功能和使用寿命；产品本身及在使用过程中，对人体健康和生态环境不产生或少产生不良影响和危害；产品失去使用功能后，应易于回收、再生和复用等。

3.3.3 生态工业园区清洁生产的主要实现途径

清洁生产是一个系统的工程，包括企业生产的输入、过程和输出三个阶段。由于企业生产千差万别，清洁生产应该从企业的行业特点等出发，采取适合企业实际情况的清洁生产方案。根据清洁生产理论及各地生态工业园区的成功实践，生态工业园区清洁生产的主要实现途径包括以下几种：

（1）合理布局。主要包括生态工业园区的经济结构布局和产业链布局。一方面调整园区的经济结构和产业结构，发展资金密集型、科技密集型等低耗能和低污染产业，通过优化经济结构来减少对资源的浪费和对环境的污染。另一方面，科学合理地规划园区产业链，按照“生产者—消费者—分解者”的工业生态系统、建立原材料循环利用的生态工业园区，提高资源循环利用能力，降低对环境的污染。而且，要不断延伸产业产品链，提高产品和原材料的深加工程度，提高资源的利用效率，减少整个生产链上企业的污染物排放量。

（2）开发清洁产品。开发与生产对环境低污染甚至无污染的清洁生产产品，从源头上减轻企业对环境的污染。将清洁生产的思想纳入到企业的全生产过程中去，推动企业清洁生产的实现。在产品设计和选用原材料过程中，将环境因素纳入到企业产品设计过程中去，推行生态设计、绿色设计等，减少因资源的浪费而造成的环境污染。同时，在设计过程中，尽量选择对环境污染小的优质原材料，尽量减轻原材料对环境的污染和破坏。

（3）改进生产工艺和技术设备。在企业生产过程中，改进产品生产线的工艺和技术设备，最大限度地减轻生产对环境的污染。更新原有生产设备，引进最新技术设备；调整企业生产计划，优化企业生产程序；提高原材料的深加工程度和水平，提高原材料的利用效率；尽最大努力实现少甚至零废生产，降低生产过程对环境造成的破坏。

（4）节约能源和原材料，提高效率和有效性。通过资源和原材料的节约和合理利用，提高资源利用效率，尽可能地将原材料中的所有组分都能通过生产过程转化为产品，减少甚至杜绝废弃物的产生，达到保护环境的目的。

（5）开展资源综合利用。开展资源综合利用是清洁生产的重要内容，对于废弃物中的有用原材料，进行综合利用和开发，使原来的废弃物得到循环利用，减少废弃物的排放和对环境的破坏，达到资源综合利用的目的。

（6）提高企业的科学管理能力和水平。科学管理是减少企业环境污染和实现清洁生产的重要途径。国内外的实践经验表明，企业生产管理不善是造成工业污染的重要来源。因此，企业必须要不断改善管理模式，提高企业的管理能力和水平，改进生产操作过程，减少生产过程中废弃物的产生。

（7）依靠科技进步，推动企业科技创新。科学技术是第一生产力。企业要想做到清洁生产，必须要依靠科技进步，研发和推广少废物和无废物生产的技术、设备和生产工艺，降低企业的环境污染程度。这既包括企业自主创新，也包括引进、吸收和再创新。同时，在企业生产现状和现有设备等生产能力的基础上，积极策划清洁生产方案，推动企业清洁生产的实现。

案例：诺基亚基于生命周期分析的产品设计

北京经济技术开发区移动通信产业链核心企业——诺基亚致力于开展手机产品的生态设计，运用LCA生命周期分析方法评价原材料、生产过程、产品寿命结束后全生命周期的环境影响、能耗和温室气体排放，并根据评价结果优化改进设计方案。诺基亚基于手机产品生态设计的解决方案包括：

（1）选择可持续性的材料与物质，并积极推动更具可持续性的材料的开发和有效使用。2007年，诺基亚首次采用可再生材料，目前手机外壳中50%以上的塑料是可降解的生物塑料。

（2）使用小巧紧凑型易回收包装，将包装对于环境的影响降至最低。2006—2008年，诺基亚手机的包装材料和用户指南减少60%以上，共节约纸张100000 t。目前，诺基亚手机产品超过95%的包装是由可再生的纸质材料做成，其中可再生成分高达60%，包装材料实现100%可回收。

（3）手机零配件生产中尽量选择不含有害元素的原材料，优先选择可回收再利用的材料，全面替代含卤素的天线片保护膜，确保产品符合RoHS、第ⅦA族非金属元素（Halogen Free）无卤标准以及《化学品注册、评估、许可和限制》（Registration，Evaluation，Authorization and Restriction of Chemicals，REACH）要求，减少和避免对环境及人体的不良影响。手机产业链关键配件生产商在研发手机天线的各阶段（初期电路板——最终成型的话机）密切关注天线辐射指标，通过各种技术手段将手机对人体的电磁辐射降到最低，研发出的上市手机天线均符合欧洲标准和美国标准。

3.3.4 再生资源生态工业园区清洁生产指标体系

清洁生产评价指标可分为六大类：生产工艺与装备要求类指标、资源能源利用指标、产品指标、污染物产生指标、废物回收利用指标、环境管理指标。

3.3.4.1 生产工艺与装备要求类指标要求

对项目的工艺技术来源和技术特点进行分析，说明其在同类技术中所占的地位和所选设备的先进性。

3.3.4.2 资源能源利用指标要求

（1）单位产品的能耗。生产单位产品消耗的电、煤、石油、天然气和蒸汽等能源，通常用单位产品综合能耗指标。

（2）单位产品的物耗。生产单位产品消耗的原材料主要为原辅材料，单位产品的物耗也可用产品收率、转化率等工艺指标反映。

（3）新用水量指标。单位产品新用水量主要有单位产品新用水量、单位产品循环用水量、工业用水重复利用率、间接冷却水循环率、工艺水回用率、万元产值取水量。

（4）原辅材料的选取。可从毒性、生态影响、可再生性、能源强度及可回收利用性这五个方面建立定性分析指标，对原材料与辅助材料进行评价，从而指导原材料与辅助材料的选取。

3.3.4.3 产品指标要求

对产品的要求是清洁生产的一项重要内容，产品应是我国产业政策鼓励发展的产品。另外，从清洁生产要求的角度，还要考虑产品的包装和使用，如避免过分包装、选择无害的包装材料、运输和销售过程不对环境产生影响、产品使用安全、报废后不对环境产生影响等。

3.3.4.4 污染物产生指标要求

除资源（消耗）指标与产品指标外，另一类能反映生产过程状况的指标便是污染物产生指标，污染物产生指标较高，说明工艺相应地比较落后或管理水平较低。通常情况下，污染物产生指标分三类，即废水产生指标、废气产生指标和固体废弃物产生指标。

（1）废水产生指标。包括单位产品废水产生量指标、单位产品主要水污染物产生量指标，以及污水回用率指标。

（2）废气产生指标。包括单位产品废气产生量指标和单位产品主要大气污染物产生量指标。

（3）固体废物产生指标。包括单位产品主要固体废弃物产生量和单位固体废弃物综合利用量。

3.3.4.5　废物回收利用指标要求

废物回收利用指标要求为：1 t 废电机、废电线电缆、废五金电器拆解后不可利用物质分别为3%、2%和6%；1 t 废电机、废电线电缆、废五金电器回收利用指标分别为97%、98%和94%；综合废物回收利用指标为96%。

3.3.4.6　环境管理指标要求

（1）环境法律法规标准。要求企业符合有关法律法规、标准、规范的要求。

（2）环境审核。按照行业清洁生产审核指南要求进行审核、按 ISO 14001 建立并运行环境管理体系。

（3）废物处理处置。要求一般固体废弃物妥善处理、危险废弃物无害化处理处置。

（4）生产过程环境管理。对生产过程中可能产生废弃物的环节提出要求，如要求原材料质检、消耗定额、产品合格率考核、防止跑冒滴漏等。

（5）相关环境管理。对原料、服务供应方等的行为提出环境要求。

3.3.5　再生资源生态工业园区清洁生产保障措施

再生资源生态工业园区清洁生产保障措施包括配套的法律法规、监督管理体系，以及宣传和教育措施等。

3.3.5.1　完善清洁生产相关的法律法规制度

我国政府对清洁生产高度重视，2002 年颁布了《中华人民共和国清洁生产促进法》，极大地促进了我国清洁生产的普及和发展。在立法的基础上，国家还在积极推行一系列与清洁生产相关的管理制度，如环境影响评价制度、排污许可证制度、环境保护目标责任制度、限期治理制度等，这些法律制度无疑推动了我国清洁生产的发展。

《中华人民共和国清洁生产促进法》以法律的形式规定了清洁生产的制度和措施，为清洁生产奠定了法律基础，实现了清洁生产的有法可依。但是，我国清洁生产有关的制度、措施等需要进一步细化和完善，如清洁生产审核制度、废旧机电产品等废弃物强制回收制度等。国家还需进一步探索有利于清洁生产的产业政策、财政和税收优惠政策，综合利用法律、行政、经济等手段，鼓励企业生产清洁产品和服务，采用符合清洁生产要求的生产技术、生产设备、生产工艺，提高资源综合利用率，降低企业对环境的污染程度。

3.3.5.2　清洁生产的监督和管理

清洁生产涉及产品的全部生产过程，不能单纯依靠某一个部门，需要多个政府部门从产品生产全过程中的各个角度对其监督和管理，多部门分工协作，共同对清洁生产负责。所以，清洁生产的实现需要各政府部门从各自职能范围出发，实现对清洁生产的多部门协同监督和管理，共同推动清洁生产的实现和发展。

《中华人民共和国清洁生产促进法》第五条规定："国务院清洁生产综合协调部门负责组织、协调全国的清洁生产促进工作。国务院环境保护、工业、科学技术、财政部门和其他有关部门，按照各自的职责，负责有关的清洁生产促进工作。县级以上地方人民政府负责领导本行政区域内的清洁生产促进工作。县级以上地方人民政府确定的清洁生产综合协调部门负责组织、协调本行政区域内的清洁生产促进工作。县级以上地方人民政府其他有关部门，按照各自的职责，负责有关的清洁生产促进工作。"这一规定明确了国务院相关部门在清洁生产促进工作方面的相关职责，国务院及地方行政主管部门在牵头部门的协调下，各行政主管部门分工负责，共同领导本行政区域的清洁生产促进工作，对本行政区域内的清洁生产促进工作负责。

3.3.5.3 清洁生产宣传和教育措施

清洁生产追求经济效益和社会效益的最优化，推动人、自然与社会的和谐发展，是我国实现可持续发展及和谐发展的必由之路。虽然清洁生产是利国利民的好政策，但现阶段公众对清洁生产的认识不足，没有充分认识到清洁生产的重大意义，而且清洁生产在推广的过程中也受到各级阻碍势力的阻挠。因此，需要加大力度，对社会公众进行清洁生产宣传和教育，推动清洁生产的实现。

在宣传方面，利用网络、媒体、电视等多种大众媒体手段，宣传和普及清洁生产的相关知识和重大意义，提高公众对清洁生产的认识。同时，也要积极宣传清洁生产是每个公民应尽的责任，进而获得全社会对清洁生产的支持。

清洁生产的教育方面，主要包括学校教育和培训教育。在学校教育体系中，逐步将清洁生产纳入到各级学校教育课程中，提高社会公众对清洁生产的认可和接受程度。在培训教育中，政府管理部门要组织企业的技术人员、管理人员、政府人员等进行清洁生产的再教育和培训，对于管理人员，重在让管理者意识到清洁生产的必要性和重要意义，让他们在思想上对清洁生产引起足够的重视；对于技术人员和企业工人，对他们进行必要的技术和操作培训，让他们顺利地执行各项清洁生产措施。

3.3.5.4 清洁生产技术支持

清洁生产最普遍的一个障碍就是清洁生产技术的落后，这点在中小企业尤为突出。为了突破清洁生产的技术瓶颈，政府、高校和科研院所、企业等应该从各自角度出发，加强对清洁生产技术的研发和推广应用工作。

政府部门应该利用自己手中的资源优势和条件，邀请经济、环境等领域的专家学者，开设清洁生产学习班，交流清洁生产的经验和心得，扬长避短，推动本地区清洁生产的发展。同时，邀请国内外知名专家学者进行清洁生产相关讲座，学习最先进的清洁生产与理论方法。

高校和科研院所担负着培养清洁生产专业技术人才和清洁生产技术科研开发的工作，是克服清洁生产技术壁垒的关键一环。高校应该开设清洁生产相关专业，开设相关课程，培养掌握清洁生产综合理论的专业技术人才。高校和科研院所应该积极进行清洁生产技术研发工作，依靠技术推动清洁生产的实现，为企业清洁生产提供技术支持。

企业是清洁生产的主体，是清洁生产最终实现的地方。为了克服清洁生产技术壁垒，企业一方面通过企业培训和员工再教育等方法，培养自己的专业人才，在企业实践中取得清洁生产的技术攻关；另一方面也要积极引进专业技术人才和先进的清洁生产设备，同时，要在引进的基础上实现再创新，提高企业的技术研发能力。

3.3.6　“两型”工业园区

“两型”工业园区是指以降低资源消耗、减少废物排放和提高资源产出效率为目标，以转变产业发展方式为主线，全面践行“资源节约、环境友好”理念，确保节约发展、清洁发展，走内涵式发展道路的工业园区。

株洲市是长株潭城市群“两型”社会建设的核心区域，根据本地资源禀赋条件，开展“两型”工业园区创建，并制定实施《“两型”工业园区建设标准》。

3.3.6.1　建设目标

（1）环境和谐。园区环境好，做到绿化、美化；生产方式低碳、环保；园区内各项用地的比例关系合理平衡，为园区职工创造安全的生产环境和健康生活的人文环境。

（2）管理高效。以现代园区管理理念为导向，以先进管理技术和信息化手段为支撑，以较低的成本，保证园区高效、流畅运转。

（3）内涵式发展。工业园区形成发展的良性循环，突出结构优化、质量提高、实力增强，通过内部的深入改革，激发活力，增强实力，提高竞争力，实现实质性的跨域式发展。

3.3.6.2　指标体系

A　指标体系框架

依据“两型”社会和“两型”工业园区的核心内涵及“两型”工业园区建设目标，按照标准体系设立的基本原则，“两型”工业园区建设指标体系由资源节约、环境友好、文化建设、创新绩效四个分指标组成，如图 3-4 所示。

B　指标构成

“两型”工业园区建设指标见表 3-4。

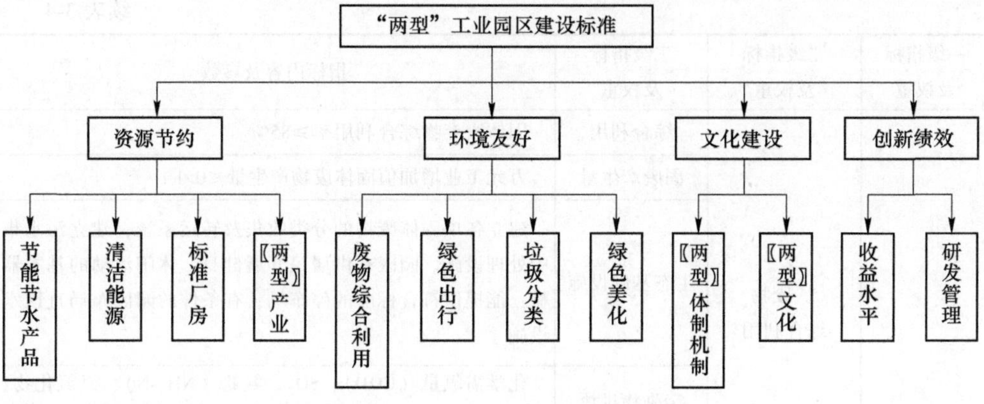

图 3-4 “两型”工业园区标准框架

表 3-4 “两型”工业园区建设标准

一级指标及权重	二级指标及权重	三级指标及权重	指标内容及参数
资源节约	1. 节能节水产品	综合能耗	万元工业增加值综合能耗≤0.5 t 标准煤
		节能设备设施	园区内企业不使用国家明令淘汰的高耗低效设备和器具；园区管理部门和公共区域节能灯具使用率 100%
		建筑节能	新建、扩建办公楼和厂房符合相关建筑节能要求
		节约用水	万元工业增加值新鲜水耗≤9m^3
			工业用水重复利用率≥75%，非生产性用水使用节水技术 100%
		用地管理	项目建设用地符合国家规定的“建设用地定额标准”；适度供给研发用地、限制供给办公用地、禁止供给生活用地，配套用地比例≤8%
		投资强度	生产用地固定资产投资强度：市区≥3000 万元/公顷；县域≥1800 万元/公顷
		土地产出	单位工业用地工业产值≥2400 万元/公顷
	2. 清洁能源	新能源利用	建设以可再生能源为主导能源的分布式能源站，推广使用太阳能、地热能等新型能源
	3. 标准厂房	标准厂房建设比例	新建标准厂房占当年建设厂房面积的 30%以上
	4. “两型”产业	“两型”产业比例	“两型”产业增加值占园区工业增加值的 30%

续表 3-4

一级指标及权重	二级指标及权重	三级指标及权重	指标内容及参数
环境友好	5. 废物综合利用	综合利用	固体废弃物综合利用率≥85%
		固废产生量	万元工业增加值固体废物产生量≤0.1 t
		生态基础设施	建立各项固体废物的分类收集及转运系统，建立污水集中处理设施。园区有供居民开展健身、休闲活动的基本器械；能提供符合标准的停车场；有条件的园区布局直饮水设施
		污染物排放	化学需氧量（COD）、SO_2、氨氮（NH_3-N）、氮氧化物、硝等主要污染物排放达标率100%
		危险废物排放	危险废物处理处置率100%，放射性物质污染处理率100%
	6. 绿色出行	节能型公车配备	执行公车配备标准，节能环保型车辆使用率100%
		公车使用管理	节约公车使用，不公车私用；对驾驶员实行里程、油耗双考核，月修理费浮动≤10%，月燃油费浮动≤10%
		“1135” 出行	倡导短途出行骑公共自行车，机关职工公共自行车办卡率100%，每周使用率5次，倡导“1135”绿色出行方式，即每周公车停开1天、1 km内步行、3 km内骑自行车、5 km内乘公交的出行方式
	7. 垃圾分类	垃圾回收	工业垃圾回收利用或无害化处理率100%；生活垃圾分类投放，分类处理处置
	8. 绿化美化	噪声控制	工业混杂区内企业昼间噪声低于60 dB(A)，夜间低于50 dB(A)，工业区内企业昼间噪声低于65 dB(A)，夜间低于55 dB(A)；夜间突发噪声不超过标准值15 dB(A)
		环境卫生	园区干净整洁，无卫生死角
		园区绿化	未利用土地绿化率100%；园区内花木生长良好，修剪保护到位，办公和公共场所有室内绿化
文化建设	9. “两型”体制机制	制度建设	有“两型”工作实施方案，建立资源节约工作责任制和绩效考核制度
		环境报告	园区每年编写环境报告书至少1次
		公众满意度	公众对园区环境的满意度≥90%
	10. “两型”文化	“两型”宣教	开展多种形式的“两型”宣传，员工对“两型”知识认知率达到80%；结合实际开展主题鲜明的节能环保活动，有活动方案
		“两型”企业创建	“两型”企业创建率≥50%

续表 3-4

一级指标及权重	二级指标及权重	三级指标及权重	指标内容及参数
创新绩效	11. 收益水平	人均产值	人均工业增加值≥15 万元/人
		人均产值增长	人均工业增加值年均增长率≥15%
		园区发展速度	园区工业增加值增速≥20%
		“两型”企业销售收入占比	“两型”企业销售收入占全部企业销售收入比≥50%
	12. 研发管理	研发投入	研究与研发（R&D）占 GDP 的比重≥2.5%
		创新人才	科技活动人员占从业人员比例≥10%
		研发产出	高新技术产品（服务）收入占总收入的比例≥70%
		知识产权	万人专利授权量≥50 项

3.4 生态工业园区文化服务体系

生态工业园区的文化服务体系是以生态资源为基础，以文化创意为内涵的综合服务体系。生态工业园区的文化服务体系强调生态保护和文化发展的融合，通过传播生态环保的理念和意识，促进人与自然的和谐共生。生态工业园区提供包括生态文化产品和生态文化服务在内的多样化服务，旨在满足消费者对于高质量文化生活的需求。科技创新是生态工业园区文化服务体系的重要支撑，通过技术创新提升服务的质量和效率，推动生态文化产业的可持续发展。生态工业园区的文化服务体系还包括培养高素质文化人才和高成长性文化企业的功能，通过知识传授和文化创新加速文化产业主体的成长。国家级文化产业示范园区的建设目标是形成具有市场竞争力和行业影响力的骨干文化企业和文化产业集群，促进区域资源要素配置更加合理，产业结构进一步优化升级。一些地区如苏州工业园区正在推进公共文化服务由“普惠均衡”向“优质精准”转变，以文化涵养城市气质、引领城市变革，赋能美好生活。

生态工业园区的文化服务体系是一个多元化、综合性的系统，它不仅关注生态环保，还注重文化的创新与传承，通过提供优质的生态文化产品和服务，以及培养人才和企业的创新能力，促进生态、文化和经济的协调发展。

3.4.1 园区生态文化建设

再生资源生态工业园区建设生态文化就是要将生态理念融入园区文化体系，

包括生态意识、生态精神、生态道德、生态制度、生态价值观等，使之成为园区经营发展的指导思想并贯穿到园区的各个方面，其目的是实现园区企业、生态、经济、社会及民生的可持续发展。园区生态文化建设有利于保护环境，维护生态平衡；有利于节约资源，提高园区竞争力；有利于塑造园区形象，提高园区整体素质；园区生态文化建设是生态工业园区建设的重要内容和最高境界，是构建和谐生态工业园区的思想动力，也是实现生态工业园区健康可持续发展的前提和基础。

为了提高再生资源生态工业园区的综合竞争力，实现园区和谐，必须要加强生态工业园区生态文化建设，实现园区全面、协调、可持续发展。培育园区生态文化理念是一个系统的工程，主要包括物质层、行为层、制度层和精神层等四个层次的文化。

（1）物质层文化。物质层文化是再生资源生态工业园区的各种产品、设备、基础设施等物质基础，是一种以物质形式表现的园区表层文化。产品及设备等物质器具是企业生产的基础，是企业的重中之重，自然也是企业关注的焦点，无须我们过多关注。在这里我们重点关注园区基础设施建设。园区生态文化的基础设施建设主要包括园区生态环境建设、生态文化场所及生态文化设备。首先，良好的园区环境是园区生态文化建设的前提条件。园区生态环境的重点是园区道路、通水、通电、通信和环保系统等，重在为园区生态文化建设提供系统和谐的园区生态环境。其次，开辟生态文化场所也是园区物质层文化的重要方面，如开设图书馆、教育基地、文艺馆、健身馆等场所，为园区生态文化建设提供平台，没有场所的园区生态文化建设都是空谈。最后，购置生态文化设备，为园区生态活动提供可能性，如购买图书、教育设备、健身器材、音乐器材等。

（2）行为层文化。行为层文化是再生资源生态工业园区员工在日常生产经营及业余活动中所产生出来的活动文化。首先要为生产经营过程营造良好的工作环境，让员工在融洽的环境中为园区生态文化贡献自己的一份力量。其次，在员工业余生活中，积极营造生态社区，树立园区的生态生活观，在园区宣传循环经济和可持续发展的思想，树立生态文明生活理念。例如，可以在园区普及废旧家电产品的循环再利用等知识，让居民充分融入生态工业园区的循环经济体系之中。最后，倡导生态环保消费模式，促进再生资源产品的销售。

（3）制度层文化。制度层文化是与再生资源生态工业园区有关的法律、法规、地方政策及园区管理的总称。首先，国家层面的法律法规制度建设，为生态工业园区提供宏观保障，使生态工业园区的管理有法可依。其次，地方政府需要根据各地的实际和园区发展现状，一方面进一步完善相关的规章制度来确保各地生态工业园区的健康发展；另一方面要根据各地实际发展适合当地特色的生态产业。最后，完善的园区运行机制也是制度文化层面的重要内容。一方面，要有完善的园区管理组织机构，各组织机构分工合作，共同对园区的发展负责；另一方面，要有完善的园区运行机制，而且确保运行机制得到有效执行。

(4) 精神层文化。精神层文化是再生资源生态工业园区意识形态的综合，包括园区价值观、园区道德、园区经营哲学、园区精神风貌等。生态工业园区是以循环经济发展为手段来实现绿色发展和可持续发展的。因此，要以人与自然和谐共处为基本原则，加强宣传教育，在全园区树立生态可持续发展理念。同时，精神层面文化是生态工业园区建设的根本，需要贯穿到生态工业园区建设的全过程，所以，精神层面文化需要从物质、行为、制度等宏观方面，以及园区的生产、生活、消费等微观层面去把握，在精神层面文化指导下开展各项生态文化活动，促进生态工业园区生态文化的建设和发展完善。

3.4.2 公众参与和社会监督

公众的参与和监督对生态工业园区的建设管理具有重要的作用，应该与园区的其他管理体系相结合。

公众参与，让大众融入再生资源生态工业园区建设中，如可以倡导居民建设生态社区、消费再生资源等绿色消费产品、对机电产品垃圾进行分类处理等。对于区域民众来讲，加大宣传和教育力度，提高各级管理者和广大民众的生态环保意识；加强生态工业园区的信息交流和宣传教育工作，积极通过电视媒体报刊、网络在线教育、巡回演讲等各种宣传和教育手段，向民众宣传生态工业园区的建设思想、建设政策和最新动态等，让民众充分融入生态工业园区建设中。对于园区企业来说，要积极承担生态工业园建设的企业社会责任，积极履行企业的社会义务，树立符合生态工业园区的企业文化、管理理念、管理制度和企业环境等，制定符合绿色发展、循环发展和可持续发展的企业发展战略，采用再生资源原材料、生产再生资源产品，定期向社会公布社会环境责任书，并且通过园区生态工业信息平台向社会公布企业信息，提高企业信息的公开度。

社会监督，主要包括社会公众对企业生产管理的建议、对企业违法行为的监督、对生态工业园区行为和制度的批评和建议、对政府行为政策的批评和建议，对社会公众行为的批评和建议等。对于政府和生态工业园区管理机构来说，应该为社会公众意见表达提供渠道，如设立政府信箱、接待日、公告栏等。同时，政府和生态工业园区的管理机构也应该完善监督机制和信息反馈机制，提高社会公众对生态工业园区建设的积极性。对于企业来讲，对园区企业进行监督和管理不仅能够规范企业运营，实时掌握企业状况，也有助于再生资源产业园区的规范化管理。对于园区企业的监督和管理主要包括企业产品监督和企业环境管理两部分内容。

3.4.2.1　企业产品层次监督

要注重对不同阶段产品的监督，使之符合生态设计和环境标志产品的要求，鼓励企业利用先进的生产技术，开发生产低耗、可循环利用的产品，最终通过企业产品层次的监督使产品在生产过程中达到目标要求，形成绿色产品。

3.4.2.2　企业环境管理和监督

园区实行 ISO 14000 环境管理体系，鼓励并促进企业针对自身特点建立和实施 ISO 14000 标准；监督企业对法律法规的自律，尤其是监督企业在生产过程中是否严格遵守环境法律法规；鼓励并监督企业进行污染预防，从源头考虑如何预防和减少污染的产生；鼓励企业进行持续改进，针对自身特点改进拆解加工工艺、促进企业实现清洁生产和污染物零排放；同时鼓励和监督企业进行系统化和程序化的管理，促进企业合法经营。

3.4.3　生态工业园区经济规划指标体系

生态工业园区的目标是在最小化参与企业的环境影响的同时提高其经济效益。这类方法包括对园区内的基础设施和园区企业（新加入企业和原有经过改造的企业）的绿色设计、清洁生产、污染预防、能源有效使用及企业内部合作。生态工业园区也愿意为附近的社区寻求利益以确保发展的最终结果是积极的。

3.4.3.1　生态工业园区指标体系构建原则

指标体系是综合反映循环经济发展水平的依据。结合生态工业园区清洁生产、资源生态化利用、经济高效的发展方向，园区发展具有阶段性的特征，生态工业园区指标体系的构建应依据以下原则：

（1）客观性原则。指标体系应准确反映出生态工业园区的循环经济本质、生态工业基本特征和设计原则，全面反映生态工业园区不同于传统工业线性经济的特征。

（2）科学性原则。指标体系本身应有合理的层次结构，数据来源要准确、处理方法要科学，具体指标能够反映出生态工业园区建设主要目标的实现程度。

（3）系统性原则。生态工业园区建设是一项复杂的系统工程，指标体系必须能够全面地反映园区可持续发展的各个方面，且有层次高、涵盖广、系统性强的特点，既要有反映社会、经济和环境各个层面状态和发展的指标，还要有反映社会、经济和环境相互协调的综合指标。

（4）动态性原则。生态工业园区建设是一个持续改进的过程，构建指标体系既要反映现实的结果状态，同时也必须反映系统动态的过程。能综合地反映建设现状和发展趋势，便于进行预测与管理。

（5）目标性原则。生态工业园区的建设具有阶段性，类似于自然生态系统的顶级生物群落系统，其发展也应该有一个顶级状态，即达到工业产业门类齐全，经济实力雄厚，企业生产稳定，环境优美，经济、社会和环境协调发展等建设目标。

(6) 可操作性原则。指标的选取要求从相关理论与生态工业园区建设的价值角度出发，充分考虑到数据的可获得性和指标量化的难易程度，定量与定性相结合，既能全面反映生态工业园区建设的各种内涵，又能尽可能地利用统计资料，使园区进行评价时的结果具有可比性。

3.4.3.2 指标体系的层次划分

生态工业园区同样属于城市功能区，有相对固定的地域界限、人口、经济和社会生活模式，这些方面相互联系、相互影响，共同构成了该地区可持续发展的决定因素。根据生态工业园区的特征及建设目标，将生态工业园区的指标体系划分为若干层次，从不同层次考察园区的循环经济发展水平，可以使评价结果更直观明晰，从而更敏锐地观察到园区建设与规划中存在的不足，以促进园区健康发展。

通常而言，生态工业园区的指标体系划分为总体层、系统层、状态层和变量层四个层次，其总体层即为循环经济指标体系，对指标体系的系统层从工业生产系统、园区管理系统、环境系统、经济系统和社会生活系统五个方面考虑。

3.4.3.3 指标体系

按照上述分析，生态工业园区循环经济指标体系见表 3-5。不同地域、不同主导产业的工业园区，其变量层的指标数据应因地制宜选取。

表 3-5 生态工业园区循环经济指标体系

总体层	系统层	状态层	变量层
循环经济指标体系	工业生产系统	工业产业生态化水平	原子利用率（%）
			水资源重复利用率（%）
			固废综合利用率（%）
			生产原料可替代率（%）
	管理系统	管理水平	企业间信息共享率（%）
			开展清洁生产企业比率（%）
			规模企业 ISO 14001 认证率（%）
	环境系统	环境质量	平均空气环境质量等级（级）
			平均水体环境质量等级（级）
			单位 GDP 综合新鲜水耗（m^3/万元）
			园区人均公共绿化面积（m^2/人）

续表 3-5

总体层	系统层	状态层	变量层
循环经济指标体系	环境系统	污染物排放	万元工业产值废水排放量（t）
			万元工业产值烟尘排放量（t）
			有害气体排放强度（kg/万元工业产值）
			固废排放强度（kg/万元工业产值）
		环境管理	工业废水排放达标率（%）
			工业废气处理率（%）
			工业固废处理率（%）
			工业粉尘回收率（%）
			土地复垦利用率（%）
	经济系统	经济效益	核心企业年均企业 GDP（万元）
			人均 GDP（万元）
			园区产值占当地 GDP 比率（%）
		资源使用效率	单位工业用地工业增加值（亿元/km^2）
			工业用水效率（元/m^3）
			国土产出效率（万元/km^2）
	社会生活系统	社会公平	非农业人口比例（%）
			拥有大中专学历人数比例（%）
		生存质量	职工人均年收入（元/年）
			固定电话装机率（%）
			园区绿化覆盖率（%）

资料来源：高妍．生态工业园区评价指标体系与评价方法研究［D］．哈尔滨：哈尔滨工程大学，2007.

3.4.4　园区保障体系

任何经济区域的发展都离不开人、财、物的支持，再生资源生态工业园区的发展也不例外。人具有主观能动性，是生态工业园区建设的核心；资金是购买的基础，是生态工业园区建设的保障；物是发生作用的载体，是生态工业园区建设的基础，三者缺一不可。

3.4.4.1　人才保障

人才保障是生态工业园区建设的核心，循环经济和生态工业园区迅速发展对专业化人才的需求量是极大的。但我国生态工业园区专业人才是十分匮乏的，需要通过专业人才的培养和引进来补充。

生态工业园区人才的培养。首先，需要依靠我国教育资源的支撑，在我国高校课程中专门开设再生资源生态工业园区相关专业课程，培养综合的生态工业园区建设人才。高校专业人才的培养是生态工业园区人才的主力军。其次，加强在职教育，培养实践型专业人才，通过开设培训班、网络教育、职称教育等方式，加强对在职人员的教育。在职人员一般具有较强的动手实践能力、但是理论水平相对缺乏，通过在职教育可以迅速提高在职人员的综合能力和工作水平。最后，人尽其才，人才是资源，合理使用人才资源，让员工在适合的岗位上发挥自己的才能，也是培养专业人才的有效手段。生态工业园区人才的引进。在坚持自主培养人才的基础上，积极实施人才引进战略，从海外引进专业技术人才，改变生态工业园区人才资源匮乏的现状。人才引进战略需要户口、资金、居住等一系列优惠政策，更需要具有发展前景事业的吸引。

3.4.4.2　资金保障

有效的财税政策是再生资源产业发展的主要推动力。发达国家主要从政府奖励、税收优惠、收费改革等方面，使经济负担外部性内在化。我国再生资源业的发展还处于初期阶段，政府的财税政策是促进再生资源产业发展的关键因素。在相关政策的制定上，要根据再生资源产业发展的需要制定相关鼓励政策，例如，为引导社会资金向再生资源产业流动，国家对技术比较成熟的新建和扩建的企业，在企业运营初期要制定相应的税收、贷款等方面的优惠政策；对于需要扶持发展的企业，国家要长期给予税收等方面的优惠政策，并将依据生产者延伸责任制所收取的废旧产品处理资金补偿到这类企业中。同时要调整和创新产业发展政策，对原先制定的不利于产业发展的各项政策进行清理和调整，并加强政策系统性、配套性和可操作性。此外还要采取各种措施，加大政策的实施力度。为充分发挥财税杠杆作用，应从以下几个方面建立健全的再生资源产业财税政策体系：

（1）强化实施政府绿色采购。政府绿色采购，就是通过政府庞大的采购力量，优先购买对环境影响较少的环境标志产品，从而促进企业环境行为的改善，加大对环保型企业的扶持力度，推动国家循环经济及其具体措施的落实，同时对社会绿色消费起到巨大的推动和示范作用。政府应优先采购具有绿色标志的、通过 ISO 14000 体系认证的、非一次性的、包装简化的、用标准化配件生产的产品，以此影响消费者的消费方向和企业的生产方向，从而促进循环经济的发展。我国已颁布了《中华人民共和国政府采购法》，但内容过于宽泛，有些规定不是很明确，应把政府购买再生资源产品的比例明确写入法律法规中，如美国规定政府机构采购的纸张必须含有废纸再造纸的最低比例，以此提高造纸厂家废纸再生利用的积极性。

（2）增加资金投入，扩展融资渠道。财政部制定的《2010 年政府收支分类科目》的支出功能分类中，首次将资源综合利用列为环境保护的事务支出科目。

为了促进再生资源产业的发展，应进一步确立资源综合利用支出作为经常性支出预算科目的地位，并保持一定的增长比例。但仅靠国家财政投入很显然会造成投入资金不足的问题，因此，为保证我国再生资源产业的发展拥有充足的资金支撑，需要引入多元投资主体，寻找多方面的资金来源，并根据不同的投资项目类型确定融资方式，可以考虑将已有的各项相关财政专项资金进行合并，利用已有的相关专项资金做进一步的整合、充实与完善。

此外，政府优惠的信贷政策是企业绿色生产的保障。政府可以对进行资源再利用的技术研发、设备投资、工艺改进的企业实行优惠的贷款政策，由专门的政策性银行以低息贷款，延长信贷周期、优先贷款的方式对企业予以资金扶持。发展再生资源产业还需要经常性的直接财政补贴支持，可以借鉴发达国家在这方面的经验，通过建立创新型的技术研究开发补助金制度、物价补贴制度对购买绿色产品的消费者进行补贴等。

(3) 完善税收政策体系。我国应逐步发展以市场为基础的再生资源产业税收政策体系，在发展再生资源产业的过程中，政府一方面要致力于建立和实施一套限制和规范经济参与者行为的制度，以发展再生资源产业的税收政策制度；另一方面要通过制定激励性的税收政策手段，来引导市场行为向着循环经济的目标发展。应着眼于运用税收手段来影响人们和市场主体的行为取向，力求以灵活多样的税收政策为工具来协调经济发展和资源再生利用之间的关系，以最小的消耗获取最佳的社会、经济和环境效益。首先可通过开征环保税、原生材料税、填埋税等综合性和专门的生态税。此外，要完善现有税制，具体包括扩大现有资源税的征收范围，提高资源税征收标准；对再生资源产业从外部购入或无偿取得的废渣等原材料和循环利用的内部废物等纳入增值税抵扣链条中，在核实购入量、使用量等数据基础上准予抵扣，并通过提高进项税抵扣的办法合理拉开再生资源与原生资源之间的税赋差距；把资源消耗量大的消费品，如一次性生活用品、高档建材、原浆纸列入消费税的征收范围，设计差别税率，鼓励使用再生产品；对利用再生资源原材料或半成品生产的产品免征所得税；对再生产品或设备的购买，可以在所得税上给予一定抵扣。

(4) 建立资金监管机制与平台。设立财政专项资金以扶持再生资源产业的发展，保证资金的专款专用，更关键的是要提高资金的使用效益。首先，各级财政部门要根据当地实际情况认真进行项目启动前的调研、论证与可行性研究，之后要在此基础上进行评审，以考察建设的前期预算，严格把关以确保资金使用的科学性和有效性。其次，要加强资金的流向管理，从立项开始即对投入的资金跟踪，直到财政资金及时、足额拨付到位，以防止挪用，并做好财务决算。再次，建立专项资金流动的信息共享和信息监测系统，加强专项资金的前期管理以明确责任，落实中期管理以监督使用，巩固好后期管理以保证效果；建立全国范围的再生资源信息监控平台，统一发布各地再生资源数量、价格信息，来引导再生资源的合理流动；逐步建立企业级全程无害化监控平台，保障生产过程中的废弃物最小化和合法转移。最后，由于目前我国再生资源分布范围广，管理力量相对薄弱，不可能对所有地区的所有行业进行全方位的监督，所以再生资源产业的发展还需要社会各界力量均参与监管，形成政府、行业协会、社会公众及媒体舆论共同监督的机制。这样，一方面可以节省相关管理部门的人力、物力和财力；另一方面也有利于全社会监督企业经营行为，对违反法律和政策的企业进行及时举报。社会监管的具体措施有义务监督员、举报和奖励制度、评议和公共听证制度等。

3.4.4.3　物质保障

生态工业园区建设的物质保障，主要包括管理机构设置、企业、技术保障体系。

（1）生态工业园区管理机构设置属于生态工业园区建设的物质保障，设置健全的园区管理机构，可以明确各部门职责，分工协作，共同对园区的发展负责。生态工业园区管理机构的设置需要根据管理模式的变化而变化，总体来说，生态工业园区管理机构主要包括国土、建设、规划、招商、财税、环保、后勤等部门，生态工业园区管理机构的设置和具体领导是生态工业园区健康有序运营的前提和基础，是重要的物质保障。

（2）生态工业园区的企业是主体，是生态工业园区实现生产的场所。生态工业园区企业要适应现代趋势和潮流，逐步建立现代企业制度，提高入园企业的综合实力。入园企业是生态工业园区企业的来源，在入园企业的招商和选择过程中要根据园区的总体规划，逐步吸引再生资源加工产业链各环节的高科技再生资源加工企业入园，形成园区内物质充分循环利用、能量交换梯级使用和环境源头治理的循环产业链和循环生产网络。建议园区入驻企业应具有一定的规模，外商投资或合资企业注册资金在 20 万美元以上，内资企业注册资金在 100 万元人民币以上，企业具备较好的加工废物资源能力，具有 10 台以上的废物加工设备；15 名以上经过培训的操作工人、5 名以上的高素质管理人员。园区应鼓励入园企业采用先进技术和设施，提高机械化拆解率，提高最终产品的附加值。

（3）技术保障是生态工业园区保障体系的重要一环，是生态工业园区赖以生存和发展的基础。对于废金属和废旧机电产品综合利用工业园区，技术保障体系主要包括废金属和废旧机电产品拆解和深加工技术、工业生态体系设计、工业生产环保技术体系和风险预警方案、生态工业园区信息交流技术体系等。

保障体系的意义在于工业生态学和循环经济理论都主张循环利用或者再利用，做到资源利用最大化、效益最大化，可以从根本上缓解经济增长与环境保护的矛盾，是解决资源与环境问题的最佳途径，是生态型重化工业基地的理论基础，也为可持续发展提供理论支撑，是实施可持续发展战略的重要保证。

3.5　生态工业园区技术创新体系

循环经济的建立离不开先进适用的科学技术作为支撑和推动力。技术政策着眼点主要在于按照国家产业政策要求，明确政府、企业、科研机构等作为技术行为主体所起的作用，研究制定相应的实施办法，合理确立行业技术经济政策和主要工业产品的规模标准，引导资金的技术流向和资源综合利用的发展方向，指导相关技术的传播应用，加大对工业企业技改的投入力度，争取国家政策的扶持力度，贯彻实施国家制定的技术政策和技术实施标准。

通过努力争取国家和地方对重点行业、重点企业、重点产品的资源综合利用技术和减量化技术产业化的信贷、财政、奖励等支持，促进生产要素的集中配置和规模化。实施一批资源综合利用的重点项目，并抓好项目的技术跟踪服务，促进资源综合利用技术的引进和突破。主要政策包括：加强资源综合利用技术转让与转化服务技术政策；落实国家资源综合利用技术淘汰、技术标准与技术激励政策；建设循环经济信息网络系统。

迈克尔·波特的国家竞争优势理论强调了国家自身能动性在产业结构发展中的重要作用，一个国家的竞争优势不再简单地取决于一国的自然资源、劳动力等初始条件，而是更大程度上可以选择通过本国的产业技术创新与升级来逐步提升。科技型中小企业主是以创新为使命的企业群体，随着我国把推进自主创新、建设创新型国家作为一项国家战略，科技型中小企业在我国国民经济中的重要性也与日俱增。2006 年 10 月 31 日，北京交通银行发放了全国首例中小企业知识产权质押贷款，拉开了我国知识产权质押融资实践的序幕。但多年来，虽然知识产权质押融资受到社会的广泛关注和政府的大力支持，逐步发展成为了目前企业以知识产权为媒介，与商业银行等金融类机构之间最主要的融资方式之一，可从总体规模上来看，我国的知识产权质押融资并没有得到很大的发展，仍然处于起步阶段。

3.5.1　园区的人才聚集功能

人们对资源利用的范围和深度随生产力的发展而发展，随生产力水平的提高而深入。美国著名经济学家西奥多·舒尔茨认为，对于现代经济来说，经济增长必须依赖于物质资本和劳动力数量的增加已不再是事实。人的知识能力、健康状况等人力资本的提高对经济增长的贡献，远比物质资本、劳动力数量的增加更重要。与古典经济学对劳动力的同质性假设将劳动力作为无差异的生产要素来对待不同，舒尔茨认为，劳动力实质上是不同性质的生产要素。当人们通过教育、保健等途径对劳动力进行投资，使一定量的资本与劳动力相结合时，就会使劳动力的质量升华，从而产生出一种新的生产要素，即人力资本。与其他资本形态一样，对人力进行投资的目的，是通过人力资本去获取更大的经济收益。即使对同一个劳动者，在接受某种教育或培训前后，其劳动质量也会存在很大的差别。对生产而言，它主要表现为工作能力、技术水准和熟练程度的提高，并引起劳动生产率的提高；对劳动者本人而言，则通过就业机会和薪水对其产生影响并与市场保持联系。

人力资源在经济资源中的核心地位，从构成生产力的基本要素中不难看出。研究与实践表明，与人口迅速增长并存的人力资本的高度匮乏，是制约发展中国家经济发展的关键因素。

生态工业园区的人力资源发展呈现出数字化和高端化的特点，并且正朝着更加国际化的方向发展。随着数字化时代的到来，园区积极融入创新“人力资源+互联网+大数据+AI 赋能”的服务模式，构建了公共人力资源管理、青年与高层次人才服务、人力资源市场化业务三大领域的数字化服务体系。这种服务模式不仅提高了人力资源服务的效率和质量，还促进了人才工作的数字化转型升级。国家加快推进人力资源产业集聚发展，实施人力资源产业园区规划。例如，苏州工业园区人力资源服务产业园就是在这样的背景下应运而生的。该产业园的目的是探索人力资源服务产业的发展路径，打造具有国际影响力的人力资源服务产业高地。苏州工业园区人力资源服务产业园吸引了包括任仕达、北外德科、万宝盛华、中智等多家全球百强人力资源服务企业的入驻，这些企业的加入进一步提升了园区的国际竞争力和服务水平。园区注重人才的引进和培养，通过提供优质的服务和环境，吸引和留住各类人才，尤其是高层次人才，为园区的可持续发展提供人力支持。园区还设有专门的机构进行人才资格的复审和管理，确保人才的质量符合园区的发展需求。

一般来说，生态工业园区是一国或地区人才最密集的区域。美国达拉斯“通信走廊”，就业人员中的70%受过高等教育，50%以上拥有硕士以上学位。美国“硅谷”区内拥有 8 所大学，9 所社区学院和 33 所技工学校，吸引了 3000 余家高技术企业，作为著名的电子学研究中心，斯坦福大学拥有并培养了大量多学科的专门人才，使“硅谷”在电子科学领域始终处于领先地位。生态工业园区在人力资源方面的发展体现了其对人才的重视和对产业发展的前瞻性规划。要通过数字化手段提升服务效率，通过国际化布局增强竞争力，同时，注重人才培养和引进，为园区的长期发展奠定坚实的人才基础。

3.5.2 园区对于创新的需求

3.5.2.1 创新对于生态工业园的重要意义

党的十九大报告明确指出，要“推进绿色发展，着力解决环境问题，加大生态系统保护力度”，实现区域生态科技转型与产业绿色创新升级是我国可持续发展的必由之路。工业生产过程中要想实现资源的循环利用，减少资源的消耗以及污染物的排放，都必须依托科技，只有提高工业科技水平，真正的清洁生产才能实现。而要想提高工业科技水平就必须提高创新能力，加大创新资金投入，引进先进的人才、生产工艺和机器设备，加快清洁生产技术的研发进度。

目前来看，我国各省工业创新能力水平居于前五的依次是：广东、江苏、浙江、山东和上海，这些省份都处于我国经济最为发达的东南沿海地区。东南沿海地区工业企业创新能力强离不开其先天的地理位置优势，为引进外资，引入国外先进技术创造了得天独厚的有利条件。其次，东南沿海地区产业集聚充分，是高新技术产业的密集聚集地，拥有大量的科技人才为工业企业的创新发力。作为我国工业企业创新能力的先驱者，有责任和义务担负起国家实现向创新型国家迈进的使命，带领我国其他省份进行工业创新，提升我国工业创新整体水平。

3.5.2.2　*产学研融合提升企业的创新能力*

科研机构和高校有着丰富的科研资源，是重要的科研基地。各省政府应大力促进产学研融合，充分利用科研机构和高校的科技人才和高科技设备；鼓励工业企业与科研机构和高校建立长期、稳定的合作关系，加速科研成果及时转化为现实生产力；建立产业研发科技中心，集聚工业产业所有优质资源，合力进行科学技术创新研究，积极指导企业自主创新，加快提升企业创新能力。此外，企业应加大科技人才的引进，加快人才队伍的建设；拓宽资金渠道，加大企业技术创新投入。

3.5.3　园区研发网络与技术创新互动机制

企业技术创新，是指生产技术的创新，包括开发新技术，或者将已有的技术进行应用创新。研发网络是指，在研发过程中企业与合作研发企业、公共研究机构、高校、政府等形成的正式关系的集合。两者对企业发展都非常重要且相辅相成，企业技术创新能力的提高和研发网络的完善过程会受到不同因素的影响，清楚地认识这些重要的影响机制，有利于企业科学地选择创新方向和路径。尽管对新环境下创新能力体系和研发网络的发展规律的研究为利用研发网络提高创新能力奠定了基础，但是，针对创新能力体系与研发网络如何整合与衔接才能够有效地构建创新能力、提高创新绩效的问题目前研究还不够。技术创新能力体系与研发网络之间都不是静止的，而是不断演化发展的。研究需要进一步分析技术创新能力体系与研发网络的匹配、互动关系，及其协同演化的机理。

生态工业园区是循环经济的重要实践形式，是可持续发展理念走向实践的重要方向之一，生态工业园区综合地运用了工业生态学和循环经济理论，把经济增长建立在环境保护的基础上，体现了人与自然和谐相处的思想，是 21 世纪经济可持续发展的一种重要模式。技术创新对经济增长方式的转变有巨大的推动作用，所以在生态工业园区发展建立科学的技术创新与研发网络体系对实现经济的可持续发展有着积极意义。

3.5.3.1 企业技术创新和研发网络的研究

A 企业技术创新研究

企业技术创新能力这一概念可以从行为主体、资源要素、战略视角和创新过程等四个角度来理解。行为主体视角是从技术创新活动的各个行为主体的描述和分析的角度阐述技术创新能力体系的。Barton 从企业技术创新行为主体出发，认为企业的技术创新能力是由技术人员和高级技工的技能、技术系统能力、管理能力、价值观等内容组成的。Burgellman 等学者将技术创新能力定义为促进和支持企业技术创新战略的一系列综合性特征。Burgdmall 和 Maidique 把技术创新能力看成是了解可利用的资源、竞争对手、环境、公司的组织结构的变化、开拓性战略等能力的一种组合。

近年来，我国区域经济发展的不平衡问题引起了多方关注。虞晓芬等认为，区域技术创新效率的差距是我国经济区域发展不平衡的重要表现与深层原因。张晖明等人认为企业技术创新战略联盟是新经济时代企业外部组织形式和制度的创新表现。田中伟认为通过税收优惠能最有效地促进企业集群内合作创新机制的形成。朱桂龙提出了随着企业规模的变化，外部知识获取路径对技术创新影响的差异变化比较明显。这也说明，从组织间合作获取知识与企业本身实力有关。黄坡等人在对产业集群和企业技术创新论述的基础上，提出产业集群和企业技术创新之间有互惠关系。楚天骄等人认为跨国公司研发机构是地方创新体系联入跨国公司全球技术网络的关键节点，是区域创新体系的重要资源，跨国公司研发机构与本土互动是双方反复博弈的结果，建立互动关系是一种双赢策略。张成考提出生态工业园作为经济、生态和社会协调发展的新模式，应根据园区内生产者企业、消费者企业、分解者企业的匹配关系和各自的功能以及自然环境容量，保证园区内的各项活动既不能突破生态工业园内各生态产业链的生态阈限，也不能超过自然生态系统的耐受限度，并能达到对自然环境的负面影响最小，实现整个生态工业园与自然生态系统互利共生、协调发展。余伟玲等人研究表明生态工业不仅有助于提高企业的经济效益，还可以影响到一个城市的众多行业，推动城市经济快速而健康地发展。

B 企业研发网络的研究

研发网络的概念是伴随着过去的 20 年全球创新格局的变化及环境变化而兴起的重要概念，研发网络化已经成为创新环境的突出特征。企业研发网络的建设和应用对于提升企业的竞争力、创新能力和市场适应性具有重要作用。企业应当充分利用网络技术，优化研发流程，提高整体运营效率。王卉认为，知识经济时代，企业以网络的形式参与竞争，其竞争优势也源于企业网络。张帆认为，企业网络组织形式比以往的组织形式具有优势，特别是在变化剧烈的外部环境下，企业网络组织的竞争优势非常明显。江诗松指出了研发网络存在的3个主要问题是沟通、机会主义以及利益分配，认为建立在良好的网络环境之上的信任是一种重要的治理机制。王文亮等提出，企业研发网络已成为企业获取研发资源、缩短技术开发时间、减少研发投资费用与分散风险的有效组织形式。

C 技术创新能力与研发网络环境的关系研究

当前网络对创新的影响机制的研究可以分为两派，一派是以 Burt 为代表的“结构洞理论”或弱联系学派，认为弱联系可以为创新提供更多的冗余信息；另一派是以 Coleman 为代表的“桥梁”或强联系学派，认为强联系可以促进隐性知识的传递并进一步促进创新。尽管这两个流派的观点还存在一些分歧，但是大家对网络能够促进企业创新达成了共识。Powell 和 Grodal 认为，网络为企业的创新提供了多样的信息和能力，进一步可以提高企业创新的水平，特别是对于处在网络中心位置的企业来说，其创新的产出更为显著。郝生宾等对企业网络能力与技术能力的交互耦合关系进行了分析与研究。张清辉认为，在网络环境中，网络能够给企业的创新提供大量的信息和知识。一个企业拥有企业网络资源对企业的技术创新过程有着突出的影响，这是获取和利用知识的关键，也是提高企业创新绩效的关键。党兴华等研究提出，网络环境下企业技术创新过程就是一个知识缺口弥补的过程。

3.5.3.2 外部因素与内部变量对企业技术创新与研发网络的影响

（1）关键外部因素对企业创新能力和研发网络的影响。Mdlk 和 Kotabe 发现新兴经济国家提供的关于资源投入和市场开拓方面的政策支持会与企业内部创新能力发生互补作用。Robinson 指出，产业特征和环境变化对于企业成长绩效具有显著影响。Hitt 则认为，企业所面临的市场环境具有高度不确定的特征。随着中国市场化改革的推进、世界经济的扩展以及信息技术的普遍应用，整个世界日益成为一个紧密联系的经济体。Zhou 指出，市场环境的波动性会很大地影响企业的创新能力。

（2）关键内部变量对企业创新能力和研发网络的影响。Sirmon 和 Hit 提出，当企业所需的战略资源无法直接在要素市场上购买或购买的成本太高时，企业自身可以通过模仿、学习、创新来获得资源。企业资源内部开发相比外部资源来说周期较长、获取资源的速度较慢，但内部开发获取的资源与内部其他资源能力的匹配度高，并很容易形成其他竞争对手难以模仿的竞争优势。柳卸林和李艳华分析认为外部联系尚未成为创新能力提高的主要方式，内部的研究开发和正式的研发合作是提高能力的重要来源。蔡莉和柳青分析发现企业集群中、共享性资源所包含的声誉、资源整合与交换和机构参与程度三个主要因素对创新能力的提高有显著影响。

（3）关键外部因素与内部变量共同对企业研发网络与技术创新的影响。Hillman 提出，转型环境下的中国企业，创新能力的发挥受到创新环境的影响，表现为对环境的反应、战略选择及战略变化。制度因素可以解释企业活动路径、参与水平和战略等行为选择；反过来，企业的能力也会影响其战略的有效性。Hamel指出，随着环境的变化进行战略创新，企业可以为顾客创造新的价值、摆脱竞争者的步调，使利益相关者获取财富，重新构建已经存在的产业模式。Suhomlinova指出，企业可以与所处行业进行交互作用，改变其经营环境。Teece研究表明，制度、文化等环境会对企业的创新活动产生影响，同时企业也可以通过恰当地适应、综合和重构组织技能和职能，主动地根据需要改变环境，以适应自己的优势。沈勋丰等人提出，企业网络与生态学中种群间的关系有着内在特征的相似性。张帆等人分析了浏阳生物医药园企业网络形成过程，并在此基础上对园区企业网络核心能力进行了实证分析，运用模糊评价模型对园区企业网络核心能力进行综合评价。滕丽华等人提出了一种基于贝叶斯网络的生态工业园环境影响因子的分析方法。并将生态工业园区的各环境影响因子作为贝叶斯网络的变量，再利用贝叶斯网络对生态工业园的各环境影响因子之间的关系进行建模，并对各指标进行分析和预测，进而指导工业生态园区的整体决策。Beckman和Hauschild提出拥有广泛的网络可以带来更多的经验、能力利用的机会。

3.5.4 总结

在新形势下大力推动国家生态工业示范园区建设，继续发挥其带动作用，特别要注意以下几点：

（1）进一步加强先进理念指导。要把党的二十大和二十届三中全会关于生态文明建设的重要论述作为建设生态工业园区的根本指导思想，深入挖掘生态工业内涵，在充分认识生态工业内在逻辑和客观要求的基础上，以生态工业园区的网链构建与完善为重点，不断创新理念、开拓思路，促进园区企业的多样性与优势度、开放度、自主度、速度与稳度的有机结合、平衡发展。

（2）进一步理顺工作机制。要协调好政府和市场的关系，尊重市场自主组织、自我调节的客观规律，充分发挥政府建立机制、提供服务、营造氛围的积极作用，激发园区创建国家生态工业示范园区的内生动力，引导各类工业园区运用生态工业理论解决现实问题，自主、自发地开展生态化改造和建设，鼓励园区探索生态化改造和建设的新途径、新模式。要巩固政府各部门密切合作，发展社团组织、行业企业、专家学者、社会公众等各方面共同参与的协作推进机制，鼓励开展园区生态化改造和建设的市场化咨询。

（3）进一步增强创新驱动。科学技术是第一生产力。工业园区内企业的发展、产业的升级、产业链的构建、节能减排、生态建设等，都需要有效、适用的技术作为支撑。要依靠创新提升园区生态化建设水平，实现绿色发展、循环发展、低碳发展。

（4）进一步强化制度保障。国家生态工业示范园区同时也应该是生态文明建设体制改革和制度创新的先行先试区。二十届一中全会对生态文明建设的讨论体现了我国对环境保护的高度重视和坚定决心。通过全会的决策部署，为推动绿色发展、建设美丽中国提供了强有力的政策保障和行动指南。这些内容不仅是国家层面的重要决策，也为社会各界提供了行动指南，共同推动生态文明建设向更深层次、更高水平迈进。

参考文献

[1] 国家环境保护总局. HJ/T 275—2006 静脉产业类生态工业园区标准（试行）[S]. 北京：中国环境科学出版社，2006.

[2] 徐海. 生态工业园模式与规划研究 [D]. 上海：上海大学，2008.

[3] 胡上春. 生态工业园区空间布局模式研究 [D]. 重庆：重庆大学，2007.

[4] 夏锦文. 生态工业园的绿色物流运行机制 [J]. 中国流通经济，2012，26（7）：42-46.

[5] 邹阳. 生态工业园区管理支持系统研究 [D]. 大连：大连理工大学，2005.

[6] 韦亚权. 生态工业园区的规划与设计研究 [D]. 西安：西北大学，2005.

[7] 刘建兰，张东明，陈亚萍. 清洁生产的回顾与展望 [J]. 化工时刊，2000，14（11）：20-23.

[8] 赵家荣. 清洁生产回顾与展望 [J]. 产业与环境（中文版），2003（S1）：12-16.

[9] 马妍，白艳英，于秀玲，等. 中国清洁生产发展历程回顾分析 [J]. 环境与可持续发展，2010，35（1）：40-43.

[10] 毕俊生，慕颖，刘志鹏. 我国工业清洁生产发展现状与对策研究 [J]. 节能与环保，2009（3）：13-15.

[11] 石芝玲，侯晓珉，包景岭，等. 清洁生产理论基础 [J]. 城市环境与城市生态，2004（3）：28-40.

[12] 石磊，钱易. 国际推行清洁生产的发展趋势 [J]. 中国人口·资源与环境，2002（1）：66-69.

[13] 黄海峰，刘京辉. 德国循环经济研究 [M]. 北京：科学出版社，2007.

[14] Barba-Gutiérrez Y，Adenso-Díaz B，Hopp M. An Analysis of Some Environmental Consequences of European Electrical and Electronic Waste Regulation [J]. Resources Conservation & Recycling，2008，52（3）：481-495.

[15] 赵立祥，左铁镛，冯之浚. 日本的循环型经济与社会 [M]. 北京：科学出版社，2007.

[16] Walther G，Steinborn J，Spengler T S，et al. Implementation of the WEEE-directive—Economic Effects and Improvement Potentials for Reuse and Recycling in Germany [J]. International Journal of Advanced Manufacturing Technology，2010，47（5-8）：461-474.

[17] Ongondo，O F，Williams D I，Cherrett J T. How are WEEE doing? A global review of the management of electrical and electronic wastes [J]. Waste Management，2011，31（4）：714-730.

[18] 吴雯杰，王景伟，王亚林，等. 对我国电子废弃物处理技术规范制订的思考 [J]. 上海

第二工业大学学报，2007（2）：134-139.
[19] 高妍．生态工业园区评价指标体系与评价方法研究［D］．哈尔滨：哈尔滨工程大学，2007.
[20] 虞晓芬，李正卫，池仁勇，等．我国区域技术创新效率：现状与原因［J］．科学学研究，2005（2）：258-264.
[21] 张晖明，丁娟．企业技术创新战略联盟的理论分析［J］．社会科学，2004（8）：5-10.
[22] 田中伟．企业集群技术创新合作机制研究［J］．科技管理研究，2003（6）：33-35，12.
[23] 朱桂龙，李汝航．企业外部知识获取路径与企业技术创新绩效关系实证研究［J］．科技进步与对策，2008（5）：152-155.
[24] 黄坡，陈柳钦．产业集群与企业技术创新［J］．武汉科技大学学报（社会科学版），2006（6）：26-32.
[25] 楚天骄，宋韬．跨国公司在发展中国家 R&D 投资的空间格局及其成因研究［J］．经济地理，2006（1）：41-45.
[26] 张成考．基于灰色理论的生态工业园综合评价模型研究［J］．科技管理研究，2006（9）：264-268.
[27] 余伟玲，赵旭．生态工业模式的经济效益分析［J］．技术经济与管理研究，2003（6）：28-29.
[28] 王卉．中国节能地产现状的一点思考［J］．知识经济，2011（24）：125-126.
[29] 张帆．企业网络核心能力研究［D］．长沙：中南大学，2008.
[30] 江诗松．研发组织的网络模式［J］．科技进步与对策，2005（9）：30-31.
[31] 王文亮，刘岩．企业研发网络的特征和结构模式分析［J］．技术经济，2010，29（10）：24-27.
[32] 郝生宾，于渤．企业网络能力对自主创新影响的实证研究［J］．科学学与科学技术管理，2009，30（4）：77-80.
[33] 张清辉，吕洁．企业网络与技术创新的研究综述［J］．商业时代，2011（7）：74-76.
[34] 党兴华，任斌全．网络环境下企业技术创新中的知识缺口及其弥补策略研究［J］．科研管理，2005（3）：12-16.
[35] 柳卸林，李艳华．知识获取与后发企业技术能力提升——以汽车零部件产业为例［J］．科学学与科学技术管理，2009，30（7）：94-100.
[36] 蔡莉，柳青．科技型创业企业集群共享性资源与创新绩效关系的实证研究［J］．管理工程学报，2008（2）：19-23，40.
[37] 沈勋丰，胡剑锋．企业网络的种群生态学模型［J］．科技进步与对策，2007（8）：61-63.
[38] 张帆．企业网络核心能力研究［D］．长沙：中南大学，2008.
[39] 滕丽华，卢奕南，王新华．贝叶斯网在生态工业园清洁生产推进中的应用［J］．计算机与应用化学，2008（5）：565-568.

4 生态工业园区污染监控体系研究

生态工业园区污染监控体系是以安全问题为把手。由于工业园区内生产、储存、使用、经营、运输和处置过程中可能存在易燃、易爆、有毒等的危险化学品，且园区内重大危险源众多，极易造成严重的后果。另外工业园区内企业相对密集，如果某一单个企业发生重大事故就很有可能波及与之相邻的企业。对废水、废气、固体废物、噪声等进行监测确定日常污染排放情况和关键排放点，提出综合管控方案和污染控制措施是十分有必要的。规划是实现风险管理重心由事后处置向事前预防的转变，也是实现事故管理向风险危机管理的转变。从工业园区经济可持续发展的角度，对园区危险源、污染源进行优化布局调整，对消防、医疗等应急资源进行有效配置，是从宏观角度实现园区整体安全发展与和谐统一。

4.1 生态工业园区污染监测

节能减排是贯彻落实科学发展观、构建社会主义和谐社会的重大举措，是建设资源节约型、环境友好型社会的必然选择，是推进经济结构调整、转变增长方式的必由之路。“十四五”规划中明确了节能减排的具体目标和措施。到 2025 年，全国单位国内生产总值能源消耗要比 2020 年下降 13.5%，并且能源消费总量要得到合理控制。同时，化学需氧量、氨氮、氮氧化物、挥发性有机物的排放总量要比 2020 年分别下降 8%、8%、10%以上和 10%以上。为了实现上述目标，国务院部署了包括重点行业绿色升级、园区节能环保提升、城镇绿色节能改造等十大重点工程。这些工程旨在通过系统性的措施推动节能减排工作的深入发展。

自“十一五”以来，国务院在每个五年规划期都会制定节能减排综合工作方案，对全国节能减排工作进行总体部署。这一系列政策的出台体现了国家对于节能减排工作的持续重视和支持。节能减排是推动实现碳达峰、碳中和目标的重要工作支撑。通过实施《方案》，可以有效落实“十四五”规划《纲要》中确定的节能减排目标任务，进而推动中央碳达峰碳中和的顶层设计。“十四五”期间，我国将通过一系列具体的政策措施和工程项目，进一步加强节能减排工作，以支持国家的高质量发展和生态文明建设。

“十四五”规划强调了产业园区发展布局的重要性，并提出了具体要求。我国已经建立了包括经济特区在内的各类经济技术开发区，这些园区在“十四五”期间需要进一步扩大和优化，以实现对产业发展的全面支撑。根据物质流和产业关联性，园区内的企业、产业和基础设施的空间布局应当得到优化，以体现产业集聚和循环链接效应。这意味着园区管理需要更加注重产业链的整合和协同，提高资源利用效率。为了提高能源使用效率和降低企业运营成本，园区应当推广集中供应能源的模式，这有助于实现节能减排和绿色发展。产业园区不仅是产业集聚的载体，也是推动地方经济发展和对外开放的关键。因此，园区化管理要注重吸引外资和技术引进，促进产业升级和区域经济发展。“十四五”规划对企业园区化管理提出了更高的要求，强调了产业集聚、资源高效利用和绿色发展的重要性。园区管理者需要根据这些要求，优化园区的产业结构和服务体系，以适应新时代的发展需求。

以旧机电产品综合利用为主要业务内容的再生资源生产首先需要分析废旧机电产品拆解过程中的排污系数，然后就废弃物、噪声方面建立动态污染监测体系，并提出可再利用的金属及塑料材料，相比原始矿山的再生资源产业减少了资源的开采与能源的消耗，以及冶炼过程中对环境产生的污染。但是，废旧机电原材料的一些污染如废水、固体废弃物、废气、噪声等，如何对这些污染物进行有效地控制与监督，则是再生资源加工需要重点考虑的问题。因此，再生资源生态工业园区应建立一个体系，使园区朝着环境友好的方向发展，以下以废金属工业园区为例分析再生资源生态工业园区的污染品的排污系数。铝、铁等可再利用金属材料、并附带橡胶、塑料在利用过程中会产生一定的环境污染物，再生资源生态工艺品在加工工艺中的排污环节及污染物种类见表 4-1。

表 4-1 废物原料拆解排污环节和污染物种类

废物种类	产污环节	产生污染物的种类
带壳废电机	去壳	固废、油污废水、噪声
	分离定子和转子	固废
	去铜绕线	固废、噪声
	去轴承和钢片	固废、油污废水、噪声
	热洁炉	废气
	装卸、存放、拆解	粉尘
不带壳废电机	分离矽钢片和铜线	固废、油污废水、噪声
	热洁炉	废气
	装卸、存放、拆解	粉尘

续表 4-1

废物种类	产污环节	产生污染物的种类
废电线电缆	剥线机、铜米机	固废
	人工分离铝和电缆皮	固废
	装卸、存放、拆解	粉尘
废五金电器	人工分拣	固废
	根据不同种类进行拆解	固废、油污废水、噪声
	装卸、存放、拆解	粉尘

进入园区的废旧机电产品主要为第七类废物，包括废电机、废电线电缆和废五金电器。根据园区环评要求，废物的加工过程中禁止使用溶剂、酸碱浸提贵金属，禁止使用水、溶剂和酸碱等清洗分拣产品；园区内不得进行金属熔炼，除少量转子、定子通过园区的加热炉集中处理外，在拆解工艺中禁止使用烧解法拆解废物，且拆解产生的固体废弃物禁止就地加热。因此，在生产加工区内进行废物拆解的入园企业的工艺要求变得比较简单，主要以手工拆解为主，同时利用小型机械设备辅助拆解，比如剥线机、切割设备、气焊和打包机等。

下面以宁波市镇海再生资源生态工业园区三期工程为例，定量分析第七类废物拆解加工过程中产生的主要污染物，并通过污染物的定量分析最后确定拆解第七类废物过程中的排污系数。

4.1.1　废气污染源排放情况

在对工业园区大气特征污染特点、污染因子和影响分析的基础上，全面分析了工业园区空气特征污染监测及自动监测网的现状和存在问题，总结并借鉴国内外典型工业园区的大气特征。

4.1.1.1　工业园区大气污染特点

宁波市镇海再生资源生态工业园区内以废旧机电产品的拆解为主，几乎没有再生金属的深加工产业。从污染来源看，旧机电维修焊接的大型储罐、加热炉的废气，以及进口废物在装卸、堆放和拆解中产生的扬尘均是主要污染来源，污染物主要产生于各拆解加工区内的防雨堆场和拆解厂房。从污染形式看，目前废气通过有组织的排放已得到有效治理，污染排放以无组织排放为主。

4.1.1.2　工业园区大气污染因子

工业园区中企业众多，且处于产业链的不同阶段，排放的大气污染物成分复杂。以废旧机电产品的拆解工业园区为例，采用物料衡算和实测等方法，确定了工业园区内的大气特征污染因子。

A 加热炉废气

园区原有两台加热炉。但先后于 2006 年 1 月和 2008 年 6 月停用，新加热炉于 2008 年 7—8 月到位。该加热炉为中山市凯德环保设备有限公司生产的 1E280 热洁炉，与原有的 E238 加热炉相比，除外壳隔热层加厚、集成急冷系统外，其他配置和处理能力和原 E238 加热炉基本相同（E238 加热炉不含急冷系统，是后来增加的），其加热能力为 12 t/批，每批加热时间 5 h，柴油用量 200 kg。

根据相关资料，随着生产工艺的改进，大部分的转子、定子使用液压拉铜机进行处理，因此需进行烧解处理的转子、定子数量逐年大幅度减少，全球固体废物产生量在近年来呈现上升趋势，2020 年约为 125 亿吨，到 2021 年末增长至 130.5 亿吨 。全球废弃物管理的直接成本在 2020 年约为 2520 亿美元。如果考虑到废弃物处理不当导致的环境污染、健康问题和气候变化等隐性成本，这一数字将上升至 3610 亿美元。若不采取紧急行动改善废物管理，预计到 2050 年，全球每年的成本可能翻倍，达到 6403 亿美元。废物处理是一个全球性问题，需要国际社会共同努力。联合国环境规划署等机构正在推动各国政府采取行动，以防止错失创造更可持续社会的机会，并为后代确保一个宜居的星球。随着人口增长和经济发展，废物产生量也在增加。例如，美国人均每天产生的垃圾量从 1960 年的 2.68 磅增长到了 2017 年的 4.51 磅。在全球范围内，每年约有 20 亿吨的城市垃圾产生。园区三期建成后加热炉污染物排放量见表 4-2。

表 4-2 加热炉污染物排放情况

污染物类别	排放浓度	排 放 量
废气量	10000 m^3/h	240000 m^3/d
SO_2	16 mg/m^3	0.534 t/a
烟尘	14.8 mg/m^3	0.493 t/a

B 粉尘

粉尘主要来自进口废物的装卸、堆放和拆解过程，主要产生于各拆解加工区内的防雨堆场和拆解厂房。园区风向及粉尘监测情况见表 4-3。分拣和拆解第七类废物时产生的扬尘颗粒和密度较大、沉降快，且废物分拣和拆解在室内进行，有厂界围墙保护，因此产生的扬尘对公司厂界外的大气环境基本无影响，仅对公司内拆解操作人员有一定影响。实践表明，厂内水泥地面极易积尘，积尘主要为铁锈、泥土并含有少量废机油。为避免地面扬尘被风刮起造成二次污染，企业应定时清扫地面杂弃物，园区内还应加强绿化措施减少扬尘影响。

表 4-3 园区风向及粉尘监测情况表

监测点位	厂界上风向	厂界下风向 1	厂界下风向 2	厂界下风向 3
颗粒物浓度/($mg \cdot m^{-3}$)	0.06	0.12	0.18	0.19

由此可见，园区加工区颗粒物无组织排放浓度小于《大气污染物综合排放标准》（GB 16297—1996）规定的无组织排放监控浓度限值。

4.1.1.3　工业园区大气污染影响识别

工业园区生产设施高度集中，存在环境隐患，是事故频发区域。如废旧机电产品拆解所用焊接储罐等一旦事故发生，可在短时间内集聚高浓度污染物，影响和危害明显。突发性环境事件中，涉及大气的污染事件约占七成，其中涉及工业园区的约占40%~70%。工业生产过程中的恶臭或异味气体排放，直接影响周边环境，成为环保投诉的热点；排放的有毒有害物，威胁人体健康；众多挥发性有机物是光化学、霾污染的重要前体污染物，严重影响空气质量。

4.1.2　废水污染源排放情况

园区污水主要是雨污水、卫生打扫废水和一般的生活污水，这些污水需要在园区内进行处理。随着园区的进一步发展，污水处理的规模还需要加大。因此，远期污水处理主要依靠镇海污水处理厂处理，园区内仅进行污水预处理，使排水水质达到进入城市下水道的要求。园区污水处理能力按照 400 t/s 考虑，污水经缓冲、隔油、沉淀、调节、生化、絮凝沉淀处理后达标排放。

4.1.2.1　雨污水

园区位于宁波市镇海区的临港区域，受台风带来的暴雨侵袭较多。为了防止露天堆场货物受暴雨淋浸而产生大量污水，在园区建设中，每个加工区应统一建设防雨的堆场，禁止露天堆放散货。镇海再生资源生态工业园区的环境影响评估仅考虑了在监管区的装卸区的雨污水的水量和处理的问题。具体如下：

装卸区的雨污水排放量需根据暴雨量估算。暴雨强度按如下公式计算：

$$i = (18.105 + 13.90\lg T_E)/(t + 13.265)^{0.978} \tag{4-1}$$

式中　i——暴雨强度，mm/min；

T_E——非年最大值法的重现期，a，本项目取 5a；

t——降雨历时，min，本项目取 180 min。

计算所得的暴雨强度为 0.463 mm/min，雨污水量为暴雨前 30 min 在装卸内产生的雨污水，雨污水排放量按如下公式计算：

$$Q = i \times T \times A \tag{4-2}$$

式中　Q——雨污水，m^3；

T——降雨时间，min，本项目取 30 min；

A——集雨面积，m^2，本项目装卸区面积为 8000 m^2。

然而，在园区实际运行过程中，由于防雨堆场面积不足，加工企业部分货物露天堆放，目前园区露天堆场面积总计约 22 万平方米。因此，雨污水的实际产生量将大大增加，根据原环评雨污水的计算条件，算得园区污水实际产生量为

4300 m^2/次。此外，由于园区在三期建设中仍未考虑该问题，致使露天堆场面积总计 115023 m^2。根据原环评雨污水的计算条件，算得园区三期雨污水产生量约为 2350 m^2/次。在目前情况下，园区无条件对这些雨污水进行处理，但这不符合《废弃机电产品集中拆解利用处置区环境保护技术规范（试行）》（HJ/T 181—2005）的要求。因此，园区应扩大入园企业防雨堆场面积，严禁进口废物露天堆放，应加强对企业的监管力度，以避免雨污水产生。此外为避免道路上污水产生，园区应禁止企业在雨天进行废物的运输，当天到货要放在监管区、装卸区暂存。在采取以上措施的情况下，园区三期项目无新增雨污水产生。

4.1.2.2 车间废水

车间废水主要为员工在工作后的洗手用水、少量冲洗水还有少量办公室的打扫卫生废水，水量约为每人每天 20 L，其中同区三期入驻企业职工人数为 4000 人，则三期车间废水的水量水质见表 4-4。生产车间废水通过园区污水管道进入园区污水处理系统，经处理达标后排放。

表 4-4 园区三期车间废水的水量水质估算

水质指标项目	污染物
水量	26400 m^3/a（72 m^3/d）
悬浮固体（SS）	119 mg/L
COD_{Cr}	310 mg/L
石油类	2.28 mg/L

4.1.2.3 生活污水

园区生活污水主要为园区临时宿舍区内废水和园区管委会办公大楼废水，根据对这部分区域实际用水量的调查，其日均用水量在 250 m^3左右，污水量按用水量 90%计算，约为 225 m^3/d，74250 m^3/a。

园区三期废水及主要污染物产生量与排放量见表 4-5，其中，出水 COD 浓度按污水处理出水标准 120 mL/L 计算。

表 4-5 园区三期废水及主要污染物产生量与排放量

种类	产生量		处理后排放量	
	废水	COD_{Cr}	废水	COD_{Cr}
车间废水	80 m^3/d	24.8 kg/d	80 m^3/d	9.6 kg/d
	26400 m^3/a	8.184 t/a	26400 m^3/a	3.168 t/a

4.1.2.4 三期给排水平衡

对上述数据进行整理，绘制了给排水平衡图，如图 4-1 所示。

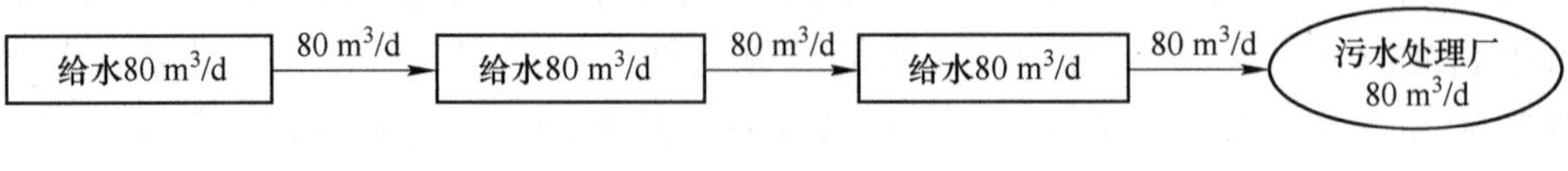

图 4-1　园区给排水平衡图

A　污水处理面临的问题

综合管控与经济利益之间的矛盾，企业聚集形成污染聚集。随着城市的发展和人们对美好生活的向往，政府逐步将一些工业企业搬入园区，形成同类项目的聚集，使废水形成聚集效应，如医药化工园区、皮革工业园区、电镀工业园区等，这样使园区污水中污染物浓度严重超标，污染项目集中，收集管网单一，造成监管难度加大，使得工业园区成为污染集中排放区域。

B　治水企业与行政管理之间的矛盾

管理体制多元化。工业污水处理是一个系统工程，大致可以分为三部分，上游排污企业、管网收集系统和下游污水处理厂。这三部分的建设、监督职能分属园区管委会、建设局、环保局。上游排污企业污水处理设施由企业自建，环保局监督；管网收集系统建设由园区或建设局负责，企业纳管由市政部门审批；下游污水处理厂由市政部门建设或市场招标企业建设，环保局监督。这种人为隔断式的管理、监督模式，是污水集中处理问题频发的关键。

C　治水成本与治水收益之间倒挂

超标处理成本无法保证。在正常情况下，园区污水处理链条是稳定的和可控的。但由于污水处理厂对进水缺乏控制权，难以提前预知或掌握进水水质波动的突发情况，难以第一时间做出应对决策，为了出水达标，企业不得不投加大量药剂以应对进水水质的变化，这样势必造成生产成本增加，但政府与污水厂签订的协议已明确了污水处理服务费，想调价难度很大，上游排污企业也不缴纳超标、超量所产生的费用，最终导致污水处理厂处理成本无法保障。

4.1.3　固体废弃物产生量与处理量

4.1.3.1　拆解废物产生量

由于拆解废物中不可避免地会有很少量的不可利用废物产生，且拆解废物原料在拆解后也会有部分物质无法回收利用，它们都将以固体废物的形式存在。根据园区实际运行情况和货物来源，散货船来货的第七类废物加工后约产生3%的不可利用的残余物，其中石子、泥沙约60%，碎玻璃约15%，泡沫塑料约6%，碎橡胶约7%，木材木屑约12%；集装箱来货的第六、第七类废物加工后约产生0.6%的不可利用的残余物，其中石子、泥沙约60%，碎玻璃约8%，泡沫塑料约5%，碎橡胶约7%，木材木屑约20%，固体废弃物产生情况见表4-6。

表 4-6 园区三期固体废弃物产生情况

品 名		散货船/万吨	集装箱/万吨	合计/万吨
拆解废物总量		54	36	90
不可利用物质	总量	1.620	0.216	1.836
	石子、泥沙	0.972	0.130	1.102
	碎玻璃	0.243	0.017	0.260
	泡沫塑料	0.097	0.011	0.108
	碎橡胶	0.114	0.015	0.129
	木材木屑	0.194	0.043	0.237

由表4-6可见，园区三期拆解后固体废弃物约为1.836万吨/年，上述固体废弃物类别均不属于危险废物。据园区实际运行情况，固体废弃物经收集分类后，石子等不可燃部分委托环卫部门填埋处理，木屑等可燃部分委托垃圾发电焚烧处理。

4.1.3.2 其他

其他废物主要为生活垃圾、污水处理污泥、隔油沉淀池油泥和废电路板。其中污水处理污泥约1 t/a，隔油沉淀池油泥约0.5 t/a，废电路板约100 t/a，均属于危险固体废弃物，应委托有资质的单位处置。

4.1.4 园区的噪声

随着工业、交通经济的迅速发展，噪声污染也成为重要的污染源，危害着人们的正常生活和工作。人们对噪声的研究也从听觉损害发展到对机体生理和心理影响等方面。接触噪声可引起如烦躁、失眠、胸闷乏力、心血管病、高血压等多种症状和不适。园区的噪声源主要来自拆解车间设备的噪声，根据同类拆解和设备的类比，主要设备的声压级见表4-7。

表 4-7 设备噪声一览表

设备位置	设备名称	声压级/dB(A)	运转方式	治理措施
拆解车间	切割机	100	间歇	车间隔声
	锯床	100	间歇	车间隔声
	打包机	80	间歇	车间隔声
	行车	80	间歇	车间隔声
	液压机	76.4	间歇	车间隔声
	剥线机	90	间歇	车间隔声
	车床	80	间歇	车间隔声

续表 4-7

设备位置	设备名称	声压级/dB(A)	运转方式	治理措施
机修间	铣床	85	间歇	车间隔声
	钻床	80	间歇	车间隔声
	切割机	100	间歇	车间隔声
公用工程	集装箱吊车	75	间歇	房间隔声
	污水厂鼓风机	95	连续	

注：(A) 是 A 计权所测量的噪声值。

4.1.5　废旧机电产品拆解排污系数的确定

废旧机电产品拆解行业近年来发展迅速，但也面临一些挑战。首先，从积极的角度来看，再生资源回收的总值在不断增长，这表明了废旧机电产品拆解行业的市场价值正在逐渐被认识到。这一趋势与全球对可持续发展和资源循环利用的日益重视相符合。然而，这个行业也面临着一些挑战。例如，电子废弃物拆解行业的补贴价格经过几次调整后主要呈现下降趋势，这可能会对行业内企业的盈利能力产生一定的影响。此外，废旧家电拆解业务量也出现了逐年下降的情况，这可能与市场饱和、原材料成本上升或消费者习惯变化有关。总的来说，废旧机电产品拆解行业在推动资源循环利用和环境保护方面发挥着重要作用，但同时也需要不断适应市场和政策的变化，以保持其可持续发展。

4.1.5.1　废旧机电产品拆解定子热洁炉的排污系数

根据表 4-2 加热炉废气污染排放、处理每吨定子产生废气量 0.42 万立方米，SO_2 66 g，烟尘 62 g。

4.1.5.2　废旧机电产品拆解车间水污染产生系数

车间废水主要是工人洗手用水，污水量很少。根据表 4-5 车间废水污染物产生量，拆解处理每吨第七类废物产生废水量 3.3 m^3，SS 0.39 kg，COD 1.02 kg、石油类 7.5 g。

4.1.5.3　废旧机电产品拆解产生法人不可利用固体废弃物量

根据表 4-6 散货船的数据，拆解处理每吨第七类废物产生一般固体废物量 30 kg，危险废物 0.13 kg。废旧机电产品拆解过程的排污系数汇总如表 4-8 所示。

表 4-8　拆解第七类废物污染物产生系数

类　别	污染物	产污系数
热洁炉处理定子产生废气	废气量	0.42 万立方米/吨
	SO_2	66 g/t
	烟尘	66 g/t

续表 4-8

类　别	污染物	产污系数
车间废水	废水量	3.3 m^3/t
	SS	0.39 kg/t
	COD	1.02 kg/t
固体废弃物	石油类	7.5 g/t
	一般固体废弃物量	30 kg/t
	危险废物	0.13 kg/t

4.1.6 废水监测

应设置废水排污口环境监测点位，强化水质监控和运行管理，对各单位及排污汇总口进行定时监控，并进行随机抽查，掌握企业实际产生污染物状况；在污水处理厂排水口进行监测，确保排入水环境中的水质达标。

监控点布点需要遵循以下原则：

（1）在园区范围的上下游布设取样断面，将监控点设在园区一、二期的排污河流宏远河，在园区排污的上游 500 m 处、园区污水排放口、园区排污口下游 700 m 处三个点位进行采样，连续采样三天，每天上下午各一次。

（2）在河流枯水期进行取样调查。各取样断面每次只取一个混合水样，每天上下午各取一次，平行取样三天，各断面的具体位置能够反映所在区域环境的污染特征。

所测定的河流污染检测因子为无机盐类（氨氮和总磷）、COD、重金属（如铜、铬、锌、铅、镍、汞、镉）以及石油类。无机盐的存在不仅影响河流美观，同时影响河流中的生态结构，是水质检测中的重要因子；重金属不能被生物降解，相反却能在食物链的生物放大作用下成千百倍地富集，之后进入人体；石油类物质比水轻又不溶于水，覆盖在水面上形成薄膜层，阻止大气中的氧溶解在水中，形成恶臭。

不同的河流污染因子拥有不同的化学特性，因此需采用不同的化学测定方法如采用重铬酸盐法（GB 11914—89）测定水中化学需氧量，采用钠氏试剂分光光度法测定水中 NH_3-N，采用钼酸铵分光光度法测定水中总磷（以磷元素计），采用原子吸收分光光度法测定水中的铜、锌、铅、镉等。

排污口和排污口上下游地表水执行《污水综合排放标准》中的二级执行标准及四类标准，见表 4-9。

表 4-9　评价标准　　(mg/L)

评价因子	标准名称	标准限值	评价因子	标准名称	标准限值
COD_{Cr}	污水综合排放标准	<150	COD_{Cr}	地表水环境质量标准	<30
氨氮（NH_3-N）		<25	氨氮（NH_3-N）		<1.5
总磷（以磷元素计）		<1.0	总磷（以磷元素计）		<0.3
铜		<1.0	铜		<1.0
总铬		<1.5	总铬		<0.05
锌		<5.0	锌		<2.0
铅		<1.0	铅		<0.05
汞		<0.05	汞		<0.001
镉		<0.1	镉		<0.005
石油类		<10	石油类		<0.5
镍		<1.0	镍		<0.5

将监测结果与表 4-9 对比，可以得知园区污水排放口及排放口上下游地表水水样中无机盐类、重金属、石油类含量是否符合相关国家标准，从而加强对污染源的控制，减少相关的排放。

4.1.7　废气监测

4.1.7.1　大气特征污染监测现状

工业园区日常大气特征污染监测多以钢罐或气袋采样，实验室气相色谱-质谱联用（Gas Chromatography-Mass Spectrometry，GC-MS）或 GC 分析为主。上述方式无法有效监测工业园区间歇性排放的特征污染物，只能获得区域背景浓度。居民投诉及环境事故多为已发生事件，人工监测意义不大。为此，设站点开展实时自动监测是一种有效的监管方式。

4.1.7.2　自动监测系统存在的问题

建自动站由于管理分散、应用缺乏，发挥的作用有限，其存在的主要问题分析如下：

（1）网络建设缺乏系统规划。已建站主要是依托建设项目环评审批予以建设，建设工作由企业自行确定，少有进行园区网络设计，点位设置一般未考虑区域特点和周围敏感目标。因此，站点建设缺乏系统考量，针对性不强，用途相对较为有限。

（2）监测因子缺乏代表性。原有的环境管理以 SO_2、NO_2和 $PM_{2.5}$等常规污染为主，工业园区开展特征污染排放清单、建立和环境调查监测的相对较少，加之国家相关标准缺失导致所建监测系统较少，涉及 H_2S、VOCs 等恶臭或有毒有害污染物，无法体现工业园区复杂的排放特征。

（3）监测质量和规范化有待完善。由于工业园区自动站不参与日常空气质量 AQI 的发布，需要根据预警和污染评估等要求，制定监测质量管理要求；自动站采用的技术较为先进，例如傅里叶变换红外光谱仪（Fourier Transform Infrared Spectrometer，FTIR）等光学仪器，国内外尚无系统的质量保证和质量控制（Quality Assurance and Quality Control，QAQC）规范，需要逐步制定 QAQC 规范化体系要求。

（4）重建设，轻运行和经费保障。自动站建设初期，未考虑后续复杂运维所需的大量经费，多数站点缺乏运行维护和备件更换，导致仪器运转状态差，监测数据有效率低，个别自动站实际已无法正常工作。为此，亟需加大运行经费的保障，确保监测质量。

（5）信息系统有待统一建立和管理。目前工业园区自动站未接入统一的环保平台，数据共享度低，受关注度小，仅运维人员查看数据；也未能建立仪器运行状况预警信息平台，仪器状态一周最多查看一次，造成站点运维质量差，数据有效率低。为此，亟需建立统一的信息平台，分级分权限统一管理数据，建立数据审核与管理系统。

（6）工业园区空气自动站监测物种数量较多，每日产生的海量数据需要及时审核和分析，需要开发专业化软件，结合人工审核和数据分析，应用数值模型和统计软件，实现工业园区空气特征污染预警和特征分析。

4.1.7.3 一般工业园区废气监测国内外研究现状

案例：加拿大哈密尔顿

加拿大安大略省的哈密尔顿是该国最大的钢铁中心，市区内除炼铁炼钢一体化的相关企业外，还包括化学品生产和废品回收企业。市区内颗粒物、挥发性有机物、臭味等污染较为严重。为掌握其工业污染源排放情况，为工业减排方案的制定提供技术支持，哈密尔顿自 2003 年 5 月建成了空气质量监测网络（HAMN），现有 22 家企业参与该网络。网络包含各类监测点位 19 个，其中连续自动监测站 13 个（含 2 个国控点），其余为手工采样点。监测项目包括两类，一类为可连续监测的 SO_2、TRS、NO_2、NO、NO_x、PM_{10}及 $PM_{2.5}$；另一类为非连续监测的 TSP、VOC、PAH。从 2010 年起上述数据均可在网上公开。从 20 世纪 90 年代中期至 2010 年的监测数据来看，特征性污染物下降显著，其中 TSP 下降 34%，PM2.5 下降 34%，苯下降 69%，PAH 下降 55%。

案例：台湾六轻

为了有效监控工业园区空气污染，我国台湾制定了《特殊性工业区缓冲地带及空气品质监测设施设置标准》，2011 年又颁布了“修正草案”。根据标准，工业园区中金属冶炼、炼油、石油化学等十余类污染产业，如占地面积超工业园区总面积1/4的定义为特殊性工业园区，需要执行该标准。除在区域四周及内部设置缓冲地带外，还要求配备空气污染监控设备。在工业园区及周边区域至少设置4个，在工业园区附近重要市镇至少设置1个监测站。监控网络由当地政府主管，测定项目包括有机光化学污染前体物、有毒有害物、酸碱气、硫化物、持久性有机物等特征性排放物。

六轻工业园区是台湾大型石化基地，根据环保要求，在其主导风向的下风向，影响较为显著的区域共计设置4个工业园区空气污染监测点。重点开展常规空气污染物和工业园区空气特征污染物的监测。在下风向19 km外市镇的敏感目标宏仑国小设立背景监测站，测定常规污染物、气象参数以及非甲烷总烃。根据大量摸底调查，将12种VOC物质作为六轻重点监控污染物。同时，根据美国环保署的TO-14方法，加上台湾最常见的14种极性化合物标准气体，确定59种气体作为下风向点位重点监测物质。目前，该网络运行情况良好，在数次污染泄漏事件中发挥了作用。

4.1.7.4　一般工业园区大气特征污染物监测系统构建

综上，借鉴国内外经验，根据工业园区大气特征污染监管现状和管理需求，将在大气污染特征分析基础上，筛选优控污染物，优选最佳监测技术，建设专业化、自动化大气特征污染监测系统，“测质量，溯来源”，与空气质量、污染源在线共同组成区域大气污染三大预警监测体系，为工业园区空气污染监管提供技术支持。

A　建设目标

采用系统规划分步实施的模式，构建工业园区空气特征污染监控网络。集合污染源信息、污染源在线监测数据和污染扩散模型等，统一数据审核、统一质量管理、统一信息系统，搭建一个预警监测信息平台；提升对重点工业园区空气特征污染物的实时监测、突发污染事件分析以及预警监测能力，为评价工业园区空气特征污染状况和变化趋势提供科学数据，为污染事件应急和信访投诉提供实时监测资料。

B　设计和实施原则

（1）污染排放与环境监控相结合。根据工业园区地理位置和污染源布局特点，结合区域常年主导风向和大气污染传输规律，在污染扩散路径上设置点位。从工业园区的源排放对周边环境影响考虑，设置园区监测点、边界监测点和周边监测点三类代表性监测点，建设自动监测站。

（2）结合污染特征，优选点位和技术。根据工业园区大气污染排放特征和周边环境分析，在污染传输主要通道上，优选监测点位。鉴于工业园区污染快速变化的特征，吸取已建站经验，以自动监测法为主，优先考虑色谱法、光学法等相对成熟、国际通用的监测方法，并尽可能提高监测覆盖面。

(3) 统一规划，分步实施。针对工业园区空气特征污染，全市统筹规划，统一设计监控网络、确定重点监控因子、配置自动监测仪器与设备；统一设计信息化平台，建立数据传输、审核和管理系统，分级分权限开展数据应用。

(4) 考虑工作轻重缓急，优先建设边界和园区（含厂界）自动监测站；优先购置技术比较成熟的点式自动监测仪。并在站房设计中留有余地，为增配监测设备打好基础。

(5) 政府统筹管理，工业园区为主承担。遵循“谁污染谁治理”的原则，边界站和园区（含厂界）站由工业园区管委会或重点排污企业负责建设；周边站原则上由具有管辖权并征收排污费的市或区政府负责建设。

C 技术路线

监控系统建设重点需要解决网络设计（哪里设点）、优控污染物（测什么因子）和最佳监测技术筛选（用什么方法测），技术路线如图 4-2 所示。

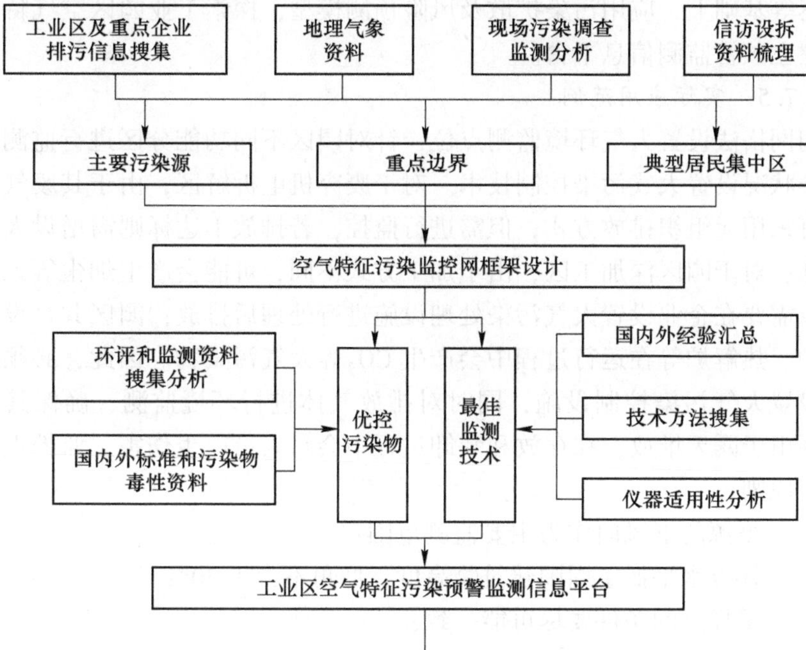

图 4-2 监控系统建设技术路线

D 关键技术

(1) 重点监控区域梳理。根据大气污染传输规律，从源、边界、受影响区域三个层面，选择重点区域，设点监控。在污染源排放量分析、风险源识别和评估基础上，根据排放量、毒性和风险程度等，确定工业园区内部特征污染排放突出的重点区域；根据盛行风向和周边人口集中区分布，确定重点监控边界；根据环评敏感区筛选、信访和投诉资料统计，确定工业园区周边需重点监控的人口集中区。

（2）优控污染因子筛选。根据管理要求，以人为本，将恶臭类、异味类和有毒有害类作为优控污染物筛选原则。根据污染物的社会影响、排放量、检出频次、污染浓度、风险程度和毒性，确定每个工业园区的优控污染因子。

（3）适用监测技术优选。总结已建站应用经验，优先考虑应用广泛的色谱法和光学法集成式自动监测仪，通过仪器适用性分析和评价，优选最佳适用监测技术，并尽可能提高特征污染监测覆盖面。

（4）预警监测信息平台搭建。要求所有工业园区自动站统一联网，在集合工业企业污染源信息、在线监测数据、污染源普查数据、企业危险品信息、企业应急预案等基础上，应用污染扩散及风险预测模型，探索工业园区空气特征污染预警，建立预警监测信息平台。

4.1.7.5 实际应用范例

运用网格法设置大气环境监测点位，针对园区不同功能分区进行监测，针对不同污染状况设置大气污染控制技术。对于废弃机电拆解区，由于其废气产生量较少，可采用无组织排放方式，但需进行监控，若排放不达标则需增设大气污染控制设施；对于园区深加工区，由于加工方式不同，可能会产生烟尘等大气污染物，所以需要在企业设置大气污染处理设施进行处理后排放；园区共享设施如垃圾焚烧炉、热解炉等在运行过程中会产生 CO_2 等大气污染物。因此，必须根据实际情况设置大气污染控制设施，同时对排放气体进行环境监测，确保其达标排放。园区由于露天堆放，在存放和装卸过程中会对人员产生伤害。监控点的布点遵循以下原则：

（1）污染源的下风向作为主要监测范围；

（2）采样点水平低于周围建筑物高度，仰角不大于 30°；

（3）各采样点的条件要尽可能一致；

（4）采样品设置在采样口离地面上 1.5~2 m 处，采样点可以设置在厂界处、近海处、厂界处和近海处中间，以及园区与园区之间。所需监测的污染因子为加热炉排放乙苯、甲苯过甲苯、非甲烷总烃的排放浓度、排放速度和处理效率，以及无组织排放点的苯、甲苯、非甲烷总烃的排放浓度值。对园区环境空气的 SO_2、NO_2、PM_{10}、TSP 以及园区各区的污染因子和空气进行监测，评价因子选择氯化氢和非甲烷总烃为污染物，氯化氢和非甲烷总烃的评价标准见表 4-10。

表 4-10 氯化氢和非甲烷总烃的评价标准

评价因子	标准值/($mg \cdot m^{-3}$)	备 注
氯化氢	0.015	工业企业设计卫生标准（TJ 36—79）
非甲烷总烃	1	无组织监控浓度（T 20）

根据所设置的废气检测体系，参照园区空气中氯化氢和非甲烷总烃的检测结果可推断园区大气环境氯化氢含量是否符合《工业企业设计卫生标准》中的居民区大气中有害物质的最高浓度标准，即园区大气环境非甲烷含量是否符合“无组织监控的标准”的要求。

案例：漕河泾先进半导体、电子信息产业 VOCs 减排（附减排方案）

2011 年年初，漕河泾新兴技术开发区发展总公司结合国家及上海大气环境保护的最新要求，在园区内开展大气中可挥发性有机物 VOCs 的污染现状监测，并筛查重点 VOCs 排放源。在漕河泾开发区空气样品中共检测出包括烷烃、烯烃、芳香烃及卤代烃等 93 种 VOCs 物种，其中烷烃所占比例最大，占 60%左右，最高可达 80%；其次是烯烃和芳香烃，卤代烃占 10%左右。

上海先进半导体制造股份有限公司主要有 4 个 VOCs 排放系统，是开发区内的重点 VOCs 排放源之一。为降低 VOCs 的排放浓度，减少对环境的危害，积极开展 Fabl 扩展排气 VOCs 减排工程。该工程采用吸附法对 VOCs 进行吸附浓缩后，用热空气脱附吸附剂，脱附尾气采用氧化法或冷凝法进行处理。

上海先进半导体选用净化效率稳定在 95%以上的 VOCs 吸附装置，稳定运行时产生的风压波动小于±25 Pa；与 Fabl 扩展排风切换时，风机入口侧静压波动小于±50 Pa。该装置采用触摸屏操作控制，全自动运行，并提供中央控制报警接点。为实现对 VOCs 净化情况的实时监控，先进半导体采用了在线 VOCs 检测仪实时监控 VOCs 排放浓度，并在控制室内监控 VOCs 吸附装置的运行状况、VOCs 的去除效率、VOCs 的减排量等信息。

4.1.8 固体废弃物监测

园区固体废弃物进行分类别集中收集、统一运输，对于可燃烧的垃圾送至垃圾焚烧炉进行焚烧处理。对于其他废物及污水处理厂的污泥经过稳定化处理后，送至填埋场进行填埋，在暂存场及埋场周围设置废气及渗滤液收集监控设施，防止填埋场产气或渗滤液污染环境。

4.1.8.1 工业固体废弃物及其特点

工业固体废弃物主要是指工业生产、制造中所产生的粉尘、废渣、废物等，具有一定的污染性，而且工业固体废弃物的转移与处理具有一定的挑战性，任何的处理不善都可能带来持久的污染，更重要的是其影响范围较大、危害人群较广。工业固体废弃物通常涵盖普通废弃物与高危废弃物，前者特指工业粉尘、废渣等普通废弃物，后者则指的是带有一定危险性、强污染性、辐射性的工业废弃物。研究表明：工业固体废弃物的产生速度和工业发展速度密切相关，二者呈正相关关系，相反，则同工业固废的治理速度呈负相关，这就意味着要想控制工业固体废弃物的数量，关键是要加大治理力度，提升治理能力。然而，我国在这一方面的起步较晚，技术发展相对落后，缺少先进的工业固体废弃物处理技术，缺乏健全、完善的管控体系。从而使得我国的工业固体废弃物治理具有一定难度。

工业固体废弃物容易对环境造成较大污染，不同于普通生活垃圾，工业固废具有更高毒性，对环境、对人类容易产生致命性威胁，而且这种危害性是持久的、潜在的。

工业固体废物的主要特点是具有明显的时间和空间特征。有人形象地提出，固体废物就是在错误的时间放在错误地点的资源。从时间上来讲，它也只是在目前的科技和经济条件下无法加以利用，但随着时间推移，科技进步，以及人们要求变化，今天所讲的废物就可能成为明天的资源。从空间角度来看，废物也只是相对于某一过程或某一方面没有使用价值，而并非是在所有过程或所有方面都没有使用价值。一种过程的废物往往可作为另一个过程的原料。

固体废物对生态环境的影响有异于废水和废气，固废的呆滞性大，扩散性小，它对生态环境的影响主要是通过水、气和土壤等介质进行的，固废中的污染物成分的迁移转化，是比较缓慢的过程，其危害可能要在数年乃至数十年后才能发现。从另一个角度来看，这些固体废物既是生产中的废物，但又可能成为可贵的二次资源，将固体废物经过资源化处置，转化为产品应该是固体废物最好的归宿。一般说来，废气和废水中的污染物经过不同的治理过程后，大部分都转化为固态物，这也是固体废物数量庞大的原因之一。

4.1.8.2　工业固体废弃物检测技术的发展历史

追溯到 1979 年，在国务院环境保护领导小组办公室的领导下，由中科院环化所、北京市环境监测站、辽宁省环保所、北京市环保所等单位于 1979 年共同组织编制了《环境监测标准分析方法（试行)》，又称蓝皮书；这一年我国还实施了《工业企业设计卫生标准》（TJ 36—1979)，后来国家建委（现住房和城乡建设部）和卫生部又组织医科院卫生研究所、中国科技大学等单位于 1982 年研究编制了《工业废渣检验方法》（1982 年）；1980—1985 年，由中国环境监测总站、清华大学等单位联合编制了《有色金属工业固体废物污染控制标准》及《工业固体废物有害特性试验与监测分析方法（试行)》（1986 年）；此后，中国预防医学科学院所属的环境卫生与卫生工程研究所的土壤卫生研究室发表了“工业固体废物有害性鉴别方法”的研究报告，清华大学环工所与核能所固废组发表了“固体废物排放标准及评价方法的研究”；1989—1991 年，由国家环保总局

(现生态环境部)立项，中国环境监测总站组织开展了“固体废物采样及检测方法的研究”。随后又陆续制订了一系列固体废物监测标准方法。目前，我国已经形成了固体废物环境管理和监测框架体系，在采样和制样、浸出毒性的浸出方法、无机污染物和有机污染物测定方法等方面都有了长足的进展。

4.1.8.3 工业固体废弃物管理中的困难

工业固体废弃物是工业生产中所排放的污染物，因为管控机制、政策、制度等无法落实，从而使得运行机制、管控标准等难以有效整合。随着经济发展与工业化进程的加快，能否合理地处理工业固体废弃物，成为衡量一个国家工业化发展水平的标准。我国由于前期经济发展中忽视了污染问题，因此，对于固体废弃物污染治理也处于探索阶段，实际的固体废弃物管理中存在很多问题和困惑，具体体现在以下几方面：

(1) 缺少有效的固废处理措施。现实的固体废弃物管理可以选择对其进行处理，或者综合利用，哪一类方式都能达到对固体废弃物的有效管理。然而，其中要坚决避开固废的填埋、焚烧、投海等方式，因为这样将带来严重的污染问题。而且一些区域管理机制、整合措施等都有待完善，所采用的处理对策、措施等也都相对落后，特别是工业废弃物管控依然相对落后、低效，实际的管理难以获得实效，即便是转变解决方案也难以实现固废的优化处理，管控机制很难保证工业发展，从而使得更多的固体废弃物未能得以充分利用就直接被抛弃。

(2) 工业固废管理分散，资源可利用程度低。正是因为我国对工业固废管理的认识较晚、起步较低，使得固废处理技术也相对落后，尚未创建起完善的工业固废管理体制，最终导致环境治理与工业固体废弃物管控二者间相互脱离，各个部门间难以创建起统一、规范的管理机制与运行措施，进而导致各个工序之间无法有效衔接，而且相关部门之间，例如环保部门、工商部门、质检部门等存在叠加管控的现象，出现了监管乏力现象，缺少有效的监管，自然将导致工业固废无法被有效地利用，技术管控也难以发挥作用，一些配套的处理措施也难以达到现实需要，高端的循环利用技术难以被利用，进而导致资源可管理程度不足。

(3) 工业固废处理偏离发展需求。现实的工业固废管理过程中，虽然建立了管控工作机制，也逐步走向系统化运行，然而，因为缺少统一的管理标准、科学的管控措施，就导致管控体系与运行机制无法有效契合，最终导致固体废弃物无法被高效地回收，出现了资源浪费、增加了企业生产经营成本，最终影响了企业的经济效益。从中可以看出，虽然工业化进程持续加快，整个社会的经济发展水平持续提高。然而，因为缺少科学的工业固废处理对策和措施，从而导致资源浪费、无法被科学有效地利用，这也就间接地折射出当前的工业固废处理措施与管理制度依然不健全，无法迎合现实发展，难以达到发展需求。

(4) 缺少群众与社会的监督。工业固体废弃物管理并非是国家行政部门自己的工作，因为此项工作关系到整个社会、人民群众的切身利益，必然要召集整个社会的力量，然而，从目前的形势来看，实际的工业固废处理与管控工作中缺少群众监督与社会力量的配合，群众的参与度较低，单纯地依赖于有限的国家机构、行政部门很难达到理想的管控效果，出现这种现象很大程度上是因为缺少强有力的社会宣传，群众号召力不足等，缺少群众的强有力监督必然将带来更加严重的工业固废管控工作的困难，影响工业固废管控工作效率。

4.1.8.4　工业固体废弃物管理的有效对策

针对目前工业固体废弃物管理中存在的问题和困难，有必要重新审视工业固体废弃物管理制度，要创建全新的、系统化的管控与处理机制，从而实现工业固体废弃物的针对性处理，达到全方位优化管控的目标。具体可以从以下方面做起：

(1) 加大重视力度，完善管控体系。不同于西方社会，我国由于受到制度、技术等的影响，对工业固废处理的认识较晚，实际的固废处理依然处于探索时期，各项的制度、规范等也亟待完善。要想真正意义上解决工业固废管控的问题和困难，首当其冲需要相关部门强化工业固废管控力度，并从整体上优化管理结构，各个部门、机构也要健全工业固废管控系统，持续创建系统化的管控标准、整合机制，从而依赖于这些标准、机制等来支持社会发展、经济建设，实际的工业固废处理必须选择有针对性、系统的处理对策。环保部门要面向全社会最大程度宣传工业固废处理理念，企业则要自觉投身主流意识中，逐步构建起资源节约型的经营模式，通过节能减排的方式自觉地营造一个环境友好型的气氛，而且要重新调整发展目标、经营方向，在持续推进绿色化经营的基础上来采取细致、到位的管理方法，这样才能为工业固废的科学处理提供制度保障。

(2) 调整完善工业固废管控制度。工业固体废弃物管理不善的一大成因为缺少健全、完善的管控制度。所以，必须加大力度调整、优化、完善工业固废管控制度，健全科学的管控步骤，在此基础上来采取科学的管控措施。

首先，完善相关法律制度体系。制定并实施统一的工业固废排放和治理标准，可以尝试采取分地区、逐层次的自上而下的管理系统，例如省级（自治区）固废管控中心、市级固废管控中心、县级固废管控中心，这些中心要强化同当地环保部门的协作，同步创建工业固废管控系统，依赖于此系统来强化各项管控制度的制定和落实。

其次，强化制度的执行。为了确保所制定的工业固废管理制度、规范等得以有效落实，则需要国家的支持与引导，国家相关部门可以通过税费制度、政策导向等来引导、带动各大企业自觉支持、运行工业固废管理制度，以此来控制工业固废污染。

最后，夯实行业间协作，完善管控制度。工业固体废弃物的类别、污染程度等会随着现代科技的发展而变化，各类新型工业固废不断出现，其污染程度也有待检测，对此，实际的管控制度也需要不断地优化、完善，这就需要环保部门、工业固废管控中心等加强同科研基地、高校、科研中心等的交流协作，针对于不同行业、不同工业固废污染程度等来执行不同的管控制度，而且要尽可能地创建全面覆盖的监控系统。

(3) 改进工业固废处理技术。科学先进的工业固废处理技术是实现工业固废管理的一大技术保障，必须充分地借助先进技术来降低管理难度，在利用已有先进技术的基础上，要积极地吸收并引进最新技术，打破以往的投海、填埋、堆砌等落后的处理方式，转向以固废转化、资源再利用的全新处理方式，对此需要不断地关注国际社会，吸收国外高端固废处理科技，也要切实根据我国的固废现状，采取综合整治的方式来集中发展循环经济，加大自主研发力度，不断地支持并促进科技创新，以此来推动工业固废朝着资源化、循环化、产业化方向发展，这样才能真正体现工业固废管理的优势，才能实现工业固废的可持续化治理。此外，还要从企业自身出发，鼓励其培养固废管控技术的研发能力，创建起高效、节能的资源开发与利用机制，一方面要提高资源利用效率，另一方面也要控制排放，不断地尝试将新技术添加至工业固废管控中，这其中必然需要国家的政策与资金支持，国家必须为企业提供强有力的技术研发支持，逐步搭建起全新的固废处理技术框架。

(4) 做好社会宣传，强化公众监督。工业固体废弃物的妥善处理关系到每一名公民的切身利益，影响到整体的人类居住环境。所以，工业固废的处理同样需要社会力量的支持，必须强化社会宣传，加大公众的监督、引导和支持力度，这样才能逐步形成完善、强有力的监督机制，才能真正地提高工业固体废弃物管理水平。为了达到这一目标，可以将社区作为基本单位，通过社区宣传教育，组织理论学习等方式来提高广大人民群众的环保意识，自觉践行环保制度，主动支持国家环保部门、工业固体废弃物处理中心等揭发、检举非法排放行为，以此来形成一个覆盖整个社会的群体监督网络，控制企业的非法排放，提高工业固体废弃物管理水平。

4.1.8.5 固体废弃物监测标准以及监测技术的应用

(1) 固体废弃物的监测标准。

目前我国已经有了从采样、制样到分析监测全过程比较完整的固体废物的监测及管理标准体系，所使用的设备也从原有的手工发展到机械化、自动化。对样品的标准化管理、分析仪器也从最初的化学分析法、目视比色法、分光光度法、原子吸收光谱法、气相色谱法发展到离子色谱、原子荧光光谱、液质联用、电感耦合等离子体发射光谱、电感耦合等离子体质谱法等。由于固体废物的分布不均匀性，组分复杂，形态多变，现已规定了《工业固体废物采样制样技术规范》，并有一套前处理标准方法。

（2）固体废弃物监测技术的应用。

关于固体废物的浸出方法标准有硫酸硝酸法、醋酸缓冲溶液法、水平振荡法，这三个方法对于固废浸出毒性鉴别的浸出程序存在着对不同粒径、浸提剂、液固比、振荡方式、浸提时间等方面的要求。李倩选取了 8 种不同类型的固废，将其制备成不同粒径，按照不同的浸出方法，分别在 H_2O、H_2SO_4-HNO_3、CH_3COOH 三种不同的浸提剂中，使用水平振荡和翻转振荡进行浸提实验，得到浸出液；另外又将这些固废研磨后进行全量消解，得到全量消解液。使用电感耦合等离子体发射光谱仪、冷原子吸收测汞仪、热分解齐化原子吸收测汞仪分别对浸出消解液和全消解液进行测定。实验结果表明，在设定条件范围内，粒径小、浸提液 pH 值低时，浸出液中重金属含量相对较高，振荡方式和浸提时间对于测定的结果则没有明显的差异化影响。在这三种浸提方法中，水平振荡法对重金属浸出迁移效率在 4.6%~53.4%，硫酸-硝酸法对重金属浸出迁移效率在 20.0%~80.1%，醋酸缓冲溶液法对重金属浸出迁移效率在 31.6%~89.9%，其中以醋酸缓冲溶液法浸出效率为最高。在固废中，挥发性有机物和半挥发性有机物含量较低、易挥发且基体干扰大，样品不经前处理很难直接测定。一般采用索氏提取、微波萃取、超声提取、快速溶剂萃取、超临界流体萃取、静态顶空和吹扫捕集等方法。为了评估固废在不同处置环境和方式下的环境风险，采用毒性浸出法，选用不同的浸提剂进行浸提。针对提取物中的干扰物质通常采用固相萃取和凝胶渗透色谱来净化固废中 VOCs 和 SVOCs 的提取液。为置换合适的样品提取溶剂或转换混合溶剂，并减少提取液的体积，常需要对其进行浓缩处理，一般采用旋转蒸发浓缩和氮吹浓缩。

4.1.9　噪声污染监测

园区拆解区及加工区企业作业时机械设备运行会产生噪声污染。因此在厂区设置噪声监测设施，对于噪声可能超标的厂区或区域设置隔声墙、绿化带等隔声设施，对管理区生活区等区域进行噪声监控。

4.1.9.1　布点

根据评价区域现有的噪声源及敏感点等声环境特征，在评价范围内按各类功能区布设具有代表性的环境噪声监测点。严格按照国家标准实施噪声污染控制措施，防止噪声污染。噪声污染监测的布点要覆盖整个园区监测范围，重点要布置在现有噪声源对敏感区有影响的那些电杆上，设在园区外围的东南、西南、东北西北四个方向。

4.1.9.2　监测时间

于各监测点进行噪声监测，监测时段为白天 8 点到 10 点，晚上 22 点到 23

点，4个采样点距离数连续监测3天，各监测点在每个时段监测一个值。

4.1.9.3 监测方法与仪器

根据工业园规划建设情况、园内已有和拟引进工业的噪声排放特点及工业园附近的声环境特征，确定该区域声环境评价为二级评价。采用《声环境质量标准》（GB 3096—2008），工业园商住区及学校采用1类标准，工业园周边的自然村采用2类标准，工业园内工业区采用3类标准。

4.1.9.4 园区噪声标准

所监测的对象为园区外围、其他散点企业外围的噪声达标状况，以及主要污染源．园区的噪声评价标准见表4-11。根据噪声污染监控体系，可对比园区和散点企业的噪声测量结果是否符合《工业企业厂界环境噪声排放标准》（GB 12348—2008）。

表4-11 园区噪声评价标准

评价因子	标准值	标准名称
昼间	65 dB(A)	《工业企业厂界环境噪声排放标准》
夜间	55 dB(A)	

4.1.10 园区综合管控方案

由于现行的环境监管方式存在不足，园区企业生产性质、类别也存在差异，使得进入下游污水处理厂的进水污染物种类、浓度各不相同，特别是个别企业不经处理或不经完全处理就直排入管，给下游污水处理厂管理带来很大困难。因此，要真正管理好污水这个生产链，就必须采取多方监管、共同负责、源头管控的原则。

4.1.10.1 先进有效的硬件支撑系统

征收上游排污企业超标超量费用的难点是无法取证，究其原因，是监控等硬件建设滞后于排污企业偷排手段。为了有效地保证进水按设计要求，建议在进水粗格栅前安装在线COD检测仪、在线pH计、监控摄像头，对来水进行24 h实时监控。由于COD检测仪存在一定的滞后性，摄像头在夜间不能显示来水的真实颜色，加之，虽然来水颜色、pH值正常，但水中含有对微生物有巨大危害的物质无法识别。因此，对白班和夜班巡检实行差异化管理，白班每隔两小时对进水口巡视一次，夜班每半小时巡检一次，并做好相关记录。若发现来水颜色、嗅味、pH值异常时，立刻上报，并做好异样水样的取样、留样等工作。当来水水质极可能对生化系统产生冲击时，在征得厂领导同意后，启动应急预案，待水质好转后，解除应急预案，恢复正常生产。

废水监测也可将多种在线传感器设置在生产企业内部，并且将园区内生产企业内部废水处理的情况与集中废水处理厂的运行直接关联。一旦企业内部排水的水质水量出现大变化，预警信息可及早反馈到集中废水处理系统，便于及时应对，调整工艺。同时规范化集中废水处理厂的运行管理，提高精细化管理水平。

4.1.10.2　强大有效的监督检查系统

权利失去制约就如逃脱牢笼的困兽，为所欲为。若再加上利益的驱动，作为下游治理污水的企业，污水处理厂将举步维艰，进水超出设计指标的前提下还要求出水满足要求，一旦超标，主管部门的天价罚单就会送到污水处理企业主管手中，政府有关部门就会以此为借口不付水费，在这样双重压力下，污水处理企业要么退市，要么冒险，但不管哪种方式，最终受害的还是百姓，还是当地的水环境。因此，在现有政府职能部门监督的基础上，建立立体的、全方位的监督管理体系势在必行。污水处理企业作为治水产业链的末端，具备监督上游排污企业排水的原动力，建议环保等职能部门建立环保督察协查员制度，由协查员发现问题，反馈给政府职能部门，由职能部门取样、处罚；建立公众参与机制，公众作为基层最普通的一员，具有享受优美环境的欲望和要求，利用公众庞大的群众基础，可以防微杜渐。建议公开环境监督举报电话，建立环境上访通道，将环境污染问题消灭在萌芽中，降低环境污染风险，确保环境质量。

4.2　生态工业园区污染控制措施

4.2.1　污水控制措施

近些年国家连续颁布了多项针对不同行业的水污染物排放标准。这些标准通常包含两类，即工业园区内生产企业排污单位排向下游废水处理系统的间接排放标准和直接向环境排放水污染物的直接排放标准。间接排放标准和直接排放标准均较《污水综合排放标准》(GB 8978—1996)中的相关标准值严格和全面。对于一些处于水环境承载力非常有限的地区的工业园区，环保部门还规定了更加严格的特别排放限值。

在工业园区中，通常企业内部需对有毒有害特征污染物进行单独处理，再采用物理、化学和生化等组合方法对企业内的全部废水进行处理，出水达到间接排放标准后可排入园区排水管网进入工业园区集中废水处理厂。经过集中废水处理厂深度处理后，达到直接排放标准后排入受纳水体。

4.2.1.1　污水收集

(1) 生态工业园区内企业不允许采用酸、碱和化学溶剂溶浸和提取贵金属，也不允许采用水洗的方法加工第七类废物，以防止产生更严重的工业废水。

(2) 生活污水、加工场所清扫污水、雨污水经过污水管道统一收集后进入生态工业园区污水处理设施集中处理。

（3）到加工场所的清扫污水通过地沟排入生态工业园污水管道之前设立简易沉淀池，使污水溢流进入污水管道，大颗粒物质预沉淀，以减少对污水管道的阻塞。

（4）生态工业园区采取必要措施保证生活污水、加工场所清扫污水、雨水、污水管道或沟渠的畅通，防止污水长时间停留、漫流，防止污水未经处理直接排放。

4.2.1.2 污水处理

（1）要保证所有污水处理设施进水和出水的畅通，保证日常设施正常运转。

（2）要防止集水池和调节池在非正常情况下（如特大暴雨）出现漫流，此种情况下可以采取应急处理措施。

（3）隔油池必须定期清除浮油渣（如十天清除一次），浮油渣不得露天堆放，应存放于专门设施或容器中，并定期进行处理。

（4）好氧池必须严格按照工艺设计参数进行曝气处理，保证池中活性污泥具有连续性和稳定性。

（5）絮凝沉淀池要严格按照工艺设计要求投加药剂量。

（6）沉淀池中的污泥应定期消除，脱水后的泥渣不得露天堆放，应存放于专门设施或容器中，并定期清运处理。污泥脱水后的污水应返回调节池或好氧池进行曝气处理。

4.2.1.3 维护和管理

（1）污水处理设施设备要经常检查，定期维护保养，做到专人负责好日常运行记录。

（2）污水处理管理人员或操作人员上岗前应进行必要的专业知识培训，能保证污水正常处理，能发现问题和解决问题。

（3）操作人员能进行必要的水质分析化验，保证污水达标排放。

4.2.2 固体废弃物控制措施

园区固体废弃物收集、存放要做到以下几点：

（1）生态工业园区产生的拆解废物、污水处理产生的污泥，以及办公垃圾、生活垃圾、道路清扫垃圾由园区环保部门统一收集，统一暂存。

（2）生态工业园区根据固体废弃物类别设立收集箱和集中堆放场所。

（3）生态工业园区内的企业应将拆解产生的垃圾按照可回收和不回收，易燃和不可燃烧分类存放，设立明显的区分标志，存放时间不得超过7天。

（4）生态工业园区内的企业不得在加工场所以外的地方进行拆解作业，不得将拆解垃圾堆放在加工场所以外的地方。

（5）加工企业拆解废物和堆存物品尽量在车间或工棚内进行，拆解废物产生的包装物、废塑料和废橡胶等易燃物不得长期存放。

（6）生态工业园区内的企业应保持车间或场所的清洁卫生，地油污染尘土、杂质等应及时清理并存放在加工场所内固定设施或容器中等待园区清运人员清理。

（7）公用道路、设施的垃圾做到每日清扫、清除。

4.2.3　废气与噪声控制措施

4.2.3.1　废气控制措施

（1）生态工业园区内企业拆解第六类和第七类废物不得采用冶炼、熔炼和焚烧的加工方法或工艺技术。

（2）生态工业园区内严禁焚烧各类废物物资和垃圾，防止产生大气污染。

（3）生态工业园区内的废物装卸、拆解加工、垃圾清扫、运输应尽量避免产生扬尘污染。

（4）暂存垃圾应尽量做到日扫日清，避免产生恶臭。

4.2.3.2　噪声控制措施

（1）严禁在加工场所以外的地方和园区集中休息时间进行废物的切割、剥锯，尽量减少连续性的高噪声。

（2）加工厂尽可能将高噪声设备放置在离办公、生活、休息场所较远的地方，对影响环境的噪声源采取降低噪声的措施，通过建立绿化隔离带、围墙、隔音棚等措施降低噪声。

（3）对接触高噪声的操作人员采取必要的劳动保护措施，并对长期接触高噪声岗位的工人进行必要的轮岗和休假制度。

5 生态工业园区评价体系研究

再生资源生态工业园区是为了满足社会快速发展、经济增长繁荣与迫切保护生态环境三者需求的最佳组合方式，同时也是处于发展中的我国从粗放型生产方式转向集约型生产方式，从资源浪费型、环境破坏型发展方式转向降低环境负荷压力、保护生态资源环境的同时促进发展的重要组合方式。对再生资源生态工业园区的发展以建设目标为导向，以评价指标体系为标准，以综合评价为依据，从指标体系的构建原则入手，构建科学、合理的评价指标体系和评价方法，从而达到"引导传统工业园区生态化改造，激励生态工业园区产业升级；评判生态工业园区的发展水平和阶段，鉴别其发展潜力；监测园区运行状况；调控发展方向；预测发展趋势，提供决策依据"。

管理学大师德鲁克曾以"无法度量就无法管理"来强调评价对于管理的意义。如何科学、有效、及时、公正并且全面地评价再生资源生态工业园区对于园区的管理与发展也同样重要。如何验收生态工业园区循环经济的发展成果、如何评价生态工业园区发展是否优良、如何为园区下一步发展进行指导和规划，需要一套科学的生态工业园区评价指标体系。本章主要从园区评价指标选取原则入手，分别从园区的建设、产业链、综合效率及生态安全四个方面对园区进行分项评价，最后，结合之前四方面的评价手段及指标构建园区的综合评价指标体系，对园区进行综合评价，从而可以合理、有效、快速、全面地检验生态工业园区的经济发展水平、发展方向、发展潜力，从理论和实践上指导园区健康、高效、可持续发展。

5.1 生态工业园区评价体系的概念

对规划实施后可能造成的环境影响进行分析、预测和评价，提出预防或者减轻不良环境影响的对策和措施，综合考虑所拟议的规划可能涉及的环境问题，预防规划实施后对各种环境要素及其所构成的生态系统可能造成的影响，协调经济增长、社会进步与环境保护的关系，为科学决策提供依据。启动时间为规划草案报送审批前。

园区规划环评较一般规划环评更具体和有针对性，在预测区域开发活动可能造成的环境影响的基础上，旨在协助区域建立一套包括环境功能、环保基础设施建设、环境监控系统等在内的可持续的环保管理方案，并为单个建设项目入区的环境可行性及环保审批提供依据。

5.1.1　规划编制流程

（1）确定任务；
（2）调查、收集资料；
（3）编制规划大纲；
（4）编制规划；
（5）成果。

5.1.2　基本要求

（1）符合国家和省、直辖市、自治区有关法律法规、产业政策的规定，制定了园区主导产业发展规划。产业园区应具有较为完善的公共基础设施，达到“五通一平”以上水平。园区内企业严格执行国家产业政策，不使用明令限期淘汰的生产工艺装备，近三年无重大环境、安全事故。

（2）产业园区主导产业突出，构建了工艺路线闭环发展的循环经济产业链。主导产业产值占比、主导产业企业数占比达到全省产业园区的先进水平。综合利用园区内企业废弃物，形成了较具规模、耦合度较高的资源综合利用产业链。

（3）资源能源集约利用水平高。单位土地平均投资强度、单位土地平均产出达到省内先进水平；建有污水集中处理设施，工业用水循环利用率达到80%以上；实现了集中供能，园区内企业余热余压实现充分利用。

（4）切实推进资源节约、清洁生产。园区规模以上企业单位工业增加值能耗达到全省先进水平。所有入园企业均能遵守国家和省级资源节约和环境保护有关法律法规，均完成国家和省、市下达的节能减排目标。80%以上的入园企业实施了清洁生产审核和能源审计，并通过了省经济和信息化委员会组织的专家评审。

（5）产业园区已制定循环经济实施方案，并通过了由市以上政府经信部门组织的评审（含国家发改委组织的评审）；试点实施方案提出的重大支撑项目已实施，并取得了显著成效。

（6）产业园区重视技术创新和信息化建设，建设有为园区主导产业相关企业服务的公共服务平台。

（7）所在地各级政府对产业园区在规划建设、产业发展、技术进步、财政政策、政务服务和人才发展等方面有倾斜支持政策。

（8）产业园区循环经济工作组织机构健全，正常持续开展工作；循环经济管理制度、激励机制执行情况良好。

5.1.3 相关法律依据

《中华人民共和国环境影响评价法》(2018.12.29 修正);

《中华人民共和国环境保护法》(2014.04.24 修订);

《中华人民共和国城乡规划法》(2019.04.23 修正);

《中华人民共和国水污染防治法》(2017.06.27 修正);

《中华人民共和国土地管理法》(2019.08.26 修正);

《中华人民共和国清洁生产促进法》(2012.02.29 修正);

《中华人民共和国循环经济促进法》(2018.10.26 修正);

《中华人民共和国节约能源法》(2018.10.26 修正);

《中华人民共和国河道管理条例》(2018.03.19 修订);

《建设项目环境保护管理条例》(国务院 253 号令,2017.07.16 修订);

《中华人民共和国环境影响评价法》(2018.12.29 起施行);

《重点管控新污染清单》(2023.03.01 实施);

《中共中央、国务院关于深入打好污染防治攻坚战的意见》(2021.11.02 颁布)。

5.1.4 ISO 14001 的简述

中国的工业园区环境管理可基本分为三个层次:以环境影响评价、“三同时”建设及排污收费为重点的污染控制,以 ISO 14001 为重点建立环境管理体系,以生态工业园区建设为重点的可持续发展。ISO 14001 对于中国国家生态工业示范园区的建设具有重要作用,为国家生态工业示范园区建设奠定了良好的基础。我国生态工业园区对 ISO 14001 的认证有着明确的要求,并且在一定程度上已经实现了这一标准。为了符合生态工业园区的标准,园区内需要按照 ISO 14001 的要求建立环境管理体系,并通过认证,持续有效运行 6 个月以上。这体现了园区对于环境管理的重视和对国际标准的遵循。园区内的工业污染企业中至少有 15%需要建立 ISO 14001 环境管理体系。这一比例要求确保了园区内部有一定数量的企业参与到环境管理的实践中,共同推动园区的环境友好发展。绿色管理指标中包括了园区企业的 ISO 14001 认证率,这表明 ISO 14001 认证率是衡量园区管理水平的一个重要指标。通过认证的企业在园区中的占比越高,说明园区在环境管理方面的表现越优秀。综上所述,可以看出我国生态工业园区在推动 ISO 14001 认证方面已经取得了一定的成效,并且将其作为提升园区环境管理水平的重要手段。这不仅有助于园区内部的可持续发展,也展示了我国在环境保护方面的积极态度和行动。

5.2　生态工业园区评价指标构建原则

对园区的评价应以可持续发展理论、循环经济理论、生态工业理论、物质流理论、系统分析理论等为理论基础，在此基础上遵循相应的理论原则选取适当的评价指标。对园区的评价应遵循以下几点：

（1）“3R”原则。“3R”原则是循环经济的基本原则，且有一定的实施顺序，首先是减量化，其次是再循环，最后是再利用。“3R”是循环经济中最重要的操作原则，从评价体系的设计角度讲，“3R”原则应是园区评价的首要和核心原则，其核心在于促进园区采用先进的生产工艺，实施清洁生产，减少单位产品的生产原料使用量和污染物排放量，避免二次污染。在保证服务的情况下，拆解的零部件可以多次使用而不报废，使物品寿命得到延长，达到资源使用最大化，即工业资源的减量使用、工业污染的减量排放，以及工业原料与产品的再循环和再利用。

（2）系统性原则。生态工业园区本身就是一个复杂的巨系统，园区所形成的经济环境是一个非线性系统，影响其发展的因素非常多，对于这样一个复杂的经济系统，必须贯彻系统性的评价原则，删繁就简，使评价体系简单明了、重点突出。确保评价指标体系中的各指标之间的相互联系与相互制约性，依据系统的理论要求选择指标，由总指标分解成次级指标，组成树状结构的指标体系，使体系中的各个要素及其结构都能满足系统优化的要求。

同时，系统性原则也要求，在构建园区评价指标体系时，需要将园区视为一个大的经济系统中的子系统，从宏观的经济系统角度评价物质的输入与输出，这一子系统对输入与输出物质流的影响是该子系统区别于其他经济系统的本质特点。

（3）阶段性原则。生态工业园区的发展处于动态的发展过程，我国经济增长模式的转变、产业结构的升级、工业布局的优化、新型工业化的发展思路也是一个动态、持续发展的过程，同时，民众环保意识的增强，对于生态环境的关注与关心也影响工业产业的发展趋势，所以在对工业生态园区评价时，要以发展的眼光看待园区的发展，考虑到园区的动态变化，综合当时的经济环境与发展阶段，科学、合理地评价生态工业园区的建设水平，反映园区实际建设状况，指导园区不断完善，引导园区的发展趋势，从而发挥评价体系对园区建设的推动和导向作用。

5.3　生态工业园区评价指标选取原则

对园区评价指标的选取除了遵循可持续发展理论、循环经济理论、生态工业理论、物质流理论、系统分析理论等理论外，对园区的具体评价指标选取原则需遵循以下几点：

（1）目的性原则。评价指标的选取要考虑到评价目的，也就是说，指标的选择要服从系统评价目的。要以再生资源产业的资源投入前和资源投入后给整个产业园区带来的效益作为产出来确定指标体系。

（2）相关性原则。评价指标的选取要与园区的核心产业保持高度的相关性，以工业生产为核心，以工业消费为准绳，完整准确地评价生态工业园的发展状况。

（3）科学性原则。评价指标体系的设计和选取必须建立在充分认识、系统研究的科学基础上，能够充分地反映出再生资源生态加工园区的真实发展水平。

在设计指标体系时，要考虑理论上的完备性、科学性和正确性，即指标概念必须明确，具有一定的科学内涵，指标的选择、指标权重的确定、数据的选取和综合评价结果的计算与合成必须以公认的科学理论为依据。所设计的指标物理意义必须明确、容易理解，而且要符合我国的国情和园区的实际情况。

（4）可操作原则。所选取的评价指标基本数据应该容易获得，具有可测性和可比性，易于量化处理。评价指标的选取应充分考虑数据的可获得性和指标量化的难易程度，保证评价的顺利进行，以及其分析成果的运用和推广。

（5）不重叠原则。所选取的评价指标体系中同类指标应避免重复，不同类指标应相互独立。评价指标应能全面反映生态工业园发展的各种因素，同时要注意指标含义尽量不重叠，水平指标和速度指标相结合，反映状态的指标与反映趋势变化的指标相对应，确保评价指标体系中既有反映发展水平的指标，又有反映动态变化的指标。达到静态评价与动态评价相结合。

（6）可比性原则。评级指标的选取要保证不同园区评价结果能横向比较，同一园区在时间序列上能纵向比较。评价指标体系所选取的指标要考虑到数据获取的难易程度和可靠性，充分利用现有的统计资料或直接从有关部门获得。一方面，数据要易于获得；另一方面，指标要方便在实践中准确计算。此外，对于同一个指标必须保证数据来源一致，确保可比性。

（7）全面性与典型性原则。再生资源产业园是一个复杂的系统，产业园投入的资源多样化，包括人力，物力和财力等；而其产生的效益更是涉及经济效益、社会效益和环境效益的方方面面。单一或少量的指标无法准确反映效率水平，但指标过多又会将问题复杂化，难以把握精髓。

因此，不需要选取所有的指标，只需要选择具有代表意义的指标即可。当某些指标存在高度相关性时，只需选择最具代表性的信息基建共享类指标、管理与发展类指标、环境保护类指标、产业共生类指标和核心企业水平，其中前三项属于控制性指标，后两项属于指导性指标；每一个二级子目标下又各有具体的指标。具体指标及其单位见表 5-1。

表 5-1　再生资源生态加工园区建设规划评价指标

总指标	一级子指标	二级子指标	具体指标及其单位
再生资源生态加工园区建设规划综合评价	控制性指标	信息基建共享类指标	(1) 资源信息共享网络平台累计投入率(%)
			(2) 园区污水集中处理率(%)
			(3) 中水管网铺设覆盖率(%)
			(4) 生态景观建设维护累计投入率(%)
		管理与发展类指标	(5) 再生资源生态加工园区政策法规制定与实施
			(6) 生态工业相关技术研发和推广投入率(%)
			(7) 园区内企业清洁生产审核通过率(%)
			(8) ISO 14001 认证通过率(%)
			(9) 产品环境标志认证通过率(%)
			(10) 园区生态工业管理技术人员能力指数(1)
		环境保护类指标	(11) 工业用水重复利用率(%)
			(12) 万元 GDP 工业能耗（吨标准煤/万元）
			(13) 绿色能源消费占有率(%)
			(14) 噪声达标区覆盖率(%)
			(15) 工业废水、废气、固体废弃物排放达标率(%)
			(16) 园区年中水回用率(%)
	指导性指标	产业共生类指标	(17) 园区能源梯级利用覆盖率(%)
			(18) 产业链布局优化程度(%)
			(19) 生态链运行效率水平(万元)
		核心企业水平	(20) 产品清洁效率(%)
			(21) 工艺技术及设备的先进性(%)

5.4　生态工业园区评价指标体系

5.4.1　评价指标体系覆盖及审查

5.4.1.1　覆盖内容

生态工业园区评价指标体系应当分析、预测和评估以下内容：

(1) 产业园区规划实施可能对相关区域、流域、海域生态系统产生的整体影响。

(2) 产业园区规划实施可能对环境和人群健康产生的长远影响。

(3) 产业园区规划实施的经济效益、社会效益与环境效益之间以及当前利益与长远利益之间的关系。

固废生态工业园区评价过程如图5-1所示。

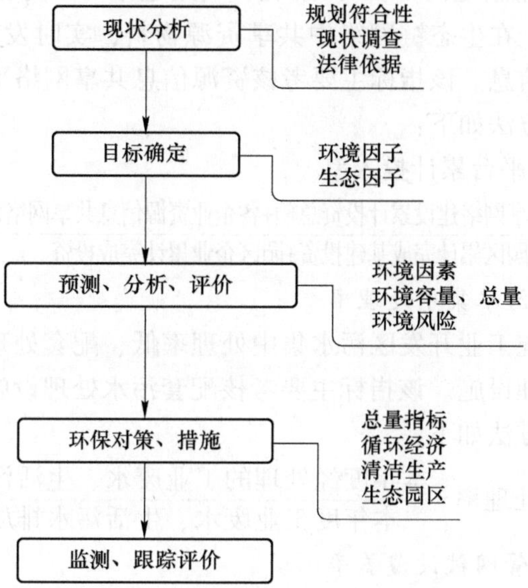

图5-1 固废生态工业园区评价过程

固废生态工业园区评价体系审查机构见表5-2。

表5-2 固废生态工业园区评价体系审查机构

产业园区规划环评类别	审查机构
国家级产业园区	生态环境部组织审查
省级产业园区以及涉及化工、印染、电镀、酿造、重金属等重污染定位产业园区	省环境保护主管部门组织审查
省级有关部门设立的特色产业园区	产业园区所在地省辖市环境保护行政主管部门组织审查
其他各类产业园区	设立该产业园区的市、县同级环保部门组织审查

5.4.1.2 规划跟踪评价

规划实施后及时组织力量，对环境影响及预防或减轻不良环境影响对策和措施的有效性进行调查、分析、评估，发现有明显的环境不良影响的，及时提出并采取新的相应改进措施。

5.4.2　工业园区评价指标体系

5.4.2.1　资源信息共享网络平台累计投入率

园区企业应依靠企业内部 ERP 系统、利用基于 GIS 等空间技术的园区物料资源共享信息平台，在生态链网络中共享资源物料，实时发布企业富余的物资、设备及生产能力等信息。该指标主要考核资源信息共享网络平台的建设力度。

该指标的计算方法如下：

$$\text{资源信息共享网络平台累计投入率} = \frac{\text{园区管委会资源信息共享网络建设累计投资总额}+\text{各企业资源信息共享网络建设累计投资总额}}{\text{园区累计完成基建投资}+\text{园区企业累计完成投资}} \times 100\%$$

5.4.2.2　园区污水集中处理率

园区应改变传统工业开发区污水集中处理率低、配套处理设施闲置状态，充分利用配套污水处理设施。该指标主要考核配套污水处理设施利用程度。

该指标的计算方法如下：

$$\text{园区污水集中处理率} = \frac{\text{本年度经处理的工业废水、生活污水总量}}{\text{本年度工业废水、生活污水排放总量}} \quad 100\%$$

5.4.2.3　中水管网铺设覆盖率

中水管网作为园区必要基础共享设施，对企业运行期减少水资源消耗具有显著影响。该指标主要考核中水管网建设的完善程度。

该指标的计算方法如下：

$$\text{中水管网铺设覆盖率} = \frac{\text{中水管网铺设覆盖企业数量}}{\text{园区企业总数}} \quad 100\%$$

5.4.2.4　生态景观建设维护累计投入率

园区建设应最大限度地整合当地特有的自然资源和生态环境，建立和维护园区和谐的自然生态景观。该指标主要考核生态环境景观建设力度。

该指标的计算方法如下：

$$\text{生态景观建设维护累计投入率} = \frac{\text{本年度生态景观维护投资} + \text{历史年度生态景观建设累计投资总额}}{\text{园区累计完成基建投资} + \text{园区企业累计完成投资}} \quad 100\%$$

5.4.2.5　再生资源生态加工园区政策法规制定与实施

园区应结合国家和地方政策法规及园区自身特征制定适合的政策法规，同时进行有效的实施。该项指标的确定可利用专家打分法，请当地监管部门对该项指标进行打分。

5.4.2.6　生态工业相关技术研发和推广投入率

技术研发与推广需要园区企业不断投入，企业须提出技术需求并提供研发基金，配合高等院校及科研机构协同解决问题。该指标主要考核园区技术发展潜力。

该指标的计算方法如下：

$$\text{生态工业相关技术研发和推广投入率} = \frac{\text{企业生态工业技术研发和推广累计投资总额}}{\text{园区累计完成基建投资} + \text{园区企业累计完成投资}} \quad 100\%$$

5.4.2.7 园区内企业清洁生产审核通过率

清洁生产审核是推进企业清洁生产的有力手段。该指标主要考核园区清洁生产推行力度。

该指标的计算方法如下：

$$\text{园区内企业清洁生产审核通过率} = \frac{\text{现期通过清洁生产审核企业总数}}{\text{现期园区内企业总数}} \quad 100\%$$

5.4.2.8 ISO 14001 认证通过率

ISO 14001 标准认证是衡量园区企业清洁生产实现程度、绿色制造推进程度及园区管理水平的重要参考。该指标主要考核园区企业环境管理水平。

该指标的计算方法如下：

$$\text{ISO 14001 认证通过率} = \frac{\text{现期通过 ISO 14001 认证企业总数}}{\text{现期园区企业总数}} \quad 100\%$$

5.4.2.9 产品环境标志认证通过率

产品环境标志使企业产品更具竞争力，越来越多的企业用带有环境标志的产品开拓市场。该指标主要考核园区企业产品在生产制造过程中对环境的影响程度。

该指标的计算方法如下：

$$\text{产品环境标志认证通过率} = \frac{\text{各企业拥有环境标志产品数量总和}}{\text{园区内企业产品数量总和}} \quad 100\%$$

5.4.2.10 园区生态工业管理技术人员能力指数

生态加工园区在管理上要配套独立的管理团队及相当数量的技术支撑人员，为园区企业生产、运行、发展提供服务。此指标综合考虑人员经验（职称）和学历素质（学位）因素，全面衡量生态工业管理技术人员的综合能力。指标主要考核园区配套管理技术人员的能力及素质水平。

该指标的计算方法如下：

园区生态工业管理技术人员能力指数(单位为1)

= 园区生态工业管理技术人员职称指数 + 管理技术人员学位指数

其中：

管理技术人员职称指数 = $\sum$ 第 n 等级职称人数 × 职称系数；

管理技术人员学位指数 $=\sum$ 第 n 等级学位人数 × 学位系数；

职称系数：高级为5，中级为3，初级为2，其他为1。学位系数：博士为5，硕士为4，本科为2，其他为1。

5.4.2.11　园区工业用水重复利用率

由于企业对水质需求不同，可多次重复利用水资源，减少水资源的实际消耗量，有效降低企业运营成本。该指标主要考核园区循环用水能力。

该指标的计算方法如下：

$$\text{园区工业用水重复利用率}=\frac{\text{本年园区内工业用水重复利用总量}}{\text{本年园区工业用水利用总量}}\quad 100\%$$

5.4.2.12　万元 GDP 工业能耗

万元 GDP 工业能耗（单位为吨标准煤/万元）用以衡量整个生态加工园区的节能水平。该指标主要考核园区每万元产值消耗能源资源（包括电力、燃气、燃油、煤炭）的情况。此指标与园区主导产业行业特征密切相关，可在一定范围内借助行业系数进行必要调整。

该指标的计算方法如下：

$$\text{万元 GDP 工业能耗}=\frac{\text{本年度生态加工园区内企业总能耗（吨标准煤）}}{\text{本年度生态加工园区内企业工业总产值（万元）}}$$

5.4.2.13　绿色能源消费占有率

绿色能源包括不产生或很少产生污染物的风能、太阳能等可再生能源。该指标主要考核园区绿色能源使用程度。

该指标的计算方法如下：

$$\text{绿色能源消费占有率}=\frac{\text{本年度绿色能源能耗（吨标准煤）}}{\text{本年度能源消耗总量（吨标准煤）}}\quad 100\%$$

5.4.2.14　噪声达标区覆盖率

园区在进行废旧机电产品再利用的过程中涉及拆解及生产过程中机械设备等的噪声，因此需对噪声进行监测。可将园区根据不同功能分区划分为不同的小区域，针对这些区域进行定期监测。

该指标的计算方法如下：

$$\text{噪声达标区覆盖率}=\frac{\text{噪声达标区}}{\text{噪声划分总区域}}\quad 100\%$$

5.4.2.15　工业废水、废气、固体废弃物排放达标率

废水、废气、固体废弃物减排率先体现了建设生态工业园区前后废物减量化程度。生态工业园区建设过程中，应大幅度削减废水、废气、固体废弃物的排放。

该指标的计算方法如下：

$$\text{工业废水、废气、固体废弃物排放达标率} = \frac{\text{废水、废气、固体废弃物达标处理后排放量}}{\text{废水、废气、固体废弃物产生总量}} \quad 100\%$$

5.4.2.16　园区年中水回用率

园区年中水回用率作为评价指标不仅可以反映企业对水源利用和节约程度，还对园区外中水资源提出较好的需求导向。该指标主要考核园区企业中水使用程度。

该指标的计算方法如下：

$$\text{园区年中水回用率} = \frac{\text{本年度园区企业中水使用量总和}}{\text{本年度园区企业用水量总和}} \quad 100\%$$

5.4.2.17　园区能源梯级利用覆盖率

能源梯级利用可以提高能源的综合利用率，有效降低企业运营成本。进一步提高园区企业竞争力。该指标主要考核园区能源梯级利用实现程度。

该指标的计算方法如下：

$$\text{园区能源梯级利用覆盖率} = \frac{\text{能源梯级利用网络覆盖企业数}}{\text{园区企业总数}} \quad 100\%$$

5.4.2.18　产业链布局优化程度

优化产业链内企业布局，即通过优化设计，使园区内的工业布局有利于物料最大程度地交换，实现运输费用最低，这要求园区在建设规划初期必须充分考虑如何通过优化产业链内的企业布局，降低企业生产运营成本，提高园区企业竞争力。该指标主要考核园区产业共生链规划布局水平。

该指标的计算方法如下：

$$\text{产业链布局优化程度} = \frac{1 - \text{园区规划应迁移企业数量}}{\text{园区企业总数量}} \quad 100\%$$

此外，该指标也可采用专家讨论确定该指标得分。

5.4.2.19　生态链运行效率水平

生态链运行效率主要由两方面决定：一是园区内上下游企业物料交换规模匹配程度。如果上游物料供给量和下游物料需求量差异过大，将导致物料供需不匹配，运行效率降低。二是生态链内企业生产运行稳定程度。如果上游企业产能波动较大，下游企业将无法适应性调整，使生态链内企业联系涣散，降低运行效率。该指标主要考核园区内上下游企业规模匹配程度及生态链内企业运行稳定程度。

该指标的计算方法如下：

生态链运行效率水平(万元) = 生态链内企业物料规模匹配程度 + 生态链内企业生产运行稳定程度

其中：

$$\text{生态链内企业物料规模匹配程度}=\frac{\sum(\text{第}\,i\,\text{类副产品和再生资源供给量}-\text{第}\,i\,\text{类副产品和再生资源消耗量})}{\text{园区企业总数}}$$

$$\text{生态链内企业生产运行稳定程度}=\frac{\sum(\text{第}\,i\,\text{家企业当年最大日产值}-\text{第}\,i\,\text{家企业当年最小日产值})}{\text{产业链内企业总数目}}$$

此外，该指标也可采用专家讨论确定该指标得分。

5.4.2.20　产品清洁系数

指在产品的整个生命周期中，包括生产、流通、使用及使用后的处理处置，不会产生环境污染、生态破坏和危害人体健康的产品。因此，在开发和设计清洁产品时，应考虑节约原材料和能源，不用或少用有毒有害原料，生产过程中不产生或少产生“三废”，包装合理，使用安全，使用后易回收、重复使用和再生。

该指标的计算方法如下：

$$\text{产品清洁系数}=\frac{\text{产品有毒有害成分含量}}{\text{产品总成分含量}}\quad 100\%$$

5.4.2.21　工艺技术及设备的先进性

建设再生资源生态加工园区，应提高园区内企业（组织）的技术水平。

5.4.3　机电产品综合利用产业链评价指标体系

5.4.3.1　产业链发展水平指标

产业链发展水平指标包括经济发展水平指标和环境保护水平指标。经济发展水平指标即废旧机电产品综合利用产业链的生产力指标，用于评价产业链整体经济发展的状况，主要用于研究在现有的技术条件与管理水平下，废旧机电产品综合利用产业链规划的构建形式能否具备自发的市场扩张能力带动经济的发展。如果无法有效扩张，则需要确定是环境激励政策存在问题，还是现有的规划或者技术与管理水平存在问题。其后针对问题，对产业链进行调整改进，环境保护水平指标主要考虑了产业链规划后产生的环境效益，即企业之间通过链接是否有效地提高了环境的绩效，减少了废物的排放，必要的排放是否得到了妥善的处置，以及生态建设情况等。

5.4.3.2　产业链特征指标

评价产业链本身的柔性，资源的循环利用效率等情况，评价其柔性主要是研究规划的废旧机电产品综合利用产业链是否稳定，如果上下游企业生产发生变化，相关企业能否及时调整维护产业链的平衡。柔性反映了产业链系统的稳定性和抗风险能力。评价资源利用情况的目的主要是研究企业和整个产业链是否贯彻了“3R”原则。一般而言，废物资源化率、资源重复利用率越高，可说明绿色关联技术发展水平越高，产业链系统发展得越好，从而经济发展对环境的压力就越小。通过这些指标可以找出产业链规划的不足，研究其改进方案，提高产业链的稳定性，发挥其环保和经济带动作用。

5.4.3.3 评价指标体系及各项指标

根据以上原则及方法，设计再生资源生态工业园区产业链评价指标体系如表5-2所示。

5.4.4 指标的含义及计算

5.4.4.1 经济发展水平指标

A 人均工业产值

该指标的计算方法如下：

$$\text{人均工业产值(万元)} = \frac{\text{园区内所有企业工业产值之和(万元)}}{\text{园区职工总人数(人)}} \quad 100\%$$

B 工业产值年均增长率

该指标的计算方法如下：

$$\text{工业产值年均增长率(\%)} = \frac{\text{第 } n \text{ 年园区工业产值}}{\text{最初园区工业产值} - 1}$$

C 万元工业产值综合能耗/吨标准煤

万元工业产值综合能耗是一定时期企业单位综合能源消费量与工业总产值的比例，是反映企业能源经济效益高低的综合指标。

该指标的计算方法如下：

$$\text{万元工业产值综合能耗} = \frac{\text{能源消耗总量(吨标准煤)}}{\text{工业产值(万元)}}$$

5.4.4.2 环境保护水平指标

A 危险废物安全处理率

通常指实施资源化后能避免产生危险废物的安全处置，是废物污染控制的末端环节，主要方式为焚烧和安全填埋。

该指标的计算方法如下：

$$\text{危险废物安全处理率(\%)} = \frac{\text{危险废物安全处置量(t)}}{\text{危险废物产生量(t)}} \quad 100\%$$

B 工业废水排放达标率

该指标的计算方法如下：

$$\text{工业废水排放达标率(\%)} = \frac{\text{工业废水达标处置量(t)}}{\text{工业废水产生量(t)}} \quad 100\%$$

C　工业废气排放达标率

该指标的计算方法如下：

$$工业废气排放达标率(\%)=\frac{工业废气达标处置量(t)}{工业废气产生量(t)}\times 100\%$$

D　工业废物综合利用率

该指标的计算方法如下：

$$工业废物综合利用率(\%)=\frac{当年综合利用工业废物总量(t)}{当年工业废物产生量(t)+综合利用往年储存工业废物量(t)}\times 100\%$$

5.4.4.3　柔性特征指标

A　产品种类可替代率

该指标的计算方法如下：

$$产品种类可替代率(\%)=\frac{可被替代产品数(种)}{产品总数(种)}\times 100\%$$

B　原材料可替代率

该指标的计算方法如下：

$$原材料可替代率(\%)=\frac{可被替代原材料数(种)}{原材料总数(种)}\times 100\%$$

C　产业链的多样性

生态工业园区内各企业的废弃物正好能被其他企业利用，园区内企业间可形成上下游产业链，可能只有一条，也可能存在多条产业链。多样性指标是指该生态工业园区中的企业所能形成的产业链条数，因此该指标越大越好。

5.4.4.4　重复利用指标

A　原材料循环利用率

该指标的计算方法如下：

$$原材料循环利用率(\%)=\frac{1-补充原材料}{循环原材料}\times 100\%$$

B　水资源重复利用率

该指标的计算方法如下：

$$水资源重复利用率(\%)=\frac{1-补充水量}{循环水量}\times 100\%$$

C　能源重复利用率

该指标的计算方法如下：

$$能源重复利用率(\%)=\frac{1-补充能源}{循环能源}\times 100\%$$

5.4.4.5 基础设施指标

A 企业间信息共享率

该指标的计算方法如下：

$$\text{企业间信息共享率}(\%)=\frac{\text{园区企业共享信息量}}{\text{园区企业信息总址}}\quad 100\%$$

B 废物处理共享设施比例

该指标的计算方法如下：

$$\text{废物处理共享设施比例}(\%)=\frac{\text{园区废物处理共享设施数(种)}}{\text{园区废物处理共享设施总数(种)}}\quad 100\%$$

5.5 生态工业园区综合评价

园区建设评价指标体系是对园区的基础设施建设、环境保护投入、园区内企业的管理发展水平等的评价，更多地考虑园区及园区中企业本身的能力。综合评价中这一部分的得分反映了园区的定位和实际建设水平，以及其中入驻企业的发展管理水平和环境友好度。

产业链评价指标体系则是来衡量园区内产业链规划的发展水平、产业链本身的柔性和资源的循环利用效率等情况的。研究园区规划的产业链是否稳定，一旦上下游需求出现波动，产业链是否能及时调整保持平衡，完善的产业链具有抗波动能力强，与其所处的经济、社会和自然环境系统和谐等特点。这一部分的得分可以度量园区所构建的产业链是否完善，清楚地指出园区的产业链处于什么发展水平，为管理者有针对性地加强产业的建设提供依据。

综合效率评价指标体系考虑了园区的经济效益和环境效益，以及资源的投入和产出，全面衡量园区所创造的收益。综合效率评价的指标如万元工业产值的能耗、水耗、电耗，科研投入占工业产值的比重、万元产值碳的排放量等，综合评价中此部分的得分能准确地衡量园区的综合效率。

健康的生态系统是稳定的和可持续的，能够维持它的组织结构和自治，以及保持对胁迫的恢复力；反之，不健康的生态系统，是功能不完全或不正常的生态系统，其安全状况则处于受威胁之中。我们应确保园区的运作给环境带来的负担在合理的范围内，所以在园区综合评级中建立生态安全评价指标体系是必不可缺的。

园区综合评价体系的建立对于现有的工业园有着积极的指导和规划作用，所以园区综合评价方法的研究就显得迫在眉睫。园区综合评价是一个复杂的系统工程，本节主要有四个评价体系：建设评价指标体系、产业链评价指标体系、综合效率评价指标体系和生态安全评价指标体系进行综合计算评分，对园区的综合水平加以评估，有效地区别和判断园区是否满足要求和条件，为规划园区建设、加强园区管理和监督给出了有力的指导。

由于评价生态工业园区是一个复杂的系统工程，它涉及园区的建设水平、园区的产业链规划、园区的综合效率和生态安全。对单一项目建立了评价指标体系，有利于园区对该项目的具体情况有更加清晰的了解，并有针对性地加强该因素建设，满足生态工业园区的要求。本节涉及的园区综合评价是多因素评价，多因素评价方法很多，如综合加权计分法和神经网络法。下面分别对这两种方法的原理以及如何应用到园区综合评价中进行展开。

5.5.1　园区综合效率评价概述

自 2002 年 9 月国家环保总局（现生态环境部）污染物排放总量控制司在宁波召开再生资源加工园区座谈会以来，全国许多地方纷纷投资建立专门从事再生资源加工的产业园区。园区这个再生资源产业的新生事物迅速在我国的沿海和内陆地区蔓延开来，开始了如火如荼的发展。与此同时，园区的综合效率问题逐渐显现出来。再生资源生态加工园区的建立需要消耗大量的人力和物质资源，发展得好将对经济和社会产生积极影响。若发展得不好，有可能造成更大的资源浪费。为此我们需要建立统一、完善的评价体系对其综合效率进行评价，找出发展中存在的问题进而寻求解决的方法。

1994 年英国国家政府提出可持续发展指标体系框架。这一指标体系由四类指标构成：经济健康发展、保护人类健康和环境、不可再生资源必须优先利用、可再生资源必须可持续利用。这套指标主要是针对国家提出的，包括 21 个专题 123 个指标。2000 年，英国又制定了针对局部区域的社区指标体系——社区生活质量指标。1995 年世界银行提出一套全新的可持续发展指标体系，又称为“新国家指标体系”，该指标体系从自然资本、生产资产、人力资源和社会资本四类因素出发，考察一个国家或地区的实际财富及可持续发展能力随时间的动态变化特征，它突出了自然资源的保护，人力资源的开发及基础设施的建设对于一个国家经济可持续发展的重要性。发达国家在废旧机电产品的技术开发产业链，建立生态工业园区综合评价方面做了大量工作，如今废旧机电产品回收业作为保护环境的“绿色工程”在发达国家受到高度重视。

对再生资源生态加工园区的评价研究是一个涉及环境科学、经济学和管理学等多个领域的综合性课题，以评估园区内企业对再生资源的处理能力，以及资源的循环利用率。这包括对废弃物的分类、回收、处理和再利用的效率和效果。考察园区在运营过程中对环境的影响，包括废水、废气、固体废物的处理情况，以及对周边环境的污染控制措施。评价园区是否采用了先进的再生资源处理技术，以及这些技术的实际应用效果，如清洁生产技术、废物零排放技术等。分析园区的经济效益，包括生产成本、产品销售、利润等方面，以及园区对当地经济发展的贡献评估，园区对社会就业、当地居民生活质量、社区发展等方面的影响。检查园区是否符合国家和地方关于环保、资源回收等方面的政策和法规要求。观察园区是否采取措施改善当地生态环境，如增加绿化面积、改善景观设计等。综合评估园区的可持续发展能力，包括资源利用的可持续性、生态环境的可持续性、经济的可持续性等。考察园区是否鼓励和促进了公众对环保和资源回收意识的提升，以及公众参与的程度和效果。对园区可能面临的环境风险和运营风险进行评估，以及园区的风险管理能力。对再生资源生态加工园区的评价研究是一个多维度、多层次的过程，需要综合考虑环境、经济、社会等多个方面的因素。通过这样的评价，可以全面了解园区的运营状况，为园区的改进和发展提供科学的依据和建议。

5.5.2 园区综合效率评价模型介绍

再生资源生态加工园区综合效率的评价方法很多，如数据包络分析法（Date Envelopment Analysis，DEA）、层次分析法、模糊分析法。相比较而言，DEA 方法在解释力和应用性方面具有明显的优势，因此在工业生产、排污分析等领域得到广泛的研究和应用。

5.5.2.1 DEA 方法概述

DEA 是运筹学、管理学与数理经济学交叉的一个领域，它是由 Charnes 与 Cooper 等于 1978 年创建的以系统的投入、产出指标的权系数作为优化变量，主要采用数学规划的模型评价具有多输入多输出的部门或决策单元（Decision Making Unit，DMU）之间的相对有效性，是一种非参数的评估方法，也是生产前沿面的一种有效方法。由于无须事先估计参数，DEA 方法特别适用于具有多投入、多产出的复杂系统。

A DEA 方法的评价原理

DEA 的特点是不需要考虑投入与产出之间的函数关系，而且不需要预先估计参数任何权重假设，避免了主观因素，直接通过产出与投入之间加权和之比，计算决策单元的投入产出效率。由于 DEA 具有这种评价特点，在过去 20 多年里取得大量的理论研究与实践应用的成果，在近几年被用于环境效率的评价研究。

DEA 效率评价的基本思路是把每个被评价单位作为一个决策单元，再由众多决策单元构成被评价群体，通过对投入和产出比率的综合分析，建立最优边界，并测量相对于边界的效率。通过对输入和产出数据的综合分析，DEA 可以得出每个决策单元的综合数量指标，据此将各 DEA 定级排队，确定有效的（即相对效率最高的）决策单元，并指出其他决策单元非有效的原因和程度，给评价者提供管理信息。DEA 还能判断各决策单元的投入规模是否恰当，并给出了调整投入规模的正确方向和程度。将 DEA 应用于园区的循环经济综合效率评价中，基于 DEA 所获得的效率值为相对效率值，而非绝对效率值，通过相对效率的比较，评价若干生态工业园区的循环经济的发展。

B DEA 方法的优点

在处理多投入、多产出的复杂问题时，DEA 方法的优点主要表现在以下几个方面：

（1）DEA 方法可以同时计算决策单元的各项投入与产出的相对效率，无须事先知道投入与产出之间的函数形式，实际操作时也无须估计参数。

（2）每个决策单元的投入与产出比重都是模型根据最优化原则自行计算出来的，不是由决策者人为制定的，避免了主观因素的干扰，更加符合公平客观的原则。

（3）绝大多数的多准则决策方法在计算之前常常要进行数据的无量纲化，极有可能导致计算的结果不同，而 DEA 方法不受计量单位的影响，指标无须量纲化，更加精确。

（4）DEA 方法不仅能对决策单元的有效性做出判断，而且还可以为决策者提出改善决策单元的信息建议，帮助决策者做出科学的决策。

（5）DEA 方法适用于多种类型的数据，不但可以处理比例尺度数据，也可以处理顺序尺度数据。

C DEA 方法应用于生态工业园区综合效率评价的优点

（1）所需指标少，具有较高的灵敏度与可靠性，降低了对园区评价的数据需求。

（2）可以对无法价格化甚至难以轻易确定权重的指标进行分析，避免了人为确定权重的主观影响，各测量指标能够以原来的面目出现，不必统一单位，大大简化了测量过程，保证了原始信息的完整。

（3）DEA 可以对具有多指标投入和多指标产出特点的相同单元的相对效率进行综合评价，不需要任何变量间的函数假设，特别适合相同的生态工业园区之间的比较。

5.5.2.2 基于 DEA 的模型

DEA 方法最常见的模型是由 Charnes 和 Cooper 于 1978 年首先提出的，以相对效率概念为基础发展起来的一种效率评价方法——CR 模型，CR 模型对决策单元有效性和技术性同时进行评价，即 CR 模型中的有效决策单元不但规模适当而且管理水平高。

假设 CR 模型中有 n 个决策单元，每个决策单元有 m 种输入和 s 种输出，x_{ij} 表示第 i 个决策单元的第 j 种投入量（其中 $i=1, 2, 3, \cdots, m$；$j=1, 2, 3, \cdots, n$），y_{rj} 表示第 i 个决策单元的第 r 种产出量（其中 $r=1, 2, 3, \cdots, m$；$j=1, 2, 3, \cdots, n$）。

5.5.2.3 DEA 评价的指标体系构成

DEA 方法主要涉及两类指标，即投入指标和产出指标。因此，为了更好地发挥模型的评价功能，需要建立一套专门针对废旧机电产品再生利用的综合效率评价指标体系。结合废旧机电产品回收的特定情况，确定 DEA 方法的投入指标主要从资源投入、经济投入和人力投入三方面考虑，而对于产出指标主要从环境产出、经济产出和资源产出三方面综合计算。

5.5.3 园区的生态安全评价指标体系

5.5.3.1 生态安全的概念与特点

在全球环境不断恶化的背景下，生态安全问题已经成为当代人类面临的最主要的挑战之一。生态安全也已经从最初的自然生态环境的安全性转变成关于自然生态安全、经济生态安全及社会生态安全的一个综合安全性。生态安全评价是生态安全的核心问题，只有通过对生态安全进行一个综合性的评价才能知晓生态环境的健康程度。对于广义的生态安全来说，生态安全评价是需要多学科互补的领域，因为它不仅涉及自然科学，同时社会科学的评价也具有极高的战略地位。目前我国各地的产业园区都处于初步发展阶段，研究再生资源生态工业园区的生态安全评价指标体系对判断这些园区的建立发展是否有效具有重要的意义。

A 生态安全的概念

早在 1989 年，国际应用系统分析研究所（International Institute for Applied Systems Analysis，IASA）已经提出了广义的生态安全概念，包括自然生态安全、经济生态安全和社会生态安全，组成一个复合人工生态安全系统。而狭义的生态安全是指自然和半自然生态系统的安全，即生态系统完整性和健康的整体水平反映。

生态安全不仅仅指社会环境的安全，它还是所有物种健康安全的体现，是一个包括了自然环境、社会环境及人文环境在内的一个整体的生态安全体系。针对不同类对象的生态安全，国内外学者对生态安全的定义有着许多不同的认识。目前，根据生态安全强调的两个不同层面，生态安全概念大体可以分为两类：第一类，强调生态系统自身健康、完整和可持续性；第二类，强调生态系统对人类提供完善的生态服务或人类的生存安全。

针对生态安全所强调的不同类别，国内外专家学者提出了更多不同的生态安全概念。Malin Falkenmark 指出，生态系统的安全是生态安全的基础，生态安全可以划分为三个层次：一是人的生命和健康安全，它取决于生命系统和环境系统的安全；二是生命系统的安全，它取决于环境系统的安全；三是环境系统的安全，它取决于特定空间的安全。曲格平提出，生态安全是指自然环境既能满足生存于其中的天地万物的生存与发展的要求，又不至于使自然环境自身受到损害。

陈国阶提出，生态安全是指人的生活、健康、基本权利、生活保障来源、必要资源、社会次序和人类适应环境变化的能力等方面不受威胁的状态。

B　生态安全的特点

（1）宏观性。生态安全首先是整个社会层面上的问题。生态安全关乎整个社会中的一切物种的健康、生存及发展。生态安全对于单个人的研究显然缺乏实用性，只有将整个社会作为一个整体来研究，注重生态系统的整体性、协调性，才能有效地考量生态安全的状况及生态系统的发展。

（2）区域性。从整个地球系统来看，每一个大洲的生态系统特征都各不相同，高原、平原及海洋等不同地形所涵盖的生态特征也不相同。所以，生态安全具有在宏观层面上把握整体的区域性的特点，同时，生态安全也要从其自身的特点去考察它对于人类及环境的影响，即生态系统对于不同区域的整体健康程度及完整性是不是支持的。

（3）可变性。生态安全的研究归根到底还是要研究生态系统内各个要素对环境的影响是否给人类社会的健康与发展带来安全。这里所指的可变性，就是要抓住生态系统的动态可变性来考察生态安全，在人口日益增长的年代这具有重要的意义。

5.5.3.2　评价指标体系设计

在过去的生态安全评价体系中，主要面向的是自然生态安全，即自然本身所面对的安全威胁。因此，生物环境资源方面的因素占了主导地位。国外在20世纪90年代就有不少的研究，其中具有代表性的是美国国家环境保护局建立的包括化学环境、物理环境、水文条件及生物学状态在内的河流生态系统综合评价指标体系。国内学者也曾利用该体系做过一定的研究，如从资源安全角度出发，综合选取了耕地资源、矿产资源、能源资源、森林资源和二氧化碳等6个资源环境要素对10个人口大国计算安全系数，通过数值和类别比较来说明我国资源环境安全程度。

进入21世纪以来，我国各地陆续开工建设了许多再生资源产业园区，再生资源产业园区正不断地发展壮大，从京津唐地区如天津子牙环保产业园，到长三角等地区的废旧金属回收园区，再到华南地区的再生资源产业示范园区。这些如雨后春笋般建立起来的再生资源产业园区，依然处在成长期。由于国家尚缺乏对园区的一个全面的、可持续的评估体系，所以建立一个完善的经济、环境等各方面的评估机制是当务之急。其中，再生资源生态工业园区的生态安全评价指标体系是一个重要的组成部分。

本书遵循生态经济系统的构建原则，以生态安全测度为基础，采用层次结构模型，将指标体系分为目标层、准则层、指标层和变量层四层，根据以上原则及方法，设计出再生资源生态工业园区生态安全评价指标体系。

5.5.3.3 指标的含义及计算

A 生态环境压力指标

(1) 万元工业产值用水量。万元工业产值用水量是一定时期企业单位用水量与工业总产值的比例，是反映企业能源经济效益高低的综合指标。

该指标的计算方法如下：

$$\text{万元工业产值用水量(t)} = \frac{\text{用水总量}(m^3)}{\text{工业产值(万元)}}$$

(2) 万元工业产值废水排放量、废气排放量、固体废弃物排放量。万元工业产值废水排放量、废气排放量、固体废弃物排放量是一定时期企业单位废水排放量、废气排放量、固体废弃物排放量与工业总产值的比例，是反映企业能源经济效益高低的综合指标。

该指标的计算方法如下：

$$\text{万元工业产值废水排放量(t)、废气排放量(t)、固体废弃物排放量(t)} = \frac{\text{废水排放总量(t)、废气排放总量(t)、固体废弃物排放总量(t)}}{\text{工业产值(万元)}}$$

B 环境状态指标

(1) 噪声达标区覆盖率：

$$\text{噪声达标区覆盖率(\%)} = \frac{\text{噪声达标区}}{\text{噪声划分总区域}} \quad 100\%$$

(2) 废旧机电资源化比率：

$$\text{废旧机电资源化比率(\%)} = \frac{\text{废旧机电回收利用总量}}{\text{机电报废总量}} \quad 100\%$$

(3) 废钢铁综合利用率：

$$\text{废钢铁综合利用率(\%)} = \frac{\text{废钢铁回收利用总量}}{\text{钢铁报废总量}} \quad 100\%$$

C 社会压力指标

平均每月生产安全事故数量。过多的安全事故是园区企业生产安全控制不达标的体现，同时过多的生产安全事故会带来社会舆论压力和监管单位监管力度的增强，甚至将遭致法律的严惩。因此，该指标越小越好，数据来源为统计部门。

D 社会响应指标

(1) 公众满意度。公众满意的程度，取决于公众接受某项产品或服务后的感知与公众在接受之前的期望相比较后的体验，比值越大，则公众越满意，即公众满意度越高。该指标的计算方法如下：

$$\text{公众满意度} = \frac{\text{公众对服务的感知}}{\text{公众的期望值}} \quad 100\%$$

（2）员工对生态工业认知度。衡量员工对生态工业内涵及价值的认识和理解度的标准。该指标可通过设计问卷对园区个人进行调查得到，该指标越高越好。

E　绿色管理指标

企业 ISO 14001 认证率：

$$企业ISO\ 14001认证率(\%)=\frac{园区通过ISO\ 14001认证企业总数}{园区企业总数}\quad 100\%$$

F　科技投入指标

（1）R&D 投入占工业产值的比重。R&D 资金投入的高低显示了园区对新技术研发的重视程度。该指标的计算方法如下：

$$R\&D投入占工业产值的比重(\%)=\frac{园区当年研发投入}{园区当年工业产值}\quad 100\%$$

（2）大专以上人才比例：

$$大专以上人才比例(\%)=\frac{园区大专以上人才数量}{园区总工作人数}\quad 100\%$$

（3）平均每月园区专利申报数。园区每月申报的专利数越多，意味着园区具备的创新能力越强，因此该指标越大越好。

5.5.3.4　综合加权评分法

A　基本原理

通过设置各个指标权重，进行加权求和，对参评单位进行评价的方法，称为综合加权评分法。其基本思想是将多个指标转化为一个能够反映综合情况的指标来进行评价。例如，不同国家经济实力、不同地区社会发展水平、小康生活水平达标进程、企业经济效益评价等，都可以应用这种方法。

这里 u 是各单项评分的分数，包括建设评价、产业链评价、综合效率评价和生态安全评价，u 值越大，表示各单项水平越突出。同理，各单项得分的计算也是由其各自的评价指标体系中的具体变量与其权重相乘再加总后得到的，经加权求和得出的 u 值代表园区的综合评价得分，u 值越大则园区越优秀；a 是加权系数，a 值越大，表示对应的独立评价越重要，在综合评价中应予以考虑的比重越大。综合加权评分法通过不同的系数来体现不同指标的重要程度，得到的最后的评分为园区的综合评价情况。

B　指标的标准化

标准化是用于消除原始数据量纲差异性带来的数据不可比性。通过一定的数学变换来消除指标量纲的影响，即把性质和单位各异的指标，转化为可以进行直接比较的相对数。本书对此采用了极差标准化方法，对指标进行量化。式（5-1）与式（5-2）中，X_i 为某项指标实测值，$X_{\min}$ 为某项指标统计范围中的最小值，$X_{\max}$ 为某项指标统计范围中的最大值。正向型指标的标准化：

$$Y = \frac{X_i - X_{\min}}{X_{\max} - X_{\min}} \tag{5-1}$$

式（5-2）适用于效益型指标，如城市绿化面积越大，环境质量越好。逆向型指标的标准化：

$$Y = 1 - \frac{X_i - X_{\min}}{X_{\max} - X_{\min}} \tag{5-2}$$

对于成本型指标，如工业废水排放量越大，环境质量越差，则适用于式（5-2）。X 值指给定值，通常是通用标准或国际上普遍认可的理想值指标。科技投入占 GDP 的比重属于中性指标，目前，这一指标对应的国际理想水平目标值为 3%。经过以上处理，属性各异，单位不同的具体指标值均被转化为其值越大，对应决策方案越优的相对数，具体的指标值也都转化成了无量纲的在［0,1］之间的实数，且最优值统一为 1，最差值统一为 0，这种标准化的方法使得复杂系统的综合评价变得简单易行。

C　确定评价指标的权重

指标的权重是综合加权评分法的重点之一，它是评价者对评价对象某一方面相对重要性的量的表征。权重是一种非常敏感的数据，有时，某项指标权重的变化，会导致整个评价结果的较大变化。如果权重的确定不合理，即使指标体系正确，评价方法合理，也得不出科学的评价结果。评价权重的设置有两种方法：一种是主观赋权法，由专家根据经验判断确定各指标的相对权重，会产生主观随意性；另一种是客观赋权法，由各指标数据在评价中经过整理、计算而得出的权重系数，虽然避免了主观性，但不能区别指标的相对重要性，这方法，在我国的经济社会发展可持续发展、企业竞争力评价中都有应用。在生态工业园区的综合评价中，权重的确定方法比较单一，应用较多的是专家调查法和层次分析法相结合确定权重的方法，即主观性评价成分较重。四个单项的评价指标体系有各自不同的层次，由于各个层次对评价指标的作用程度存在差异性，所以必须按层次结构关系分别确定每一层次评价指标的权重，考虑到评价指标的科学性、客观性、可操作性，可应用层次分析法，结合专家调查法，对同一层次的指标两两比较。使用层次分析法最重要的一步，就是建立判断矩阵，主要是人们对每一层次中各因素相对重要性给出的判断，这些判断通过引入合适的标度用数值表示出来，写成判断矩阵。判断矩阵表示针对上一层次因素、本层次与之有关因素之间相对重要性的比较。根据“1-9”比较标度法，1 代表两指标相关度非常低，依次递增，9 代表高度相关。这个过程中需要业内多位专家进行主观判断，选择多位专家多次进行打分，评选能够有效避免片面性，对于不同层次的指标进行多轮的打分，构造判断矩阵。

构造好所有的判断矩阵之后应当对其进行层次单排序及一致性检验。首先，计算每个判断矩阵的最大特征值和对应的特征向量，并做一致性检验，若一致性检验通过，再进行下一步的层次单排序，计算出的最大特征值所对应的特征向量可作为权系数。通过借助计算机来计算每个判断矩阵的特征值和对应的特征向量。

D　计算得分、实施评价

在运用前面介绍的方法完成对指标数据的收集，处理并对具体指标合理赋权之后，可以采用线性加权的方法来计算综合指标得分，即通过确定的评价指标权重和标准化评价值，利用线性加权法计算出各一级指标的得分，然后再利用线性加权法将一级指标得分与一级指标权重计算得到总得分，最后根据这些得分进行评价，从而较为准确地把握再生资源生态工业园区综合发展状况。

（1）基本原理。神经网络是一种有监督式的学习算法，由信息的正向传播和误差的反向传播两个过程组成，其核心思想其实就是采用（Least Mean Square，LMS）最小二乘算法及随机梯度技术，在不断的学习训练中调整网络层与层之间的权值，以期使预测值与实际值的误差平方和最小。其中，前向过程是：输入信号 X 从输入层进入后，通过隐层各个节点的权向量 1，得到该层的输出信号 Y；该信号向前输入到输出层，通过其各节点权向量 W 得到该层的输出 0；反向过程是：在输出层期望输出 d 与实际输出相比较得到误差信号 δ，由此，可计算出输出层权值的调整量，误差信号 δ 通过隐层各节点的向量反传至隐层各节点，得到隐层的误差信号 δ，由此可计算出隐层权值的调整量。训练的目的是使误差函数 E 最小。E 的定义为：采用最小二乘法，最小二乘法是一种数学优化技术，它通过最小化误差的平方和来寻找最匹配数据的函数。利用最小二乘法可以简便地求得未知的数据，并使求得的这些数据与实际数据之间误差的平方和为最小。完整的流程如下：在输入层输入学习样本，使用反向传播算法对网络的值和偏差进行反复地调整训练，使输出层输出的结果与期望结果尽可能地相近。当网络输出层的误差平方和小于指定的误差时训练完成，保存网络的权和偏差。中间层是内部信息处理层，负责信息变换，根据信息变化能力的要求，中间层可以设计为单隐层或者多隐层结构。最后一个隐层传递到输出层神经元的信息，经进一步处理后，完成一次学习的正应传播处理过程，由输出层向外界输出信息处理结果。当实际输出与期望输出不符时，进入误差的反传播阶段。误差通过输出层，按误差梯度下降的方式修正各层权值，向隐层输入层逐层反传。周而复始的信息正向传播和误差反向传播过程，是各层权不断调整的过程，也是神经网络学习训练的过程，此过程一直进行到网络输出的误差减少到可以接受的程度，或者到预先设定的学习次数为止。

（2）模型建立。BP 神经网络模型（Back Propagation）包括输入输出模型、作用函数模型、误差计算模型和自学模型。在进行 BP 网络的设计时，一般应从网络的层数、每层的神经元个数、激活函数及学习速率等几个方面来进行考虑。在 BP 网络中，增加隐含层数以提高计算精度，但同时使网络复杂化，从而增加了网络权值的训练时间差，精度的提高也可以通过隐含层中的神经元数目来获得，其训练效果也比加层数更容易观察和调整。为了简化模型，提高运算速度，在本网络中选择含 3 个隐层的结构模型（图 5-2）。输入层接受外部的输入数据，并可进行适当地处理，其节点数取决于输入园区综合评价的指标，输出层的由输出数据类型和表示该类型所需的数据大小来决定。本网络是根据对园区综合评价分数进行评价预测，因此一个节点的输出层就可满足网络中的传输函数。S（sigmoid）型函数和纯线性（pureline）函数的变换较简单，其输出相对于输入呈线性增长，因而函数输入要较小，且它不具有可微分型，这对于具有非线性特性的生态工业园区评价并不适用。因此，本 BP 神经网络的输入层选择 S 型函数输出层选择纯线性函数。采用哪种训练方法，其训练速度最快，精度最高是很预知的，因为这取决于许多因素，包括训练样本集的数量、给定问题的复性、网络权值和阈值的数量、误差目标、网络用途等。本网络属于函数逼近，因此训练函数选用 L-M（Levenberg-Marguardt），训练样本的选择主要考虑数据样本要充分与减小数据样本的冗余度。对网络进行训练，由于篇幅所限训练样本省略。

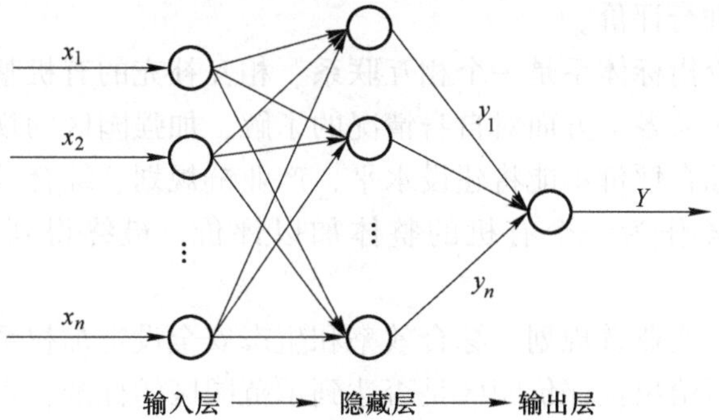

图 5-2 三层 BP 神经网络结构图

（3）计算得分、实施评价。基于神经网络的综合评价法主要是利用其他方法来获得神经网络评价模型的学习样本，神经网络通过学习样本训练后，就将各指标的权重存储在网络中，当把实际问题的特征参数输入后，网络自行给出评价结果。

在最终确立综合评价结果时，综合评价得分的计算是各个指标的权重与指标数据标准化后的数值的乘积求和，该值一般均小于 1，所得值越大，该园区的综合情况越好。通过综合评价得分的确定，不仅可以对同一个园区的不同年份进行纵向比较，还能与国内外同类型的再生资源产业园区进行横向比较。通过对比，既能看到我们国家的生态工业园区的自身发展，又能体现出与发达国家优质园区之间的差距。

5.6 生态工业园区综合评价软件系统构建

园区综合评价软件系统主要是为了建立一个方便对不同企业进行评价的数据库系统。园区综合评价软件系统可以通过编程来实现对园区的评价，只要把每个评价指标的评分范围通过编程给定到数据库中，对于每个输入的园区，当用户根据输入园区的实际情况把每个评价指标的相应值输入软件系统中时，系统将根据该输入园区的所得总分情况给出它的综合评价。根据最后的评分可以客观清楚地定位该园区的综合情况，有利于园区管理者们明确自身园区的建设方向，同时也方便政府部门对园区的规范监督和指导。

园区综合评价软件系统主要组成部分包括：登录系统、评价系统、用户管理系统、查询系统。园区的各个指标参数都储存在数据库中，通过综合软件评价系统调用数据库中的园区的各个参数。利用软件评价系统，首先要登录系统，选择系统管理员登录系统或者普通用户登录系统，系统管理员登录可增加园区参数、单一评价权重设置、综合评价权重设置、BP 神经网络参数设置，普通用户可从综合评价、建设评价、产业链评价、综合效率评价和生态安全评价中选择需要的评价系统对企业进行评价。

园区综合评价指标体系是一个相互联系、相互补充的有机整体。对单一因素评价只是利于园区从各个方面对自身情况的了解，加强园区的规范指导作用。所以最后对园区的综合评价不能将建设水平、产业链规划、综合效率和生态安全孤立地考虑，而应该作为一个有机的整体加以评价，最终得到评估园区的具体情况。

对建设水平、产业链规划、综合效率和生态安全设定加权系数，通过综合加权评分法可以最后给出预评价园区是否达到示范园区的标准，也可以通过神经网络的方法加以评价，研究输入参数（建设水平、产业链规划、综合效率和生态安全）对输出参数（园区综合评价结果）的影响规律，而这种输入参数与输出参数的研究方法又与 BP 神经网络的原理非常吻合，故在本书中利用 BP 神经网络对园区综合评价结果进行模型的建立也是可行的。

通过对园区进行综合评价，有助于对众多的园区进行甄别，分别采取相应的管理办法和监督措施。同时，通过对园区的各个评价指标的分析，对园区的发展方向和发展水平做出评价，找出园区发展的影响因素。另外，政府对不同类型、不同发展水平的园区的管理办法和政策显然应该有所区别，而通过对园区进行综合评价，政府部门就可以确定园区的类型和发展水平，为制定和调整相关园区政策提供依据。评价的结果还可以为各类投资者的投资决策提供参考依据。

我国再生资源生态工业园区的发展现在还处于初期发展阶段，对于再生资源生态工业园区的评估能够让该行业有一个标榜性的参考指标，对于日后建立健全的评估体系也非常有帮助。但是，目前我国各园区的环保意识及产业链建设能力等还非常有限，需要全社会都来参与到再生资源利用的事业中去。另外，园区的数据采集工作也非常困难，不仅仅是单个园区数据非常缺乏的问题，而是整个生态园区行业的统计数据各不相同，无法做到完全一致的行业标准。这方面需要国家在进行一系列的调研之后，制定统一行业标准的法律法规。

参考文献

[1] 雷明，钟书华．生态工业园区综合评价指标体系研究［J］．中国科技论坛，2009（11）：110-115.

[2] 薛婕，周景博，罗宏．DEA 在生态工业园区循环经济绩效评价中的应用［J］．环境保护与循环经济，2009，29（8）：37-40.

[3] Falkenmark M，Rockstrom J. Balancing Water for Humans and Nature：the New Approach in Ecohydrology［M］. UK：Earthscan Publications，2004：247-256.

[4] 曲格平．关注生态安全之一：生态环境问题已经成为国家安全的热门话题［J］．环境保护，2002（5）：3-5.

[5] 陈国阶．论生态安全［J］．重庆环境科学，2002（3）：1-3，18.

[6] 张帆，麻林巍，蓝钧，等．生态工业园评价方法研究：以北京市为例［J］．中国人口·资源与环境，2007（3）：100-105.

6 固废园区应急体系构建

固废生态园区是现代工业为适应资源或原料转换，顺应大型化、集约化、最优化、经营国际化和效益最大化发展趋势的产物。一方面，固废园区的建立有利于资源的优化配置，有利于三废治理，有利于引进国外的先进技术和资金，有利于相关行业的可持续发展；另一方面，生态园区的建设热潮带来很多问题，如布局不合理、特色不明显、土地利用效率低、管理相对滞后等。但是，固废园区的安全问题也令人担忧。

应急救援体系是减轻事故可能造成的伤害和损失，控制事态扩展蔓延的重要手段。目前，国外危险化学品事故应急救援体系已趋于成熟和稳定。我国危险化学品事故应急救援体系建设起步较晚，近年来逐步建立和完善了国家安全生产应急救援指挥中心、危险化学品事故中毒抢救网络和国家中毒控制中心等机构。但是，对固废生态园区事故应急救援体系研究较少，体系建设更是处于摸索阶段，因而如何建立科学、有效的固废生态园区事故应急救援体系已成为当前关注的热点。

6.1 固废园区特点

固废园区，国际上通常是指在符合一定的自然资源和环境条件要求的特定区域内，依靠主要消费区和资源来源地，占有充足的水源保证或有较强自净能力的纳污水域，且交通条件便利、物流发达、配套产业比较完善的地区，以固废产生行业为纽带形成的加工体系匹配、产业联系紧密、原料互供、物流成熟完善、公用工程专用、环境污染统一治理、管理统一规范、资源利用高效的产业聚集地。固废园区的相互关联的装置集中在一起，通过管道进行原料或产品互送，以产业链的形式将上下游产品之间环环相扣，使上游企业的产品成为下游企业的原料，不断延长生命链，实现原料、中间产品和副产品的综合利用，甚至上游企业生产的废物也能成为下游企业的原料，进而实现变废为宝的目的，形成生产过程的一体化和成本的集约化。因此，固废园区内的企业具有以下的生产特点：

（1）生产与储存的物料绝大多数具有一定的危险性。固废园区内企业生产使用的原料、中间体和产品绝大多数具有易燃易爆、有毒有害、腐蚀性等特性。物质的这些潜在危险性决定了在生产、使用、储存和运输等过程中稍有不慎就会酿成事故。

（2）生产过程较为复杂，工艺条件苛刻。固废园区中企业的生产从原料到产品，一般都需要经过许多工序和复杂的加工单元，通过多次反应才能完成。例如，生产醋酐的工艺主要包括裂解、弱酸回收和精馏等，裂解反应是在高温条件下进行的，在反应过程中需要不停地移除反应热，如果冷却不到位而引起反应失控，则可能会导致反应器的热爆炸。同时，中间产物中的乙烯酮具有自聚能力，一旦温度压力控制不当，也可能导致自聚放热，同样可能引起火灾、爆炸事故。

（3）生产过程自动化程度高。由于装置大型化、连续化、工艺程序复杂化和工艺参数要求苛刻，因而现代固废加工生产过程用人工操作已不能适应其需要，必须采用自动化程度较高的控制系统。近年来，随着计算机技术的发展，化工生产中普遍采用了 DCS（Distributed Control System）集散型控制系统，对生产过程的各种参数及开停车实行监视、控制、管理，从而有效地提高了控制的可靠性。但是控制系统和仪器仪表维护不好、性能下降，也可能因检测或控制失效而发生事故。

6.2 固废生态园区应急管理体系

6.2.1 园区应急管理内涵

从传统安全学的角度看，应急是指为避免事故发生或减轻事故后果而需立即采取超出正常工作程序的行动。工业园区应急管理的目的是将事故对人员伤亡、财产损失、环境影响以及其他影响降到最低程度。固废园区应急管理是一个动态的过程，包括预防、准备、响应和恢复四个阶段。尽管在实际情况中，这些阶段往往是重叠的，但他们中的每一阶段都有自己单独的目标和具体的内容，而且每一个阶段又是构筑在前一阶段的基础之上。因此，预防、准备、响应和恢复的相互关联，构成了固废园区应急管理的循环过程。固废园区建设项目在可行性论证、基础设施建设、生产运行和项目报废四个阶段都有可能发生事故。因此，固废园区应急管理应该涉及到建设项目生命周期的四个阶段。固废园区应急管理体系建设，需要对建设项目整个生命周期中各类事故应急管理的各个阶段都采取相应的措施，通过采取相关措施对事故过程加以调整、干预，以取得预期的应急管理效果。

6.2.2 化工区应急救援体系构建

固废生态园区应急管理介于城市应急管理与企业应急管理之间，既有“城市特征”，又有“企业特征”。因此应借鉴城市和企业应急救援体系经验，结合固废生态园区的特点、危险性和应急需求，综合考虑、科学设计，提出我国固废生态园区事故应急救援体系框架。

6.2.2.1　风险控制系统

固废生态园区风险防控，应从企业和园区两个层面着手。企业层面，要开展重大危险源和重大事故隐患登记、申报或普查，全面掌握固废生态园区内重大危险源、重大事故隐患的数量和分布，做到心中有数，明确固废生态园区安全监管和应急管理的重点；在重大危险源辨识基础上，建立基于 GIS 的重大危险源和重大事故隐患信息管理系统，为固废生态园区安全监管和应急管理提供决策与参谋；推动企业建立重大危险源实时监控预警系统，对重大危险源的安全状况进行实时监控，严密监视可能使重大危险源的安全状态向隐患和事故状态转化的各种参数的变化趋势，及时给出预警，将事故消除在萌芽状态。园区层面，要组织开展固废生态园区整体定量风险评价，分析确定固废生态园区的主要危险因素，运用各类事故后果模型，对固废生态园区内各种潜在事故的后果影响进行评价，确定事故的影响范围、项目间的相互影响及对周边环境的影响；根据整体定量风险评价结果，分析固废生态园区风险容量，科学规划固废生态园区现有空地发展规划。

6.2.2.2　应急组织体系

应急组织体系是固废生态园区应急救援体系的基础，是负责指挥、管理、协调、运作所有应急行动的机构保障。考虑到我国各地固废生态园区的管理模式各不相同，固废生态园区可借鉴“集权”或“授权”模式，实施事故应急管理，从组织层面确保实现固废生态园区应急管理的常态与非常态，日常预防、减灾与异常应急处置的有机统一。集权模式是指整合固废生态园区所有的应急资源，成立专门的应急指挥中心，由该中心（部门）全权行使应急指挥大权。授权模式是指授权应急基础比较好的某一部门（单位），在该部门（单位）的牵头下，固废生态园区相关应急部门按照约定的流程，分工协作、联动指挥、联合行动，从而快速构建固废生态园区应急协调指挥系统。

但是，不管“集权”模式还是“授权”模式，固废生态园区重大事故应急救援指挥组织架构应是模块化的。应急救援指挥组织架构内各种职位应随应急范围内行政管理的具体情况而设置。一次事故不一定需要所有部门、机构都启动，而是需要根据事故性质、严重程度和应急需求来启动。相应部门、机构，应急组织内的每个人可以担任多个职位。

6.2.3　应急预案体系

应急预案是有效开展固废生态园区事故应急救援的重要措施，也是固废生态园区落实法律法规要求和履行安全监管职责的重要内容。固废生态园区应根据其潜在重大事故风险，形成由园区总体预案、园区专项预案、企业预案组成的三级应急预案体系，明确园区生产安全事故的预测预警、信息报告、应急处置、现场恢复、调查评估等内容，形成涵盖事前、事发、事中、事后等各环节的一整套标准化的应急操作程序。

6.2.4　应急救援队伍

针对固废生态园区事故类型主要为危险化学品泄漏、火灾、爆炸、中毒的特点，固废生态园区可依托驻园或邻近园区的公安消防队伍、大型企业危险化学品应急救援队建立以前者为主、后者为辅、主辅相成的园区应急救援联防体系；重点加强驻园或邻近园区的公安消防队伍的危险化学品事故应急救援能力，有针对性地配备爆炸抑制、泄漏封堵、化学洗消、现场侦检、风险评估等装备；整合园区企业专兼职应急救援队伍，根据各企业特点增强其相关抢险救援能力，使之成为专业技术强、熟悉某一行业或领域化工工艺和流程及产品特性的特种工程抢险队伍。

6.2.5　应急信息系统

应急信息系统是解决当前固废生态园区管理部门人员编制紧缺，提高固废生态园区事故应急管理工作效率的重要技术手段。固废生态园区应建立融日常安全监管、异常应急指挥于一体的应急管理信息系统，构筑一个包含监测预警、信息管理、辅助决策、调度指挥、总结评估、资源管理等功能的信息共享与管理平台，实现固废生态园区在发生事故时接警—警情判别—处警—指挥与调度—监控与记录—事件总结等应急响应流程的自动、快速处理和决策支持。

6.2.6　应急救援运行机制

应急救援运行机制始终贯穿于预防、准备、响应、恢复等应急管理过程中，是应急救援体系有效运行的纽带。与城市应急救援运行机制不同的是，固废生态园区应急救援运行机制应遵循关键区域重点防范、重大事故快速反应、统一指挥、分组负责的原则，建立企业自救、互救与社会救援相结合的区域联防机制，这是在固废生态园区因受人力物力限制的条件下控制事态扩大的有效举措。此外，应建立和完善固废生态园区管理部门之间、固废生态园区管理部门与企业之间、企业与企业之间的日常安全监管和应急救援协调机制，提升固废生态园区与企业专业队伍、应急资源的协调和整合能力。

6.3　固废园区应急体系建设存在的问题

固废园区应急救援防范能力整体薄弱，主要表现在固废园区区域安全规划、应急体制、应急机制、应急法制、应急预案、应急队伍及装备、应急培训与演练、应急救援信息平台和应急保障等环节受到现有技术、资金等因素的限制，存在着很多问题。导致应急救援工作各环节存在问题的根本原因是固废园区应急救援工作缺乏整体规划，切断了应急救援工作各环节之间联系，违背了应急救援强调整体、协调和配合的工作本质。以下就针对每个环节存在的问题作详细说明。

6.3.1　固废园区区域安全规划

固废园区安全规划是指人们为使固废园区工业生产过程安全与经济社会协调发展，而对自身活动所做的时间和空间的合理安排。固废园区安全规划在于调控人类自身的活动，减少危险，防止事故发生，从而保持固废园区经济和社会持续稳定发展。固废园区应急体系规划是固废园区区域安全规划的一部分。固废园区区域安全规划工作是固废园区安全与应急工作的基础性工作。而要对整个固废园区的重大危险源管理到位，仅有固废园区内单个企业的安全评价是不够的，还必须对整个区域进行区域安全规划。经调查研究发现，我国固废园区区域安全规划普遍存在以下问题：

（1）固废园区区域安全规划的法规建设工作滞后。国家虽然在相应的法律法规中对区域安全规划有一些规定，如《危险化学品安全管理规定》（国务院令第 344 号）第七条规定“设区的市级人民政府根据当地经济发展的需要，在编制总体规划时，应当按照确保安全的原则规划适当区域专门用于危险化学品的生产、储存。”；《危险化学品生产企业安全生产许可证实施办法》第十二条规定“危险化学品生产企业的厂房、作业场所和安全设施、设备、工艺应当符合‘在设区的市规划的专门用于危险化学品生产、储存的区域内’的要求”等。显然，这样的法规要求有些空泛，没有明确的法律法规规定固废园区在引进项目之前应当开展区域安全规划，没有回答在固废园区开展区域安全规划的法定程序及如何开展固废园区安全规划工作，不能满足固废园区的安全管理要求。但固废园区的区域安全规划是预防发生重特大安全事故的重要一环。

（2）大部分固废园区没有开展区域安全规划工作。随着我国安全生产工作的不断深入，绝大多数固废园区的绝大多数企业都已经开展了各类安全评价工作。但开展整个固废园区区域安全规划的固废园区少之又少。早期建设的固废园区都存在着缺乏总体安全规划的弊端，都是来一家企业，选一块地，然后根据企业需求，进行基础设施建设，因此截至目前，我国大部分固废园区还没有开展区域安全规划工作。基本原因有两条，一是安全评价毕竟有相关国家法律、法规的规定，而区域安全规划缺乏相关的国家法律、法规规定；二是很多固废园区没有认识到开展区域安全规划的重要性。事实上，固废园区开展区域安全规划工作是园区开展“招商引资”的一块“金字招牌”。另外，通过固废园区区域安全规划的具体建议来调整固废园区产业总体规划是确保固废园区当前乃至未来相当一段时期安全发展的唯一正确道路。

近年来，随着国家对环境保护、安全生产工作的日益重视，国家对各级政府负责人“安全问责”逐渐加强，并且人民群众的安全、环保意识也逐渐加强，越来越多的固废园区认识到开展区域安全规划工作的重要性，已经有不少固废园区开展或正在开展区域安全规划工作。

(3) 安全规划中介服务不到位。全国很多安全生产研究院所、中介机构都在开展固废园区区域安全规划的研究与服务工作，但由于缺乏统一的国家标准，使得研究与服务水平参差不齐，各有侧重，严重影响了区域安全规划在全国固废园区的进一步发展。

同时中介机构发展缓慢，滞后于固废园区和企业的需求，一方面是中介机构的数量少，又主要集中在经济文化较发达的省会级城市；另一方面中介机构的服务范围窄，主要是面对国家安全生产法规定的安全评价、安全检测等内容，不能从企业需求出发，提供有针对性的咨询服务。

6.3.2 固废园区应急体制

固废园区应急救援体制建设是应急救援工作的核心和保障，综合分析我国固废园区应急救援体制现状，主要存在以下问题：

(1) 相当一部分固废园区还没有建立应急体制。我国只有一部分先进的固废园区建立了应急管理体制；还有相当多的固废园区在应急体制建设方面步伐缓慢，其中存在两种情况，一是正在筹备建立应急救援管理机构（指挥中心），一是还没有计划建立应急救援管理机构（指挥中心）。已经建立应急管理机构的化工区，多数情况是应急救援指挥中心与管委会是一个单位两块牌子，应急指挥中心的单位属性还未确定，尚无行政系列的定员编制，其功能、职责定位还待进一步明确，这使得固废园区筹建应急救援指挥中心很困难。

(2) 应急体制受到现有管理体制的限制。固废园区的应急体制基本上借鉴了城市应急体制模式，但这存在一个问题，即城市应急体制是建立在主要确保城市居民和重要场所的安全的基础上，而固废园区的应急体制应建立在确保园区企业、职工等相关人员及设施的安全的基础上，两者的对象、要求相差很大，这就决定了在固废园区构建应急体制有它的独特性，我们相关的研究还跟不上固废园区发展的需要。

同时传统的政府管理体系是树形的垂直架构，其行政管理理念是逐级对上负责，各部门条线分明。而应急管理的快速反应机制需要的是以指挥中心或事件为核心的扁平结构，其运作理念是对事件负责。比如公安、消防等部门在各自职能业务处理上已经形成了行之有效的指挥体系和流程，对业务范围内的单一性事件可以快速处置，但对涉及多部门、综合性重大突发事件，其应急指挥的综合性、专业性就非单个部门所能为，指挥中心自身也难以解决类似应急指挥问题。

6.3.3　固废园区应急机制

固废园区应急机制是应急体系各环节之间的润滑剂，哪个环节没有衔接好，都将影响应急体系的整体建设。通过深入分析，发现固废园区应急救援机制建设仍存在以下问题：

（1）固废园区日常监管与应急管理一体化还未解决。一方面，大部分固废园区比较重视固废园区的应急管理，如应急响应、应急处置、应急灾后恢复等，但对固废园区的日常监管工作重视不够。应急处理主要着眼于事故发生之后的应对，是一种传统的抗灾救灾观念。其过程更多地放在从事故发生到结果的处理上，其特征是消极被动的反应。一场典型事故灾难发生后的程序是：媒体曝光—领导人视察、批示和慰问受害者、不惜一切代价救人—对伤亡者进行抚恤、处理责任人—要求吸取教训、防止类似事故再度发生。这种思维方式着眼于结果的处理，政府就像救火队。事实证明，这种思维方式往往不能避免重蹈覆辙。

应急管理则是一种积极地、主动地、有意识地采取的事前、事中和事后有计划的、连续的动态管理过程，力求在一个更广阔的范围内将造成的损失减至最低或消灭于萌芽状态。这种思维方式的特征是强化日常管理，重在预防，要追根溯源，标本兼治，以本为主。

另一方面，固废园区对日常监管工作与应急工作的结合研究不够。一般来说，固废园区的日常监管工作主要由企业和园区安全生产监督管理部门来完成，而发生重特大事故以后，事故的响应、处置等权力一般交由管委会、公安局、消防局等部门来处理，如何将安监部门掌握的相关资料为应急救援服务方面，我们还存在不少的差距。

（2）应急响应升级还未摆脱经验化，不具有可操作性。《国家安全生产事故灾难应急预案》规定了国家应急救援响应级别，即“造成30人以上死亡（含失踪），或危及30人以上生命安全，或者100人以上中毒（重伤），或者需要紧急转移安置10万人以上，或者直接经济损失1亿元以上的特别重大安全生产事故灾难。超出省（区、市）人民政府应急处置能力，或者跨省级行政区、跨多个领域（行业和部门）的安全生产事故灾难。需要国务院安全生产委员会处置的安全生产事故灾难。”县级以上人民政府参照以上规定确定了分级响应级别，但没有针对固废园区响应级别的规定。目前，绝大多数固废园区在定义相应应急响应级别时还主要依据事故导致人员的伤亡、财产的直接损失等参数上。众所周知，人员的伤亡及财产的直接损失的准确数字必须在事故发生相当一段时期后才能知道的，而事故的应急又是刻不容缓的，“响不响应，哪级响应”就成为了一个难题。

(3) 大多数固废园区与上级政府之间的应急协调机制还未真正建立。应急救援工作是一项社会性工作，遵循分级响应原则，固废园区应与上级政府建立应急协调机制。应急救援过程中，物资调配、应急响应升级等工作都需要固废园区在日常的应急管理中与上级政府建立良好的协调机制，就目前情况看，多数固废园区还没有与上级政府建立这种协调机制。这其中有固废园区的原因，没有采取积极主动的措施与上级政府在应急救援的各个方面进行衔接；同时上级政府也有责任，由于应急救援工作刚刚起步，各级政府的应急救援工作也正在建立和完善阶段。

(4) 大多数固废园区发生重特大事故时各部门之间的应急协调机制还未建立。在我国传统安全生产应急管理法规标准体系中，应急管理是分灾种、按部门进行的，这种体制设计有其一定的合理性，因为各种应急活动有着很强的专业性，因此设立相应的职能部门。但是，接下来的问题在于如何协调各部门之间工作，尤其是当一种事故引发其他事故时，这种条块式的法规体制就显出局限性。我国固废园区还没有建立起专业分工和综合协调同时兼顾的应急协调机制。

(5) 大多数固废园区与园区企业之间的应急协作机制还未建立。固废园区与园区企业的应急救援工作本应是一个整体，但实际情况却相反，多数固废园区的企业各自为政。例如，按照国家消防法的相关规定，化工企业需建立专职消防队或消防站，如果每个企业都建立专职消防队或消防站，一方面会造成资源浪费，另一方面造成专职消防队或消防站数量多，但都规模小，只能应对一般的安全事故，不能应对严重的安全生产事故。固废园区应根据实际需要，按照“统筹规划、分步建设”的原则，即要建立等级高、规模大的专职消防队或消防站，也要建立一定数量的普通等级的专职消防队或消防站为园区所有企业服务，但专职消防队或消防站的建设与运行经费问题，园区企业很难达成一致。园区预案与企业预案的衔接、应急救援培训等工作也同样存在协调不畅的问题。

(6) 大多数固废园区企业与企业之间的应急互助机制还未建立。各化工企业隶属关系不一，只顾抓自身安全，不考虑一旦发生事故给周边形成的连锁灾难，这种现象很普遍，固废园区企业与企业之间应急互助机制很难建立。化工企业都存在危险源，多数是重大危险源，而企业彼此之间视对方为危险源。很少有企业愿意把自身危险源情况提供给周边企业，而园区中企业往往是一墙之隔，一个企业发生事故，波及周边企业在所难免，这严重阻碍了企业应急救援工作的开展。企业之间不但不能互助，反而互相敌对。

(7) 大多数固废园区与外部应急救援机构的应急互助机制还停留在纸面上。目前，我国有一些固废园区还没有与外部专业应急救援机构建立互助机制；一部分固废园区与外部专业应急救援机构建立了应急互助机制，但多数还停留在纸面上，没有真正建立起来。这主要是因为，按照应急救援编制等文件规定，固废园区没有应急救援队伍或者救援队伍不能满足园区救援需要的，应与周边救援队伍签订协议，固废园区只是被动地执行，没有结合园区实际，就应急救援互助的具体内容、方式进行落实。固废园区的日常管理，包括应急救援培训、演练，很少邀请互助队伍参加，一旦发生事故，互助队伍很难起到互助作用。

(8) 大多数固废园区还未考虑与周边城镇、村庄、社区建立应急互动机制。危险化学品的火灾、爆炸、泄漏事故很容易波及周边区域，如2003年12月重庆开县发生天然气井喷事故和2005年11月中石油吉林双苯厂发生爆炸事故，固废园区应与周边区域建立互动机制。由于我国应急体制建设各自为政，又属于不同的管理部门，固废园区与周边单位难以建立互助机制。固废园区的周边区域往往把自己放在被害者的位置，要求固废园区单方面采取措施，很少主动与固废园区合作，建立协调沟通渠道，这种现实和看待危险源的态度给应急救援工作带来很大弊端。就固废园区与周边区域的应急救援工作而言，一方面固废园区采取措施，配备防护装备；另一方面通过培训演练等方式使周边区域的公民了解固废园区的危险，掌握预防措施。

(9) 应急救援恢复环节薄弱。相对应急预防、应急处置而言，应急恢复是目前固废园区应急管理最薄弱的环节，但却是应急管理必不可少的重要部分，处理不好也可能前功尽弃，造成更大危害。类似事故现场恢复建设、恢复评估能力建设（标准、体系）、恢复项目管理和资金等，目前基本处于空白。

6.3.4　固废园区应急法制

固废园区的应急法制是指针对园区内固体废物处理过程中可能出现的各种紧急情况，如环境污染、安全事故、自然灾害等，所制定的一系列应急预案和法律制度。这些预案和制度旨在确保在紧急情况下能够迅速、有效地应对和处理，最大限度地减少对环境和公众健康的影响。另外，我国安全生产应急管理标准建设已经有一定的基础，如消防、核工业、民航等领域都有很多的应急管理标准。但各类突发性公共事件的法律和法规都存在不同程度的缺陷，使得固废园区在进行应急救援工作过程中无法可依，大大影响了固废园区的应急救援工作。

就固废园区企业的规章制度而言，由于固废园区企业多数是大中型企业、外资投资企业，安全管理相对完善，绝大多数已经建立了应急救援规章制度。下面就国家法规标准、园区规章制度建设作详细说明。

(1) 应急预案。园区应制定详细的应急预案，包括不同紧急情况下的应对措施、责任分配、资源调配等。预案应定期更新和演练，确保其有效性和可操作性。

(2) 监测与预警系统。建立完善的环境监测和预警系统，对园区内的污染物排放、废物储存等进行实时监控，一旦发现异常立即启动预警机制。

（3）快速响应机制。建立快速响应机制，确保在紧急情况发生时能够迅速采取行动，包括启动应急预案、通知相关部门和公众、采取紧急控制措施等。

（4）事故调查与处理。对发生的事故进行彻底调查，查明原因，防止类似事件再次发生。同时，对事故责任人依法追究责任，并对受影响的环境和公众进行妥善补偿。

（5）法律法规遵循。园区的应急管理工作应严格遵循国家和地方的相关法律法规，确保所有措施合法合规。

（6）培训与教育。定期对园区内的管理人员和工作人员进行应急知识和技能的培训，提高他们的应急处理能力。

（7）公众参与与沟通。加强与公众的沟通，确保公众了解园区的应急措施和安全信息，同时鼓励公众参与应急演练和教育培训。

（8）后续恢复与重建。在紧急情况处理结束后，制定详细的恢复和重建计划，尽快使园区恢复正常运营状态。

综上所述，固废园区的应急法制是确保园区安全、稳定、可持续运营的重要保障。通过制定和实施有效的应急预案和法律制度，可以降低紧急情况的风险，保护环境和公众健康，促进园区的长期发展。

6.3.5 固废园区应急预案

依据国家法律法规，绝大多数固废园区初步形成了固废园区总体预案—部门专项预案—企业预案的层级架构式预案体系，为各类突发公共事件的处置工作，为发布、实施突发公共事件总体预案提供了应急依据，奠定了固废园区预案体系建设的基石。在总体预案的框架基础上，包括交通事故应急预案、火灾应急处置预案、环境污染应急预案、防汛防台应急处置预案等专项预案已由相关部门编制完成，企业应急预案按照要求也陆续提交园区备案。但是，由于这项工作起步较晚，专业人才缺乏等各种原因，当前我国固废园区的应急预案建设还存在不少问题，突出表现在如下几个方面：

（1）国家缺乏对应急预案的监督和管理。各个固废园区事故应急预案的内容、结构不一，缺乏整体性和统一性，暴露出我国政府有关部门在固废园区事故应急预案建设方面还缺乏指导、协调、监督，这不仅增加了今后政府有关部门统一全国固废园区应急预案的难度，而且各个固废园区事故应急预案之间由于缺乏交流、沟通，各个固废园区的事故应急预案自成体系，造成有限的应急资源的浪费。

2004 年，国家已经颁布了《危险化学品事故应急预案编制导则》，但从事危险化学品的企业有大有小，大到几百人几千人，小到几个人。规模小的企业只需编制应急措施就可以了，不必包括导则中的所有内容。针对危险化学品行业颁布一个导则，不分级别和规模，事实证明操作性不强，这也是造成应急预案内容、结构不一，缺乏整体性和统一性的主要原因。

（2）应急预案内容不够完整、可操作性不强。固废园区预案应由突发公共事件总体预案、专项预案和现场预案组成。固废园区专项应急预案和现场应急预案不完善，如管廊泄漏、生命线工程的供电、通信等应急预案应尽快由相关部门编制完成，纳入应急预案体系中，企业应急预案中普遍缺乏重大危险源处置预案，也需要尽早组织编制。依据生产经营单位应急救援预案编制导则的编制要求，固废园区总体应急预案、专项预案和现场预案缺乏相应内容。

（3）预案的针对性不强。部分固废园区及其辖区内的企业对应急预案的重要作用认识不足，对应急预案编制工作不够重视，导致应急预案编制工作只是应付了事。例如，固废园区参照其他固废园区类似应急预案制定本固废园区应急预案，往往千篇一律，使应急预案失去了其应有的实际意义，应急预案不能解决实际问题，提出的应急程序与实际运行不符，难以实施。再加上对应急能力分析不足，造成应急预案可操作性不强，应急预案的现实执行情况并不乐观，存在预而不“按”处置的现象，致使应急预案的应急程序不能连贯响应，行动指南作用难以真正发挥。此外，部分应急预案编制较简单，可操作性较差，也未经过演练检验。

（4）我国固废园区各级应急预案间的逻辑整体性、相互支持性有待于完善。例如，固废园区事故应急预案应该建立在所辖区域内所有相关企业事故应急预案的基础上，即固废园区在建立事故应急预案的过程中应首先摸清辖区内所有存在的重大危险源的情况，搞清固废园区事故应急预案的对象，如果企业都能严格地按照国家、地方有关要求编制事故应急预案，那么，收集企业的事故应急预案是摸清所辖区域重大危险源的一条捷径。但实际上，不仅很多企业没有严格按照国家、地方有关要求来编制事故应急预案，而且，许多固废园区的有关部门在编写事故应急预案时就根本没有考虑这种需要。

（5）应急预案之间衔接不够。按照应急响应分级管理原则，园区应急预案是上级政府应急预案的子预案，园区企业的应急预案是园区应急预案的子预案。由于国家没有应急预案备案、评审的规章制度，各应急预案之间多数没有形成有效的衔接。一旦发生事故，将严重影响应急救援工作的顺利进行。

（6）固废园区事故应急预案与当地政府编制的区域事故应急预案之间不衔接。固废园区在编制园区事故应急预案时不注重和当地政府有关部门沟通，不去了解政府对固废园区编制事故应急预案有什么要求。政府在编制区域事故应急预案时，不具体了解所辖区域企业重大危险源及针对重大危险源所编制的事故应急预案的情况。因此，政府有关部门所编制的区域事故应急预案就很难整合各园区、企业的应急资源与力量，造成园区与政府的事故应急预案脱节，应急资源与力量就难免重复建设。更重要的是，政府与园区、企业之间很难在应急工作上协调一致，一旦发生事故，影响救援效果。

(7) 同一级的事故应急预案之间也缺乏沟通，预案与预案之间的逻辑接口与相互支持性比较差。例如，在某固废园区有许多企业，按照国家、地方有关要求，这些企业均需要编制事故应急预案。大部分企业都编制了事故应急预案，但是没有一个企业在编写事故应急预案的时候，考虑需要借鉴相邻企业的事故应急预案，当地的安监部门也没有给企业提出这样的要求。此外固废园区要求企业应急预案备案，但园区的企业只掌握企业应急预案，没有见过园区的应急预案，不了解固废园区的应急救援规划，应急预案的具体内容，更别说是应急预案的彼此衔接。

(8) 应急预案备案、审定、发布、演练的全过程管理不规范。目前多数应急预案还处于备案阶段，未进入审定、发布，专项应急预案公众告知和公共约束力未能体现，企业应急预案的备案制度还有待规范化，需要园区和公共部门协作的各类应急演练较多，对应急预案演练还缺乏必要的统筹计划。

(9) 应急预案缺乏宣传和培训。应急预案编制完成之后，束之高阁，缺乏必要的宣传和培训，只有编制应急预案的人熟悉其中的内容。应急救援组织机构的相关人员不清楚应急职责，多数固废园区没有对周边群众进行宣传和培训。

6.3.6 固废园区应急救援信息平台

科技是提高应急救援工作效率的必然途径，可见，为了提高日常监管和应急救援的工作效率，各固废园区都在建立应急救援信息平台。但应急救援信息平台建设存在以下问题：

(1) 信息服务体系不健全。固废园区应急救援信息系统低水平重复建设严重，造成资源浪费，运行效益差，覆盖面小，技术服务面窄，缺乏资金，技术升级困难。我国很多固废园区都建立了应急响应中心及应急响应计算机系统，但信息服务建设滞后，主要是中介服务机构在固废园区应急响应信息系统建设中的作用尚未体现。

固废园区信息平台建设应由固废园区、安全生产中介服务机构和 IT 软件公司共同研究完成，但目前在应急信息平台建设过程中，固废园区过分依赖非安全生产专业的 IT 软件公司，使得开发出来的许多软件技术存在不少问题。

(2) 软件支持系统不完善。固废园区信息平台建设需要园区建立完善的区域安全规划（应急体系规划）、综合应急预案体系、应急体制、机制、法治体系，在此基础上，才能进行信息平台的软件开发。但目前，我国绝大多数固废园区在以上几方面都还很不完善，应急信息平台运行缺乏保障。

(3) 缺乏应急救援辅助决策关键技术。固废园区建立了应急救援指挥平台，但关键技术缺乏，预测预警、应急响应级别、计算机辅助决策技术、数字化应急预案等还远未解决，离实用要求还有相当一段距离。如国外有这类包含气体扩散模型等方面的软件，因拥有技术专利，其价格昂贵（高达数万美元/件）；另一方面，各固废园区如果独自组织人员研发，从技术、经费、时间方面看，尚不具备条件。因此，在事故后果评估和辅助决策上存在着很大的技术瓶颈，应对重大事故时，目前难以为领导应急指挥提供足够的应急信息和决策支持。

（4）各信息平台之间不能信息共享。在应急业务研究方面，有关国内外发生的化学事故的原因分析、应急救援方法、经验教训等信息，研究不足，交流途径不畅。在应急管理工作中，存在着应急信息报告的标准、程序、时限等不尽规范、不明确的现象，各部门间的信息沟通、共享还需整合，还缺乏信息的综合性分析。

（5）重“硬件”建设，轻“软件”建设。固废园区应急救援信息平台建设存在重“硬件”，轻“软件”的现象，往往使得应急信息平台成为一个“摆设”，只能解决一些基本的问题，不能真正成为各级领导解决各种安全生产问题的帮手。重视监控设施、液晶显示屏等硬件设施的投入，开发适合固废园区的软件却相对投入较少，导致建立了应急救援信息平台，却不能发挥应有的作用。目前，软件公司开发的应急救援信息系统多如牛毛，各种各样，但真正可用、适用的很少。要建立真正适用的信息系统，必须建立一个由园区、软件公司以及应急救援科研机构组成的研发小组。应急救援科研机构以充分分析固废园区应急需求为基础，指导软件公司开发系统软件。

（6）缺乏经费。固废园区开发应急救援信息系统，这个信息系统不仅包括重大危险源监控管理、资源管理，关键是应急指挥决策系统，这需要大量经费。调查数据显示，固废园区应急救援信息化建设主要存在经费和软件开发问题。

6.3.7　固废园区应急保障

6.3.7.1　经费保障

经费是应急救援各项工作的保障，固废园区应急救援存在主要问题的调查数据显示，无论是应急管理工作还是预案管理、信息化建设、应急演练都存在经费问题，主要表现在以下几方面：

（1）我国相关法律法规的滞后，使得应急救援资金保障缺乏法律基础。例如，海南洋浦经济开发区管委会在建设开发区消防站时采取政府、企业各按一定比例出资，管委会统一使用建设资金建设消防站的方式。这虽然是一个较好的政策，但缺乏法律层面的支撑，在推行过程中遇到了较大阻力。另外，在如何激励各级政府以及企业搞好应急工作方面，相关的政策、法规还太少。

（2）应急救援资金申请困难。固废园区应急救援工作，无论是应急装备建设，还是应急信息平台建设等，还有日常维护这一块的费用，投入都是相当可观的，但大部分固废园区都是采取分步建设，资金分步争取，资金的争取非常困难。

(3) 应急保障经费来源过于单一。大部分园区的经费主要来源于政府财政资金。根据固废园区应急建设规划看，所需资金数额仅靠专项发展资金难以根本解决，从长期的战略角度看，应急体系建设需要稳定充足的资金保障，但仅靠政府投入负担过重。然而，除了政府的财政资金，还有银行信贷、保险、税收以及企业自有资金这些经济手段，但目前我们还使用得不够好，主要原因还是资金来源的经济手段研究得不够。

6.3.7.2 物资保障

(1) 固废园区应急物资储备相对薄弱。按照《中华人民共和国安全生产法》等法规的规定，固废园区企业都储备了一定的应急物资。固废园区管委会也储备了一定的应急物资，但政府层面的公共应急物资储备相对薄弱。消防、医疗、防汛等部门用于应急救援的物资有部分储备。企业、管委会、各部门都储备了应急物资，但应急物资分散，且从应急物资储备种类、数量上看，难以应对重大紧急事件的需求。特别是针对有毒有害危险化学品，易发生火灾、爆炸或泄漏事故，需储备相应的中和药剂，以免对周边环境构成威胁，中石油双苯厂发生爆炸事故导致的松花江流域污染一事就是明证。

(2) 缺乏应急物资整合和征用制度。固废园区作为专业的工业开发区，相对缺乏多领域的社会资源。大型应急救援装备、技术人才主要储备在大型企业、基地，在紧急状况下，不能顺利地调用周边的应急物资。

目前，我国还没有建立有效的资源共享制度以及物资的征用补偿制度。多数固废园区也没有与周边的应急救援组织签订应急救援协议。事故发生后，各级政府征调相关技术人才、设备来应对突发事件，应急救援组织会积极参与应急工作，作为政府部门来说，一定要鼓励应急救援组织这种行为，同时要采取立法的办法，解决被征调单位资金补偿的办法。

6.3.7.3 队伍及装备

我国危险化学品应急救援工作起步较早，但发展比较缓慢。在我国化学工业建设的初期，各大化工企业相继在各地建立了职业病防治所和企业专职救援队伍，从事化学事故急救研究和抢险救援。2007 年，国家安全生产应急救援指挥中心确立 20 个国家危险化学品应急救援基地，消防和危险化学品应急救援队伍人员约 21 万人。国家危险化学品救援基地是规划服务区域内应对特别重大和复杂事故灾难的中坚力量，同时承担着应急救援人才、技术、装备储备和救援人员培训与演练、训练的职能。应急基地是在充分利用现有应急救援资源的基础上，统筹规划、合理布局，依托石油、化工、天然气等行业或领域中基础条件较好、管理水平较高、应急能力较强的国有重点企业而建立的。固废园区应急救援可以依托周边的国家危险化学品救援基地。

我国危险化学品事故应急救援主要依靠大型企业危险化学品应急救援队和公安消防部队。大型企业危险化学品应急救援队伍大多都训练有素，专业性应急救援技术较强，熟悉行业危险品生产工艺、流程和产品特性。企业救援队伍的建立同企业生产密切相关，救援更具有针对性。企业应急救援队伍能主动接受国家和当地政府的指挥调动，随时参加社会灭火救援工作。目前，全国共有企业消防支队 3973 个，专职消防队员 33 万余人，在危险化学品生产、运输、存储等各个环节事故灾难应急救援工作中发挥了重要的作用，是一支不可替代的化学品事故救援力量。

我国的化学品应急救援工作，虽然已有了一定的基础，但是远不能适应我国国民经济发展和安全生产工作的需要。存在的主要问题有：

(1) 应急救援力量分散，没有形成区域救援能力。我国的危险化学品事故的应急救援工作缺乏统筹规划，众多的救援力量分散在各个职能部门和企事业单位，如企业救援力量分属于中国石化、中国石油、中国海油和地方化学品单位，相互间缺少协作和配合。应急救援的高精尖装备配置不均衡，主要集中在东部、大型企业内部，西部，小型化工企业缺少，甚至没有危险化学品救援队伍和装备。发生化学品事故以后，不能快速调集有经验、有能力的队伍参加救援，不能跨区域调集队伍协同作战，无法形成区域救援能力和协同作战能力。

(2) 应急装备不足、落后，救援能力差。目前，企业消防力量和装备的配置主要是应对厂内化学品事故，参加社会应急救援的能力较弱。而且，大部分企业消防队伍存在装备数量不足、技术落后、超期服役等问题。尤其是企业内部使用的消防车辆，由于缺乏有效的社会监管、没有社会统一牌照，超期服役现象比较普遍，不同程度地影响了救援能力和效果。

(3) 固废园区缺乏专业应急救援队伍。我国固废园区主要是以园区消防力量为依托，建立自身的应急救援队伍。但固废园区还缺乏应对重特大突发事件所必需的机动应急力量的储备，应对大量人员急救的指挥、医疗运输车辆等的能力还不具备。此外，固废园区内没有供电、供气、通信等系统的专业应急救援力量，一旦发生重大事故，专业应急力量难以及时赶到现场，恐难以采取有效措施处置。

(4) 固废园区医疗救护力量薄弱。目前，我国固废园区医疗队伍建设主要存在几种情况，即建立应急救援机构、与固废园区外的医疗机构签订合作协议、没有医疗机构也没有与外部医疗机构签订合作协议。但是，从总体上看，建立了应急救援医疗机构的固废园区，医疗队伍人员数量少，缺乏专用医疗救援资源，缺少快速到达事故现场的救护车，很难及时进行现场快速分析、判定化学物质的属性、浓度的检测，以及检验仪器和个体防护等装备。

(5) 技术保障力量薄弱、手段单一。危险化学品事故应急救援现场瞬息万变，专业和权威的信息和技术支持尤为重要，而我国目前各固废园区，甚至各级人民政府尚未建立权威的危险化学品应急救援数据库、专家组，缺乏必要的事故咨询系统和专家辅助决策系统等。

6.3.7.4 培训与演练

就应急救援的培训与演练而言，各固废园区间水平差异很大。有的固废园区定期组织桌面演练、功能演练和全面演练；有的固废园区没有系统的培训演练计划、脚本文件等。固废园区的培训演练工作主要存在以下问题：

(1) 培训演练形式单一。数据显示，除了上海固废园区应急救援演练主要以桌面演练为主外，其他固废园区主要以全面实战演练为主。在桌面演练、功能演练和综合演练三种演练方式中，大部分固废园区较重视综合演练，不太重视桌面演练、功能演练，这其中的原因有很多，但基本原因就是综合演练由于涉及到多部门、多人员、多过程，“动静”比较大，容易出“政绩”。部分固废园区比较重视功能演练，但演练内容、演练形式单一，达不到演练应有的目的。比如，有些固废园区连续几年开展消防演练，演练的内容无非就是在一块空旷的土地上点燃一堆火，然后一批消防人员冲上去，手拿各种消防器材将火扑灭。无论是哪一种演练方式，在演练计划、脚本文件、过程评估、演练总结等方面都还存在过粗、针对性不强等不足。各固废园区在筹划桌面演练、功能演练和综合演练时缺乏通盘考虑，对各种演练所要解决的问题还不是太清楚，对各种演练之间的逻辑关系还未明确。

应急演练培训是一个非常好的培训方式，可更准确地模拟事故情况，使演练人员得到锻炼，但全面实战演练受到经费、人员、时间、空间等因素的高度限制，使得部分固废园区每年开展一次的全面实战演练难以为继。没有形成桌面演练、功能演练、全面演练等相辅相成的培训演练方法，在这方面，固废园区和化工企业需要国家的相关规定和技术指导。

此外，发教材自学、网络学习以及计算机模拟培训等培训方式不受时间、空间的限制，适用于任何人，但还没能在固废园区得到广泛使用。这也暴露出我国在现代演练开发方面的不足，没有一套广泛适用的计算机模拟培训演练系统供企业使用。

(2) 没有建立覆盖全体人员的培训演练系统。应急救援培训演练是一个系统工程，应针对不同的人员进行不同的培训并演练。应急救援涉及应急指挥人员、应急救援人员、固废园区员工、社会或周边人员等，为了保障应急救援的顺利进行，每一个环节都不能放松。很多固废园区只重视应急救援人员的培训和演练，轻视应急指挥人员，特别是周边人员的培训演练。

(3) 培训演练缺乏系统的培训教材。由于我国的应急救援工作刚刚起步，没有应急救援培训教材供参考，依靠固废园区自身的力量编制高水准的培训教材很不现实，没有系统的培训教材，大大影响了应急救援的培训质量。在培训程序、考核要求等方面国家没有具体的指导和要求，固废园区从事应急救援人员参加培训演练是否合格，合格后由哪个机构来颁发合格证书，如何对取得证书人员进行科学管理等都是固废园区难以解决的问题。

(4) 缺乏应急救援培训演练队伍。应急预案编制完成后，必须通过培训并进行演练，使员工和所有相关人员掌握应急知识和技能，如果不进行培训和演练，如同只给战士发枪，而不给他弹药和教给他使用方法，这样只有武器是不能够作战的。固废园区没有专业的教育培训队伍，缺乏培训、演练场所，缺乏培训演练的组织策划能力。固废园区的应急救援培训演练需要外部力量的帮助，需要专家队伍的指导，但国家没有建立应急救援培训基地，社会服务机构的应急救援培训演练咨询服务工作也刚刚起步。

6.4 固废园区应急体系建设对策与建议

6.4.1 建立固废园区应急体系"131"总体模式

总结分析我国固废园区应急体系建设经验，特别是海南洋浦经济开发区一体化管理模式以及其他固废园区的应急救援工作的开展过程，发现固废园区在进行应急体系建设的过程中，园区区域安全规划（应急体系规划）、综合应急预案体系的建立、应急体制、机制与法制的研究、应急保障及建立应急平台是必不可少的环节。因此，在"一案三制"的基础上，增加前期的应急体系规划、应急保障和信息平台建设环节，应急体系规划是其他各项工作的基础，应急保障是各项工作顺利实施的保障条件。同时考虑到应急救援工作离不开信息平台建设，信息平台建设是应急救援各项工作与计算机系统的有机结合，为应急管理工作提供一个科学、系统、高效的管理平台。

因此，提出建立我国固废园区应急体系"131"建设模式，即"区域安全规划+综合应急预案、应急三制、应急保障+应急平台"。即：1 个系统的固废园区区域安全规划；1 个完整的固废园区应急预案体系；1 个保障固废园区应急工作顺利运行的内在制度（包括应急体制、应急机制、应急法制）；1 个有效的应急保障系统；1 个综合、实用的固废园区一体化应急救援信息平台。

6.4.1.1 应急体系"131"建设模式要素之间的关系

(1) 固废园区应急体系"131"建设模式中各要素既相对独立，又是一个有机统一的整体，相辅相成互为条件。应急体系规划是安全生产工作基础中的基础。应急预案体系是应急管理工作的行动指南，是应急管理工作的基础。应急体制、法制、机制是安全生产应急管理工作的组织保障，是应急管理工作进入规范化和制度化的必要条件，是开展其他各项工作的保障和约束。应急平台是保证安全生产应急管理工作现代化的工具、手段，为其他各个要素能够开展工作提供技术保障。

（2）固废园区区域安全规划是安全生产工作的根本。与固废园区应急体系建设密切相关的是应急体系规划，但实际上应急救援规划是固废园区区域安全规划的重要组成部分，区域安全规划是从固废园区整个系统环节考虑安全问题，用于修正、指导和规范固废园区当前和未来项目建设以及安全生产运行，避免出现严重的、不可逆转的、不合理的安全问题或隐患，防止事故发生或事故发生后进行有效处置。

（3）应在区域安全规划的基础上编制应急体系规划。固废园区应急预案体系是应急管理工作的前提和基础。为了正确应对处置固废园区内各企业在作业过程中由于设备故障、操作失误或不可抗力等因素可能引起的各种灾害事故以及其他事故，而预先制定的应急行动方案。应急预案是应急响应过程中的指导性文件，是有效组织应急救援行动的必要条件。为了有效组织区域范围内的应急救援行动，需建立从宏观区域综合预案到微观重大危险源企业现场应急的应急预案体系，并通过定期组织应急演练和采用相应的应急预案绩效评估方法进行应急预案绩效水平的评估，以指导应急预案的更新。

（4）固废园区应急体制、机制和法制是安全生产应急管理的最有力保障。保障安全生产需要建立和完善安全生产应急管理组织体系、法规体系和运行机制。安全生产应急管理组织体系健全、应急管理法规能够落实到位、应急管理机制有效发挥作用，这是应急管理最基本的要求。这里的应急保障是指狭义的应急保障，包括人财物三方面内容，即应急队伍建设、应急资金和应急物资。它是其他各项工作的基础，是应急工作的基本要求。没有应急保障，其他各项工作都是空谈。

（5）固废园区应急平台是实现应急管理的技术手段。科技兴安是现代社会工业化生产的要求，是实现安全生产的最基本出路。应急管理是企业管理、科技进步的综合反映，应急管理需要科技的支撑，实现科技兴安是每个决策者和企业家应有的认识。安全科技水平决定应急管理的保障能力。因此，信息平台建设是化学事故应急的重要手段，只有充分依靠信息技术的手段，生产过程的安全乃至应急管理才有根本的保障。

6.4.1.2 应急体系“131”建设模式满足的原则

固废园区应急体系“131”建设模式，是以全面贯彻落实科学发展观，构建和谐社会为指导，坚持“安全第一，预防为主，综合治理”的工作方针，以保障人民生命财产为出发点，建立健全安全监管体系，加大安全投入，倡导安全文化，落实安全责任，建立安全生产长效机制，实现固废园区的安全、稳定、和谐、健康、持续发展。固废园区建立应急体系“131”建设模式满足以下原则：

（1）以人为本的原则。固废园区应急体系“131”建设模式把保障人民群众的生命安全和身体健康作为应急处置工作的出发点和落脚点。遵循“预防为主”的原则，把应急救援指挥中心作为预防和处置灾害事故的平台，完善工作机制，运用信息化手段，形成整体合力，提高对突发灾害事故发生、发展全过程的综合管理和紧急处置的能力。

（2）全面性原则。固废园区应急体系“131”建设模式涵盖固废园区常态和非常态管理，非常态管理包括事故应急管理的各个环节，包括事故的预防、预备、响应和恢复各个阶段。应急体系框架覆盖范围应当全面，应该涉及建设项目的整个生命周期，不能留有空白。

（3）科学性原则。固废园区应急体系“131”建设模式应当科学合理，要按照应急体系内在的结构、联系和层次，在安全科学技术及实践经验的综合基础上，构建科学的体系。同时，固废园区应急体系不能脱离当前的经济与技术发展水平，以及政府和企业现有的实际应急能力。

（4）协调性原则。固废园区应急体系“131”建设模式涉及铁路、海事、消防等很多部门、行业和企业，涉及不同层面的政府和地区，包括很多具体的工作。应急体系“131”建设模式要注意与其他体系的协调，要注意适应不同层面政府和部门的需要，要明确在固废园区应急体系内部的定位，要协调好系统内部各项具体工作。

（5）与我国国情相适应原则。我国政府、企业和群众的现有应急能力相对较弱，应急体系也处于构建阶段，应急体系“131”建设模式的制定应当与我国当前现有的体制、职能以及实际情况相适应。应急体系“131”建设模式与国家、地方安全生产应急体系有着非常密切的关系，应急体系“131”建设模式的构建应当以现有体系为前提和基础。

6.4.1.3　应急体系“131”建设模式是动态的、持续改进的系统

固废园区建立应急体系，首先应明确园区应急救援管理的总体目标，在总体目标的指导下，建立园区应急救援管理体系，在日常管理以及事故发生后的应急救援活动中落实应急救援管理体系的具体内容，发现应急救援管理体系与实际工作的不符合项，对应急救援管理体系进行持续改进。

应急体系“131”建设模式是强调预防为主的系统。应急体系“131”建设模式是固废园区从过去被动、落后的安全建设模式中摆脱出来，彻底改变安全管理落后于生产发展的被动局面的新理念；是以依靠现代科学技术来预防重大事故的具体体现；真正把安全管理工作转移到预防为主的轨道上来，提高固废园区事

故处理能力和管理水平。

6.4.2 完善固废园区区域安全规划

6.4.2.1 国家加强固废园区区域安全规划工作

落实固废园区应急体系规划，首先国家从法律层面规定固废园区应开展应急体系规划，并出台固废园区应急体系规划指导意见，指导应急体系规划工作，同时，政府加强对固废园区落实应急体系规划工作的监督检查。

A 制定固废园区安全规划管理办法

固废园区安全规划是在安全现状调查、风险评价和预测的基础上，根据安全科学原理，以保护和改善固废园区安全生产条件为目的，对固废园区提出战略性安全要求。国家应制定相应的安全规划管理办法，明确规定固废园区在引进建设项目之前，应当开展安全规划。安全规划报告通过专家评审后，报当地安全生产监督管理部门或者上级人民政府备案。

B 制定固废园区安全规划编制指导意见

国家制定固废园区安全规划编制指导意见，指导意见中明确安全规划的原则、主要内容、编制流程、编写的方式和方法，指导固废园区科学系统地编制安全规划。固废园区安全规划应坚持依法规划原则，以国家地方性法规、行政规章、规范性文件以及国家和部委标准、行业标准为依据，目标明确，措施到位，易于实施；坚持统一规划、分步实施、着眼现实、立足发展的原则；坚持技术先进原则；坚持预防为主原则；坚持系统原则，用系统论的方法，寻找系统薄弱环节，做出科学合理规划；坚持实事求是、因地制宜的原则；坚持强化企业安全生产管理原则。

固废园区安全规划应至少包括四部分内容，一是固废园区工厂选址和土地使用规划；二是固废园区基础设施安全规划；三是固废园区安全管理模式规划，探讨建立适合园区自身情况的安全管理模式和方法；四是固废园区应急体系规划和应急预案编制，在固废园区危险源辨识与风险分析的基础上，提出应急体系建设方案。

固废园区安全规划工作包括六个基本程序：现状调查及资料分析；固废园区事故及灾害风险评价；确定固废园区安全规划目标；固废园区安全规划方案及风险控制措施；固废园区安全规划的审查；固废园区安全规划的实施。

(1) 现状调查及资料分析。在实地了解固废园区自然、社会经济和规划建设等方面情况下，对固废园区各安全现状情况作全面的调查，并了解发展计划，分析在安全方面存在的问题和可能存在的隐患。

(2) 事故及灾害风险评价。对固废园区现存的和未来存在的事故及灾害可能造成的影响进行分析，对事故及灾害可能造成的风险进行评价。

(3) 确定安全规划目标。明确可接受的风险标准，根据风险标准建立各专项安全规划目标，确定固废园区安全专项规划实施后的预期效果，从而满足事故及灾害预防和控制的需要。

(4) 安全规划方案及风险控制措施。根据风险评价结果及规划目标，提出安全规划的具体方案及降低风险的控制措施。

(5) 安全规划审查。编制的固废园区安全规划方案，须经当地政府及有关部门审查后方可实施。

(6) 安全规划的实施。固废园区安全规划实施的条件、步骤及相应的组织管理措施。

C 监督固废园区落实安全规划

各级人民政府应通过安全规划备案、项目审查等方式，加强对固废园区安全规划的监督检查，确保固废园区将安全规划的具体内容落到实处。避免固废园区追求经济利益，忽视安全布局、降低安全距离、减少安全设施等，从而埋下安全隐患。

6.4.2.2 固废园区落实安全规划工作

固废园区应积极落实国家的规定，新建立的固废园区在论证阶段应开展园区安全规划；已建立的固废园区，应在现有基础上，补充安全规划工作，对不符合安全规划的建设项目进行整改。

6.4.3 完善固废园区应急体制、机制和法制

6.4.3.1 固废园区应急体制

A 国家完善固废园区应急救援体制建设

固废园区危险源聚集，是应急管理的重点单位，应明确规定固废园区建立应急救援指挥中心。制定固废园区应急救援指挥中心建设指导意见，明确指挥中心的级别、规模、经费等，指导固废园区应急救援指挥中心建设。

要从根本上解决固废园区应急救援指挥中心人员编制问题，国家应出台相应的规定，明确应急救援指挥中心的属性、人员编制、职责等，从根本上解决目前固废园区管理部门一路人马，两块牌子的问题。

B 固废园区规范园区应急救援管理模式

根据固废园区应急协调指挥体制的整合程度、固废园区的规模、管委会对应急协调指挥系统的运行与管理方式、指挥权划分、应急响应基础、投资规模和编制等情况，固废园区应急救援管理主要存在“集权”“授权”“协同”“代理”四种模式。

建议新建的固废园区采用集权模式，已建的固废园区受到现有体制、机制的限制可采用授权模式，其他的固废园区逐渐由协同、代理等其他模式向集权和授

权模式过渡。

(1) 集权模式。集权模式是指整合固废园区所有的应急资源，成立专门的应急指挥中心，由该部门全权行使应急指挥大权。该模式所具有的特征包括：由管委会牵头、管委会投资、集中管理，应急指挥中心是管委会管理的一个部门，有专门的编制和预算；应急指挥中心是固废园区突发公共事件处理的唯一中枢；管委会将所有的指挥权归于应急指挥中心，应急指挥中心在处置紧急事件时，有权调动固废园区内的任何部门；采取一级接警、一级处警，即指挥中心统一接警，统一处警；简单事件由专业组处理，出现重大事件时，由指挥长协调各专业组联动处警；应急指挥中心同时也是应急指挥资源的管理中心，统一管理相关的应急指挥资源。建议新型的固废园区采取此种模式。

(2) 授权模式。授权模式是指管委会利用现有的应急指挥基础，根据固废园区应急救援的要求，通过局部的体制调整，授权应急基础比较好的某一部门，在该部门的牵头下，固废园区相关应急部门联动办公、联合行动，从而快速构建固废园区应急协调指挥系统。

该模式所具有的特征包括：交通、消防、医疗急救等部门进入协调指挥中心，而其他相关部门，如水电气、工商、城管等根据业务量的大小，可以有选择地进入。在不进入协调指挥中心时，这些机构一般都有专门的值班部门，配置远程联动处警终端与协调指挥中心联网，同步进行事件处理。管委会将应急救援的指挥权授权给一个部门，以此部门为核心，协同其他应急部门共同处警。在紧急情况下，此部门代表管委会协调指挥区内各部门联合行动，并代表管委会协调和指挥紧急事件的处理。对于已经建好的固废园区，鉴于体制改革的难度，建议采用“授权”管理模式。

(3) 协同模式。协同模式是指依托现有的行政架构，多个不同类型、不同层次的协调指挥中心和执行机构通过网络组合在一起，按照约定的流程，分工协作、联合指挥、联合行动。该模式所具有的特征为应急协调指挥机制是由多个不同类型、多层次的指挥系统构成。

(4) 代理模式。此模式是指在固废园区成立统一的接警中心或呼叫中心，负责接听固废园区内的应急呼叫，根据呼叫的性质，将接警记录分配给一个或多个部门去处理，并根据各部门处理情况反馈报警人。该模式所具有的特征包括：由管委会牵头，统一紧急呼叫的入口；各部门分头处警、各自指挥；负责向报警人反馈处理信息，监督各部门处理事件的过程。

6.4.3.2 固废园区应急机制

此项内容主要是针对固废园区而言，固废园区应急运行机制主要由区域联动、分级管理等基本机制组成。

A　建立完善固废园区区域协调机制

针对固废园区整体安全存在的问题，一家企业安全不代表区域整体安全。防止企业发生连锁事故，应遵循关键区域重点防范、重大事故快速反应、统一指挥、分组负责的原则，尽快建立单位自救、互救与社会救援相结合的区域协调机制，这是事故发生时控制事态扩大的有效举措。

首先，建立三级（即园区企业、园区管理委员会、上级政府）快速响应机制。一旦发生危化品事故，事故发生企业立即处置并通知相邻企业，一方面做好自身防范，另一方面做好互相救援工作；相邻联防企业接到互救报警电话，应立即参加互救应急救援；企业首先应判断事故是否可以靠自救和互救及时控制，否则立即报告上级，启动园区救援预案，超出园区应急救援能力的，园区向上级政府请求应急升级，启动上级政府应急预案。

其次，固废园区应明确本范围内安全生产应急管理的分级原则、响应规定及其相应的等级标准。安全生产应急管理分级响应制度应当明确响应的程序，阐明事故发生后通报的组织、顺序、时间要求、主要联络人、应急响应的内容和处置方式，尤其是在超出企业、园区响应能力时，明确具体的响应方法和程序。

最后，为了建立完善区域联动机制，需做好以下工作：

（1）建立完善固废园区与上级政府的协调机制。固废园区的应急救援工作向下须与企业相协调，向上应与上级政府相协调。从日常管理到应急响应的每一个环节都必须与上级政府密切挂钩。

（2）建立完善固废园区各部门的协调机制。固废园区建立应急救援各职能部门联席会议制度，由安监、环保、消防、公安、海事、交通、卫生、城管各部门参加的综合监管机构，定期研究整体安全状况，实地超前防范，提高综合执法力度。

（3）建立完善固废园区与园区企业的协调机制。固废园区应急救援是由园区应急救援指挥中心和园区企业共同完成的，建立固废园区与园区企业联动工作机制，建议固废园区建立应急救援例会制度。通过固废园区应急救援例会架起园区应急救援指挥中心与园区企业、园区企业之间的桥梁。可实现园区应急救援物资、队伍、资金的一体化，强化协调配合和信息沟通机制。固废园区应急救援例会可以分级分类召开。可以定期召开固废园区与企业管理人员的联席会议、应急救援人员的会议、应急指挥人员的会议，来交流经验和解决问题。

（4）建立完善固废园区内企业与企业的协调机制。固废园区内建立企业联席会议制度，由固废园区应急救援指挥中心组织实施，定期召开由企业应急救援管理人员、救援队伍人员参加的讨论会；同时建立园区重点企业联防联动的机制，定期召开联席会议，加强相互间的沟通，交流各自的防范工作，提高联防联动的可靠性。

B 建立固废园区应急管理机制

固废园区的应急管理不仅是发生灾难事故的抢险救援，更重要的是长期坚持预防和预警系统的建立和监管。尽量不发生事故，发生事故尽量控制在小范围内，而且每次出现不正常的现象都要有学习和反思，不断学习，不断改进，不断创新。可以将我国固废生态园区应急管理分为九个演进阶段，根据不同阶段采取相应的措施和流程。

(1) 第一阶段——监控。虽然企业处于正常生产和经营状态，但园区的灾难事故都是从企业发生后逐步扩散的，因此企业的所有生产装置和管理都必须围绕预防事故展开，根据现代化工生产、运输、存储、销售的操作规程进行坚持不懈地监控。

(2) 第二阶段——预警。企业的生产经营出现异常情况，发现事故发生的苗头时，就进入了临界状态，企业要制定相应的预警信息反馈系统，操作人员必须根据规程及时发现处理。如果处理后恢复正常，进入警报解除、恢复生产、查找原因、追究责任、学习创新的流程。如果现场无法控制消除，将进入事故初始状态。

(3) 第三阶段——韧始。异常现象经过现场处置没有消除，并继续升级，企业需要调用现场操作之外的人员设施进行抢险，把事故消除在萌芽状态。如果事故的初始爆发苗头得到消灭，进入警报解除、恢复生产、查找原因、追究责任、学习创新的流程。如果无法控制住事故的进一步扩大，进入失控状态。

(4) 第四阶段——失控。事故发生，企业启动应急预案，调用资源进行事故抢险救援，力求把事故控制在较小的范围和较轻的程度，争取在企业内部解决，并上报园区和上级政府，做好更大事故处理的准备。如果事故能够控制在企业应急管理的范围，进入警报解除、恢复生产、查找原因、追究责任、学习创新的流程。如果无法控制住事故的进一步扩大，进入灾难状态。

(5) 第五阶段——灾难。重特大事故发生，企业无力控制局况的进一步恶化，园区管理部门和上级政府接报后，启动公共部门初级应急预案，由准备进入实施过程，调用抢险救援力量，现场指挥事故处理，尽可能隔离危机，在较低的层次解决危机。如果灾难仍然无法得到有效化解，需要启动更高层次的应急管理机制，直至中央级别的应急管理，彻底消除灾难，进入警报解除、恢复生产、查找原因、追究责任、学习创新的流程。

(6) 第六阶段——消除。各类危险和灾害已经消除，宣布解除警报，通报相关信息，企业和园区恢复到常态。

(7) 第七阶段——调查。调查了解不正常状态和事故的发生原因，分析存在的缺陷，核对伤亡人员和财产损失数据，为追查责任和改进创新提供可靠依据。

(8) 第八阶段——问责。根据调查结论，追究相关人员的责任，惩处工作失误人员，依法追偿损失，对受害者进行赔偿。

(9) 第九阶段——创新。弥补设备和管理中存在的缺陷，改进和完善应急管理体系。

C 建立企业专业队伍整合机制

固废园区整合各企业专业应急队伍，一是以重大危险源为应急重点，不论发生任何事故，首先要防止引起该地段的连锁反应；二是针对危化品火灾爆炸、泄漏毒害的理化性能，整合各企业专业应急队伍，熟悉专业技能，定期进行模拟演练。

D 固废园区应急法治

固废园区应急法治建设主要包括三部分内容，即国家层面的应急法律法规、固废园区自身的应急救援管理制度和园区企业的应急救援管理制度。

a 国家应完善制定的法律法规

针对应急救援管理而言，建议国家制定如下新的固废园区应急救援法律法规：

(1) 应急救援指挥机构管理规定。主要包括：国家安全生产应急救援指挥中心管理规定；省（自治区、直辖市）安全生产应急救援指挥中心管理规定；市、县应急救援信息联动管理规定；企业应急救援中心管理规定等。

(2) 应急预案相关规定。主要包括：安全生产应急预案的编制规定（目前已制定编制导则）；安全生产应急预案的评审规定；安全生产应急预案的备案规定；安全生产应急预案的管理规定等。

(3) 应急救援经济鼓励制度。主要包括：政府设立应急救援专项经费的规定；政府设立应急救援基金的规定；企业设立应急救援专项经费的规定；对企业救援队伍和社会队伍参加应急救援，给予经费补偿的规定；应急救援经费多元化筹集规定；对因救援而疏散的社会民众，给予补偿的规定；对积极救援的有功队伍和个人，予以表彰奖励的规定；对发生事故或造成紧急事件的企业，予以经济处罚的规定；对消极或阻挠救援，致使损失扩大的企业和个人，予以经济处罚的规定等。

(4) 有关应急救援的善后处理与状态恢复的规定。善后处理也是应急过程中的重要阶段，应有必要的制度保证其顺利完成。主要包括以下规定：因事故应急而伤残人员的救治和善后处理规定；因事故应急而死亡人员的善后处理规定；事故发生企业恢复被破坏的环境的规定；及时恢复因事故而损坏的社会公用设施的规定；紧急事件或事故后，完成善后处理，解除紧急状态，恢复社会正常秩序的规定等。

(5) 有关社会公众应急宣传教育的规定。因企业与周边关系问题而延误救援工作的事例较多。教育民众认识应急救援、服从救援指挥、参与自救互救是特别重要的，必须常抓不懈，平时工作做得好，应急时才有效果。主要包括以下规定：政府利用媒体，对社会公众进行应急救援知识宣传教育的规定；高危企业对周边社区、乡村的民众，进行应急救援知识宣传教育的规定等。

（6）应急救援专家管理规定。应急救援是一项专业性、技术性很强的工作，要求指挥员应具备相应的知识和专业水平，因此现场的指挥应该是专家队伍，而不应是政府官员。主要包括以下规定：要突出技术专家在应急救援中的作用，赋予专家相应的职责、权力、利益；应急救援的现场指挥应体现专家指挥的制度，而不应是行政领导来指挥；建立应急救援专家库，专家有义务提供应急救援方面的技术咨询支持等规定。

b 固废园区制定完善应急救援管理制度

在应急救援相关法律法规的指导下，固废园区应急救援管理部门应制定并完善应急救援日常管理、应急响应、应急恢复的一系列规章制度，规范固废园区的应急救援工作。包括：固废园区应急救援资金管理制度、队伍调配使用管理制度、物资管理制度、培训演练制度、安全例会制度、应急响应程序、应急恢复程序等。

c 园区企业完善应急救援管理制度

园区企业应根据国家、地方制定的法规标准，以及固废园区制定的应急救援规章制度，结合固废园区安全设施建设、应急救援队伍建设，不断完善企业应急救援规章制度以及修订企业应急预案，保证企业应急救援规章制度的科学性和实效性。

6.4.4 完善固废园区应急预案体系

6.4.4.1 国家健全完善应急预案管理体系

A 完善预案评审制度

国家应进一步完善应急预案备案制度，并在此基础上，制定应急预案评审制度，通过预案评审，增强预案的可操作性，保证应急预案切实可行、科学有效，已经编制的各级各类应急预案要进一步完善提高。

B 加强对预案编制工作的指导

各级安全监管部门和有关部门要指导和督促本地区、本行业（领域）各类生产经营单位按照《生产经营单位安全生产事故应急预案编制导则》及相关行业标准编制和修订本单位不同层级的安全生产应急预案。要立即组织对现有生产经营单位的预案现状进行普查，加强重点抽查，摸清各行业（领域）各类生产经营单位预案编制现状。在此基础上，研究制定切实可行的推进措施，加强分类指导。

6.4.4.2 固废园区健全完善应急预案体系

A 健全完善应急预案层级体系、预案对象体系

我国预案体系设计为国家总体应急预案、专项应急预案、部门应急预案、地方应急预案、企事业单位应急预案5个层次。《国家突发公共事件总体应急预案》将突发公共事件分为自然灾害、事故灾难、公共卫生事件、社会安全事件四类，按各类突发公共事件的严重程度、可控性和影响范围等因素，分为特别重大、重大、较大和一般四级。应急预案对突发公共事件的预测预警、信息报告、应急响应、应急处置、恢复重建及调查评估等机制都有明确规定，形成包含事前、事发、事中、事后等各环节的一整套工作运行机制。这也是我国固废生态园区制定应急预案的基本依据。

固废园区应急预案应健全完善层级体系、预案对象体系。固废园区应急预案层级体系是从行政层面上，固废园区重大事故应急预案可划分为上级政府突发公共事件应急预案、固废园区应急预案和园区企业应急预案，保证各级预案之间的有效衔接。固废园区应急预案的对象体系按照固废园区适用对象范围可分为综合预案、专项预案、现场预案。事故灾难应急预案是固废园区突发公共事件应急预案的重点。

预案体系的建立健全在当前固废园区建设中有非常重要的价值，预案制定过程中应该考虑到以下几个方面的因素：

（1）灾害监测与预警能力。预案中应该明确化学灾难事故的识别（监测预报）与初期评估及灾害预警系统。

（2）社会控制效能。应该明确预案的法律和法规依据；政府应急管理政策的设计与实施情况；灾害应急管理组织体系的建立及其发挥作用的情况；城市防灾规划的设计；对公众应急知识的宣传、教育、避灾自救的培训、演练以及灾后紧急疏散的效果等。

（3）居民反应能力。帮助公众了解化学灾害，学习有效防范和减轻灾害损失的知识、灾害准备的措施、灾后进行自救互救的能力、志愿者救灾组织的建立，以及灾害发生后居民行为的社会疏导与组织能力。

（4）化学灾害救援能力。包括灾害救援体系的建设及作用发挥状况；政府灾害紧急救援的政策法规制定与执行情况；灾害救援中社会力量的动员与资源配置状况；专业或职业救援队伍的组织规模、培训情况、资格认证等；志愿者救灾组织的规模、训练等；灾害救援力量的现场指挥协调能力等。

（5）资源保障能力。包括人力、物力、财力资源的储备；专业或职业救援队伍的分布情况；应急储备金的设立；地方救灾物资库的建立以及物资的分类、储存管理、运输、调拨使用、回收情况；救援装备的购置和研发情况；社会财物的捐赠管理等。

B 确保应急预案之间的有效衔接

根据固废园区应急预案体系，固废园区各层级预案之间要相互衔接，即固废园区预案和上级政府及有关部门预案要相互衔接、固废园区预案与园区企业预案衔接、固废园区内部各类预案要相互衔接，即综合预案、专项预案和现场预案之间要有效地衔接，能够实现应急救援整体联动。

C 加强应急预案的修改完善

应急预案编制完成后，每年应结合固废园区实际情况，特别是危险源、基础设施、工作人员等变动情况，及时修改应急预案，保证预案的时效性。同时每年应通过演练等方式，检查预案，发现预案的不符合性，及时对预案进行修改完善。避免一旦预案编制完成，便束之高阁的现象。

D 实现应急预案的数字化管理

将应急预案与信息平台建设有机结合，实现预案的数字化管理，是信息平台建设的核心内容。一方面可实现对预案的信息化管理；另一方面更重要的是，在紧急情况下，应通过信息平台系统，查找到相关预案，针对现场情况提供相应的应急措施，为应急救援决策提供支持。

6.4.5 加强固废园区应急资源保障

6.4.5.1 应急救援队伍建设

A 国家建立固废园区应急救援队伍体系

依靠固废园区自身的专业力量很难满足应急管理的需要，应整合现有资源，以国家危险化学品救援基地和骨干队伍为基础，建立国家固废园区应急救援队伍体系。

国家应合理规划危险化学品救援基地建设，保证在固废园区聚集地区至少建立一个危险化学品救援基地；推动固废园区建立专业应急救援队伍；同时指导、督促危险化学品企业按要求建立专兼职应急救援队伍，从而形成危险化学品企业、固废园区以及国家级基地和骨干队伍共同组成的应急救援队伍体系。

B 固废园区加强自身应急救援队伍建设

a 加强专业应急救援队伍建设

固废园区的事故类型主要是危险化学品火灾、爆炸、泄漏，多数时候火灾、爆炸、泄漏是同时发生的。消防队伍主要以灭火为主要目的，而危险化学品火灾、爆炸、泄漏事故的处置措施与单纯的火灾是不一样的，需要配备供电、供气、通信等系统的专业应急救援力量。因此，固废园区在现有应急救援队伍的基础上，应加强化学品事故的应急救援训练。同时建立供电、供气、通信等系统的专业应急救援力量，或者与周边应急救援力量签订协议，保证紧急状态下，供电、供气、通信等系统正常运行。

b　加强医疗队伍建设

医疗队伍是抢险救灾的重要组成部分，为了保护人民生命、减少人员伤亡，固废园区应建立化学品专业医疗救护队伍，或与周边医疗机构签订应急救援协议，保证在紧急情况下，医疗救护队伍能及时赶到事故现场，配合抢险救灾行动。固废园区应考虑配备设施齐全的专用医疗急救指挥车，以进一步保障急救质量。增配医疗急救分诊车，便于处置成批伤员的现场急救和快速护送及转送。作为固废园区的公共应急资源配备，既要避免片面追求“大面全”，注重向“专而精”的方向发展，也要注意和企业应急资源的协调，做到优势互补、结构合理。

c　加强应急救援队伍之间的合作

固废园区应对重大事故的人力、物力资源薄弱，可通过区域内应急救援队伍的整合或联合方式，增强固废园区的救援能力。如果园区邻近国家危险化学品救援基地，可以充分利用这个资源优势。这就涉及合作机制问题，固废园区与应急救援队伍之间一方面可签订合作协议，另一方面可建立定期联席会议等机制。

6.4.5.2　建立完善应急救援经济政策

A　国家建立完善应急救援经济制度

a　设立事故预防基金

美国、法国等发达国家都设立了专门的事故预防基金，按照国际通行的做法，结合我国实际，设立事故预防基金，从源头上解决安全生产投入不足的现实。基金来源包括国家拨款（在财政部设立职业安全保障基金专项拨款）；高风险企业缴纳的职业安全保障金（以企业全体职工工资总额为基数按一定比例计算缴纳）；工伤保险基金中用于事故预防的部分（工伤保险基金的5%）；高风险行业新、改、扩建时收缴职业安全保障金；利息、捐赠及其他合法资金；对违反安全生产法规的罚款部分。

统筹范围为职业安全保障金的征缴最终将覆盖全国工商登记注册的工矿企业，在实施初期，可优先考虑在事故风险较高的行业中实施征缴，如煤炭、建筑行业。

事故预防基金的主要任务与职责应包括安全生产政策、法律法规和标准等的宣传、教育和出版；安全生产技能的培训；事故原因调查分析及重大或多发性事故发生趋势的预测与决策支持；重大或多发性事故预防关键技术的立项研究；重点行业或企业安全生产技术改造的经费援助及监督实施，如新技术推广使用；危险作业场所或重大设备的监测检验；相关技术与咨询服务。

b　促进责任保险的发展

美国、德国等发达国家的商业保险公司十分注重事故预防工作，保险公司都设立专门从事相关工作的机构和人员，这些机构在提高企业安全水平、辅助政府加强安全生产管理等方面发挥了重要作用。借鉴国外先进经验，结合我国实际，应促进责任保险在我国的发展，预防事故的发生，从源头上实现安全生产。

（1）营造良好的社会环境。良好的外部环境是责任保险发展的关键。要进一步优化保险发展环境。一是各级地方政府要增强对责任保险发展的重视。充分研究重大风险事故与责任保险的关系，真正认识到责任保险是解决民事纠纷和维护人民群众利益的有效方法。二是加强责任保险的宣传力度，推动全社会树立责任风险防范意识。应支持保险公司通过新闻媒体、户外广告等多种方式加大责任保险宣传，普及责任保险知识，刺激责任保险需求，不断提高全社会对责任保险的认知度，促进责任保险市场的逐步完善。三是要不断改善责任保险发展的法律环境，建立和完善民事责任赔偿机制，加大违法者的违法成本，有效地保证受害者的合法权益，促进责任保险的整体发展。

（2）给予政策支持。建议应急管理部与国家金融监督管理总局协调，促成通过立法的方式建立高风险行业员工风险保障体系。这一体系可强制企业参加工伤保险并投保雇主责任险，鼓励企业和员工个人投保人身意外伤害保险。从保障范围上来看，工伤保险主要承担工伤医疗费、停工留薪、伤残津贴、丧葬补助金、供养亲属抚恤金和一次性死亡补助金等费用的给付；雇主责任险（经条款修订后）可对劳动合同中规定的高于工伤保险给付的部分进行补偿，并可根据实际需要提高误工费、死亡或残疾给付费等费用的补偿标准；人身意外伤害保险则可提供死亡或残疾的高额保障。对雇主责任保险，应明确规定企业投保标准，保险费允许从安全保障基金中列支或是直接计入成本；人身意外伤害保险，则鼓励企业根据自身效益情况全部或部分为员工缴费投保，保额自定，费用可从职工福利费或税前利润中列支。

（3）推进保险业与各部门的协作。责任保险的广泛性要求保险行业与政府各部门积极协作，进行风险防范。参加责任保险，加强与保险机构的合作，是保障安全生产、加强高风险行业事故预防工作的一种行之有效的手段和方法，政府应推动保险业与公安消防、安全生产等部门形成配合机制，积极开展火灾责任险等新的险种，完善工伤保险体制。

保险业与各部门配合互动机制的主要内容应包括一是实现保险与消防、安全生产等部门的信息共享，充分利用防灾防损、安全技术方面的人员和经验数据，尽量统一损失统计口径，支持保险公司在消防和安全生产上发挥积极作用。二是在安全检查上积极配合，通过加强对保险标准的安全检查，达到防灾防损的目的。三是加强事故发生后的协调工作，研究保险公司和保险评估公司介入事故处理的途径，帮助其尽快进入事故现场，减少事故影响的程度，及时恢复生产经营。

B　固废园区建立应急救援专项经费制度

固废园区应建立应急救援专项经费，保障应急救援工作的各项投入，满足园区应急救援工作的需要。固废园区应在园区建立应急救援专项经费的基础上，通过多渠道获取应急救援经费。鉴于我国的现状，园区应急救援应由政府、园区企业、保险、金融机构（银行）以及社会捐赠等机构共同筹集。

为了保障应急救援工作的顺利进行，园区管委会应每年安排一定的资金用于应急救援；园区企业作为园区的主体和园区事故的发源地，应根据企业的产值、危险源数量等缴纳一定比例的应急救援资金；同时研究适合我国固废园区的保险种类，扩大保险在我国应急救援工作中的作用；探索一旦出现突发事故后，银行进行应急放贷的可能性，通过紧急贷款帮助受灾地区和人员从中获得收益；以及妥善处理非政府组织捐赠的资金和应急救援物资。

6.4.5.3　应急救援物资保障

A　固废园区强化应急救援物资整合

固废园区应与企业协商对应急资源进行统一管理使用，使应急规模由分散到集中，应急力量由弱变强。固废园区管委会统一建立固废园区应急救援物资台账。管委会集中的企业的消防救援车辆等应急救援器材，产权为企业所有，实现资源共享。

B　固废园区制定应急救援物资调用、征用制度

固废园区结合自身实际，制定园区内外应急物资调用、征用机制和制度。并与周边应急救援队伍、医疗机构等互助部门或单位签订应急救援互助协议。

C　固废园区引进社会力量参与应急救援

固废园区应积极汲取与应急有关的社会力量，让保险、银行等公司也参与固废园区应急救援建设和管理，共同投入，共享应急救援建设成果。这就要求保险公司开发新的、适合固废园区的险种。

6.4.6　完善固废园区应急平台建设

6.4.6.1　国家加强固废园区应急平台建设

A　国家制定应急救援信息系统建设标准

国家应制定应急救援信息系统标准，明确规定各级应急救援指挥中心的信息系统的主要内容、硬件配置、接口标准等问题，以便信息共享。

B　国家配备应急救援关键技术研发经费

应急救援决策辅助系统的研发是我国目前应急救援软件开发面临的主要问题，其中各种事故后果模拟软件研发也是一项关键技术。几年的实践证明，单单依靠软件公司或者固废园区的力量，开发应急救援辅助决策系统是不可能的。特别是安全生产的应急救援软件，国家应急救援指挥中心应配备应急救援关键技术

研发经费，并发挥其组织协调作用，将国家级的安全生产研究机构与软件开发机构联合起来，共同开发应急救援信息系统。并选择典型的固废园区进行试点。

6.4.6.2　固废园区建立实用的应急救援信息平台

固废园区要建立真正适用于园区自身的信息平台，必须改变重硬件、轻软件的现象，将硬件与软件有机结合，构建固废园区应急救援信息平台，建议建立一个由园区、软件公司以及应急救援科研机构组成的研发小组。以应急救援科研机构充分分析固废园区应急需求为基础，指导软件公司开发系统软件。

6.4.7　加强固废园区应急救援培训演练

6.4.7.1　国家应加强固废园区应急救援培训演练工作

A　建立应急救援培训演练基地

应着手筹建一个与固废园区开发建设目标相匹配的安全生产实战模拟演练基地，用以加强应急救援队伍的实战练习，熟悉化工装置的扑救特点和技能，切实提高实战能力和经验。此外，建议明确落实一个统一的教育培训场所（可称为固废园区教育培训中心），用于进行安全生产（施工、运营）、消防、医疗、环保等方面的教育。

B　鼓励多种培训演练方式

建议充分利用各种有效方式，加大宣传力度，普及应急救援知识及安全生产事故预防、避险、自救、互救和应急处置知识，增强社会公众的安全意识和应对事故灾难的能力。

在重视培训班这种传统培训演练方式的同时，采取多种培训演练方式，相辅相成，达到应急救援培训演练的目的。可通过信息系统建设、开发网络学习、计算机模拟培训等网络培训方式。

也可采取桌面演练、功能演练和全面演练相结合的方式，增加演练频率，丰富演练内容，提高演练效率。

6.4.7.2　固废园区自身加强应急救援培训演练工作

A　重视专项演练

从实际情况看，消防、医疗等部门预案演练较多，但部分专项预案的演练很少甚至从未组织过，演练应该是全面的，不应因为某些事故类型多发，就增加演练次数，而某类事故少发生，就降低演练次数。

B　提高演练效果

应急救援演练应注意以下五点：一要增强针对性；二要增强实战性；三要注重衔接性；四要进行演练评估，总结经验、吸取教训、修改预案；五要注重节俭，精心组织，确保安全。

6.4.7.3　引导园区企业把安全生产和安全教育摆在首要位置

化工企业发生事故不仅是人员和财产的损失，更对整个园区的环境和产业产生难以估量的危害，甚至是致命的影响。企业要建立安全生产的管理网络，需配足具有安全工程师资格的专业安全技术人员，企业工会组织要加强安全生产的监督检查，组织会员参与企业的安全管理。企业必须组织员工了解接触的化学产品的理化性质和对人体的危害程度，学习化工应急自救的医疗救护技能，按照“全员、全面、全过程”的要求进行安全教育，以事故案例分析、救援演练等形式改进教育方式，提高学习效果。企业在厂区张贴悬挂安全警示标志，时刻提醒员工的安全意识。通过企业报刊、内部广播、电视、网络、图书资料室、编印教材手册、讲解企业的各类应急预案等为员工的安全知识学习提供便利。企业还应尊重公民的知情权，有责任和义务定期按规定方式向居民公布自身产品对环境的危害程度，告知居民事故发生时自我救护的常识。

6.4.8　固废园区建立应急救援多元管理体系

应急救援管理应该是政府主导下的全社会共同参与治理的多元管理体系，化工企业、公共部门（主要指政府机构及政府主导的公共机构）、政府之外的其他公共组织（社会公益组织和公民社会团体）、非政府组织的经营性中介组织等，都是固废园区的治理主体。

6.4.8.1　固废园区（区内企业）

区内的企业是园区灾难事故的发源地，其义不容辞地要承担应急救援的重要的基础性工作。灾难事故发生不仅使企业自身蒙受重大损失，还会威胁到整个园区的其他企业，并且造成园区的产业链的断裂，企业在事故前要在人、设备和管理方面不断地发现和消除事故隐患，事故中要主动服从应急管理的人、财、物的统一调配，主动参与事故的抢险和救援。

（1）企业必须以安全成熟的生产工艺，检测合格的生产设备投入生产，并按要求定期进行维修保养，从硬件上防止带病生产，杜绝设备引起的事故。

（2）严格按照政府部门评审通过的环评和安评报告规定建设生产，环评和安评报告是经过专家论证和审查通过的，防止报告仅仅停留在字面上，企业盲目上马之日就是事故隐藏之时。

（3）加强操作员工培训，制定相应的操作规程，建立完整有效的安全教育和检查制度。

（4）淘汰落后工艺，及时报废到期设备，采用环境友好型的技术成果。

（5）建立和谐的劳动关系，加强与周围居民的沟通和合作，主动接受社会监督和舆论监督。

6.4.8.2 公共部门（政府机构及政府主导的公共机构）

在我国，公共部门包括各地方党组织、人民代表大会、政府行政组织、政治协商会议和履行行政职能的其他社会组织，另外加上高等研究机构与政策咨询机构等，这些机构具有一定的权威性。公共部门以建章立法规范固废生态园区的建设和长效管理，运用行政手段保证政令畅通，制止企业损害社会利益的“外部效应”行为，保障公民和企业的合法权利不受侵害，回应公民社会的利益主张，在应急事件管理中有效配置资源，发挥决策核心作用，指挥和协调应急机制的运转和执行，尽快隔离和消除危害。

6.4.8.3 政府之外的其他公共组织（社会公益组织和公民社会团体）

政府之外的其他公共组织包括社会公益组织和公民社会团体，这类公共组织也称非政府组织，其存在目的是谋求社会共享利益并实现公共价值。

非政府组织在应急管理中的作用越来越受到重视，应急前形成对公共部门的监督机制和政治沟通的协调机制，对企业进区和生产中出现的问题形成一种重要的制衡机制，促进园区社会系统的协调与和谐；在应急中是参与应急管理的不可缺少的有生力量；应急后参与事故责任的追究和处理，对公民社会进行宣传教育。

6.4.8.4 社区

公民社会是园区最基本的社会力量，是园区建设的利益共享者，是灾难事故最直接的受害者。公民社会对园区和企业的化学品的危害享有知情权，其应了解相关的法律和应急预案，对可能出现的事故应急救援应该得到训练，熟悉和掌握相应的自救和避难的技能，在事故发生后应该有组织地参与和配合应急救援，人员和财产服从应急管理的必要的调用，应急结束后其合法权益得到相应的补偿。

6.4.8.5 经营性中介组织

经营性中介组织主要指为固废园区和进区企业制订规划的单位，还有为企业起草可行性分析报告、环境影响评估报告、安全评价报告的单位，这些单位尽管经营地点不在园区，但却是园区的政策和利益相关人，他们以自己的智力和服务从园区获益，以自己的职业资格和信誉承担着责任，灾难事故发生后他们是专家组的重要成员，为应急管理提供决策依据和参考意见。

经营性中介组织应该还包括商业性保险公司，在市场经济条件下事故发生利益损失最大的是保险公司，受利益的驱动，保险公司不仅会在企业日常生产经营中加强监督和警告，而且事故发生后，他们也会进行相应的调查分析评估，就很好地避免了追究责任时，体制内循环难以查清事故真正原因的现象。

就安全生产社会中介服务机构发展，应做好以下几方面工作：

(1) 加强安全生产社会中介机构建设。政府应在政策法规上支持安全生产中介服务机构的发展，我国中介机构发展刚刚起步，已不能满足形势的需要。而应急救援的很多工作都需要社会中介机构提供咨询服务，例如应急预案编制、应急救援培训演练，特别是应急救援信息平台建设。国家应鼓励社会中介服务机构发展，保证不同级别的中介机构平衡发展，即国家级、省级、市级、县级的中介机构数量满足固废园区的工作需要。

（2）加强中介机构的日常管理，促进中介机构健康发展。对安全生产中介机构实行严格的市场准入制度，促进中介机构健康发展，对安全生产中介服务机构进行资格审查，并加强对其日常管理。同时建立中介机构管理工作档案，实行年度审核，对不合格的中介机构实行淘汰制度。各类社会中介机构从事安全生产中介服务的应通过资质核准，人员应通过统一的资格考试并进行注册。

（3）扩大中介机构的服务范围。安全生产中介机构的服务项目主要集中在法律法规要求的内容上，而固废园区编制应急预案、开展应急救援培训演练、建立应急救援规章制度、应急救援信息平台建设等应急救援工作都需要中介组织提供咨询，应进一步扩大中介机构的服务范围，推动中介组织为固废园区提供高质量、多元化的服务。

（4）完善政府对安全生产中介机构的监管。一是通过立法等形式，明确安全生产社会中介组织的法律和经济地位。二是鼓励各个行业有核心竞争力的组织或机构介入安全生产科技开发领域，培育有规模、有信誉的安全生产科技企业和中介机构。保证固废园区在中介机构的帮助下，其安全生产能有充分的保障，同时中介机构又能获取适当利润，营造适合先进企业发展的制度氛围和市场土壤。三是研究适合安全生产科技企业和中介机构生长发育的监督管理方式，建立安全生产中介机构信用制度体系，使有竞争力、服务质量有保障、讲究诚信的中介机构真正能脱颖而出，切实在安全生产科技服务上充分发挥一技之长，建立起具有相当规模的、充分掌握我国安全生产技术能力、并能够有所创新的安全生产科技中介市场，为我国安全生产科技进步和我国固废园区安全生产状况的根本好转发挥重要的、不可替代的作用。

参考文献

[1] 魏利军，多英全，于立见，等．化工园区安全规划方法与程序研究［J］．中国安全科学学报，2007（9）：45-51，180.

[2] 杨郁梅，陈家祥，朱庆华．我国化工园区发展问题研究［J］．科技进步与对策，2004（6）：100-102.

[3] 许铭，多英全，吴宗之．化工园区安全规划方法综述［J］．中国安全生产科学技术，2008（4）：55-59.

[4] 罗云．现代安全管理［M］．北京：化学工业出版社，2010：182-269.

[5] 郑希文．安全生产管理［M］．北京：冶金工业出版社，1997：17-29.

[6] 李传贵，汪卫国，程慧敏，等．固废园区应急体系现状与对策建议研究报告［R］．2007：

40-60.
[7] 曾明荣，魏利军，高建明，等．化学工业园区事故应急救援体系构建［J］．中国安全生产科学技术，2008（5）：58-61.
[8] 高建明，刘骥，于立见，等．危险化学品生产储存装置安全防护距离确定方法研究［J］．中国安全科学学报，2008（10）：160-165.
[9] 魏利军，多英全，于立见，等．化工园区安全规划主要内容探讨［J］．中国安全生产科学技术，2007（5）：16-19.
[10] 匡蕾，吴起，汪丽莉．化工园区整体安全性探索与展望［J］．中国安全生产科学技术，2008（4）：73-76.
[11] 高建明，曾明荣．我国危险化学品安全生产现状与对策［J］．中国安全生产科学技术，2005（3）：52-55.
[12] 黄典剑，李传贵．化学工业区应急管理体系建设模式研究［J］．安全，2008（12）：3-7，11.
[13] 黄典剑．安全生产应急管理法制若干问题探讨［J］．安全，2008（1）：1-4.
[14] 毛德华．灾害应急管理的若干基本问题的探讨［J］．防灾科技学院学报，2008（2）：35-38，76.
[15] 黄玖．我国城市公共危机管理模式选择研究［D］．武汉：武汉理工大学，2007.
[16] 张红梅．公共危机的应对与中国政府的理性选择［D］．长春：吉林大学，2007.
[17] 于志鹏．城市重大危险源风险评估及预警系统研究［D］．武汉：中国地质大学，2008.
[18] 吴宗之．论城市重大危险源监控与应急救援体系建设［J］．安全，2005（2）：6-8，5.
[19] 谢桂才．重大危险源监控管理研究［J］．安全与健康，2007（13）：32-33.
[20] 刘华军．化工园区安全水平评价指标体系研究［D］．重庆：重庆大学，2006.
[21] 何娟霞．城市生产安全事故应急救援体系及关键技术研究［D］．西安：西安建筑科技大学，2006.
[22] 袁毅．储罐危险源网络化监控系统的研究和应用［D］．北京：北京交通大学，2008.
[23] 刘芳．浅谈化工园区安全生产［J］．精细化工原料及中间体，2007（6）：19-20.
[24] 钱伯章．世界化工园区发展现状［J］．现代化工，2005（2）：63-66，69.
[25] 顾宗勤．我国化工园区建设和发展［J］．化工设计，2004（6）：45-47，2.
[26] 李传贵，汪卫国，程慧敏，等．天津经济技术开发区固废园区安全管理研究报告［R］．2008：28-62.
[27] 纪俊欣．浅谈化工园区的规划原则［J］．化肥设计，2003（4）：60-61.
[28] 蔡琢，蒋军成，丁晓晔．化工园区安全及环境危险性分析［J］．工业安全与环保，2008（1）：24-26.
[29] Hauptmanns U，Werner W. Engineering Risks：Evaluation and Valuation［M］. Berlin：Springer，2012：32-35.
[30] Whiston J. Safety in Chemical Production：Proceeding of the First IUPAC Workshop on Safety in Chemical Production［C］. Basle：Blackwell Science，1992：24-26.
[31] Hertz D B，Thomas H. Risk Analysis and Its Application［M］. New York：John Wiley & Sons，Inc.，1983：13-15.

[32] Crowl D A, Louvar J F. Chemical Process Safety—Fundamentals with Applications [M]. New Jersey: Prentice Hall, 1990: 56-58.

[33] Khan F I, Abbasi S A. Techniques and Methodologies for Risk Analysis in Chemical Process Industries [J]. Journal of Loss Prevention in the Process Industries, 1998, 11 (4): 261-277.

附　录

建设规划和技术报告编制指南

（一）建设规划和技术报告编制的指导思想和基本原则

1. 指导思想

从可持续发展的高度，结合节能减排的要求，将发展生态工业与发挥区域比较优势、提高市场竞争力相结合，与发展高新技术、提高经济增长质量相结合，与区域改造和产业结构调整相结合，与生态保护和区域环境综合整治相结合。

2. 基本原则

（1）与自然和谐共存原则：园区应与区域自然生态系统相结合，保持尽可能多的生态功能。对于现有工业园区，按照可持续发展的要求进行产业结构的调整和传统产业的技术改造，大幅度提高资源利用效率，减少污染物产生和对环境的压力。新建园区的选址应充分考虑当地的生态环境容量，调整列入生态敏感区的工业企业，最大限度地降低园区对局地景观和水文背景、区域生态系统以及对全球环境造成的影响。

（2）生态效率原则：在园区布局、基础设施、建筑物构造和工业过程中，应全面实施清洁生产。通过园区各企业和企业生产单元的清洁生产，尽可能降低本企业的资源消耗和废物产生；通过各企业或单元间的副产品交换，降低园区总的物耗、水耗和能耗；通过物料替代、工艺革新，减少有毒有害物质的使用和排放；在建筑材料、能源使用、产品和服务中，鼓励利用可再生资源和可重复利用资源。贯彻"减量第一"的最基本的要求，使园区各单元尽可能降低资源消耗和废物产生。

（3）生命周期原则：要加强原材料入园前以及产品、废物出园后的生命周期管理，最大限度地降低产品全生命周期的环境影响。应鼓励生产和提供资源、能源消耗低的产品和服务；鼓励生产和提供对环境少害、无害和使用中安全的产品和服务；鼓励生产和提供可以再循环、再使用和进行安全处置的产品和服务。

（4）区域发展原则：尽可能将园区与社区发展和地方特色经济相结合，将园区建设与区域生态环境综合整治相结合。要通过培训和教育计划、工业开发、住房建设、社区建设等，加强园区与社区间的联系。要将园区规划纳入当地的社会经济发展规划，并与区域环境保护规划方案相协调。

（5）高科技、高效益原则：大力采用现代化生物技术、生态技术、节能技术、节水技术、再循环技术和信息技术，采纳国际上先进的生产过程管理和环境管理标准，要求经济效益和环境效益实现最佳平衡，实现“双赢”。

（6）软硬件并重原则：硬件指具体工程项目（工业设施、基础设施、服务设施）的建设。软件包括园区环境管理体系的建立、信息支持系统的建设、优惠政策的制定等。园区建设必须突出关键工程项目，突出项目（企业）间工业生态链建设，以项目为基础。同时必须建立和完善软件建设，使园区得到健康、持续发展。

（二）园区建设的指标体系

园区建设的指标体系执行《国家生态工业示范园区管理办法》、《综合类生态工业园区标准》（HJ/T 274—2006）、《静脉产业类生态工业园区标准》（HJ/T 275—2006）。具体指标包括：

1.《行业类生态工业园区标准》（HJ/T 273—2006）

行业类生态工业园区标准共 19 个指标，由经济发展、资源循环与利用、污染控制和园区管理四部分组成。

经济发展指标：工业增加值增长率。

物质减量与循环指标：单位工业增加值综合能耗、单位工业增加值新鲜水耗、单位工业增加值废水产生量、工业用水重复利用率、工业固体废物综合利用率。

污染控制指标：单位工业增加值 COD 排放量、单位工业增加值 SO_2 排放量、危险废物处理处置率、行业特征污染物排放总量、行业特征污染物排放达标率、废物收集系统、废物集中处理处置设施、环境管理制度。

园区管理指标：工艺技术水平、信息平台的完善度、园区编写环境报告书情况、周边社区对园区的满意度、职工对生态工业的认知率。

2.《综合类生态工业园区标准》（HJ/T 274—2006）

综合类生态工业园区标准共 21 个指标，由经济发展、资源循环与利用、污染控制和园区管理四部分组成。

经济发展指标：工业增加值增长率、人均工业增加值。

物质减量与循环指标：单位工业增加值综合能耗、单位工业增加值新鲜水耗、单位工业增加值废水产生量、单位工业增加值固废产生量、工业用水重复利用率、工业固体废物综合利用率、中水回用率。

污染控制指标：单位工业增加值 COD 排放量、单位工业增加值 SO_2 排放量、危险废物处理处置率、生活污水集中处理率、生活垃圾无害化处理率、废物收集系统、废物集中处理处置设施、环境管理制度。

园区管理指标：信息平台的完善度、园区编写环境报告书情况、公众对环境的满意度、公众对生态工业的认知率。

3.《静脉产业类生态工业园区标准》（HJ/T 275—2006）

静脉产业类生态工业园区标准共20个指标，由经济发展、资源循环与利用、污染控制和园区管理四部分组成。

经济发展指标：人均工业增加值、静脉产业对园区工业增加值的贡献率。

资源循环与利用：废物处理量、废旧家电资源化率、报废汽车资源化率、电子废物资源化率、废旧轮胎资源化率、废塑料资源化率、其他废物资源化率。

污染控制指标：危险废物安全处置率、单位工业增加值废水排放量、入园企业污染物排放达标率、废物集中处理处置设施、集中式污水处理设施。

园区管理指标：园区环境监管制度、入园企业的废物拆解和生产加工工艺、园区绿化覆盖率、信息平台的完善度、园区旅游观光、参观学习人数、园区编写环境报告书情况。

（三）建设规划和技术报告编制的程序

建设规划和技术报告可分为以下几个步骤进行编制：

1. 队伍建立：确定建设规划和技术报告编制的队伍，包括领导机构和技术机构。

2. 现状调研：主要调查和分析园区以及周围区域内当前的自然条件、社会经济背景，现有行业和企业状况，物质流和能量流，废物产生和处置，现有生态工业雏形，环境容量和环境标准，可能的废物利用渠道，可能形成的产业链等。

3. 确定规划目标：针对国家批准的建设区域和园区建设指标体系中的各类指标，提出园区建设的总体目标和具体目标，目标应尽可能量化和易于考核。

4. 方案设计，包括：

（1）总体框架设计：根据现状分析结果，结合规划目标，进行物质流、能量流、信息流等的集成分析，从而给出园区的总体框架设计，包括主要的工业链、空间布局和功能分区的设计。

（2）主导产业（行业）生态工业建设方案设计：主导产业（行业）生态工业建设的定位、产品规模、重点支撑项目等。

（3）重点支撑项目筛选：筛选和提出最初的入园项目（包括工业项目、基础设施、服务设施）。由于园区一般是一种开放式结构，因而需对今后的入园项目制订入园项目指南。

（4）政策设计：制订相应的园区管理措施、鼓励政策。

5. 投资和效益分析：包括园区的投资预算，社会、经济、环境效益分析。

6. 保障体系设计：如组织机构、企业孵化器、信息共享设施、废物交换系统、教育培训、研究和开发、环境管理体系、清洁生产审核等。

（四）园区规划的方法和技术

1. 园区规划应建立在传统的城市和区域规划、园区规划和环境规划方法的基础上。传统的规划方法，如系统规划法、数学规划法、空间规划技术（如 GIS 工具）等均能在生态工业示范园区规划中发挥作用。

2. 由于生态工业本身的特点，规划中应纳入清洁生产、生态效率、工业代谢、副产品交换、生态设计、生命周期分析、联合培训计划、公众参与等思想和相应的方法。

（五）建设规划文本的编制

建设规划应包括生态工业园区的总体思路、发展目标、建设内容、重点项目、保障措施等。各园区应当根据实际情况，有所侧重、增删和调整。建设规划文本的基本内容包括：

摘要

1. 建设意义和有利条件

（1）社会、经济和环境概况

（2）生态工业园区建设的意义

（3）制约因素、问题及分析

（4）优势和有利条件

2. 总体设计

（1）总体思路（包括定位、建设总体框架、产业链构建及物流分析）

（2）总体目标和具体指标

（3）规划范围

（4）规划基本原则

3. 行业生态工业发展规划（分行业分别阐述）

（1）现状分析

（2）发展目标和具体指标

（3）清洁生产措施

（4）生态工业设计

4. 主要污染物控制方案

（1）水污染控制和水资源循环利用方案

（2）大气污染物治理方案

（3）固废循环控制方案

5. 重大项目及其投资与效益分析

（1）项目入园条件

（2）重点支撑清单及说明（包括工业项目、基础设施、服务设施等）

（3）效益分析（经济效益、社会效益、环境效益）

6. 保障体系
(1) 组织机构和管理保障体系
(2) 经济政策
(3) 政策保障
(4) 环境风险应急管理制度
(5) 环境管理工具
(六) 技术报告文本的编制

技术报告应对建设规划具体方案和措施进行可行性分析，并且应对园区环境影响开展回顾性分析和评估（以下简称“回顾性分析”）。回顾性分析的内容包括：园区污染源数量和分布的变化、主要污染物特征和产排污量的变化、潜在的环境风险和应急方案、主要能源和资源的消耗水平及其国内外的比较、区域环境质量的变化、环境法律法规的贯彻执行、环保投入、环境管理等。原则上对建设10年以上的园区，要进行过去5~10年的分析；建设不足5年的园区，回顾性分析按实际建设年进行。

1. 自然、社会经济和生态环境现状分析
(1) 概况
(2) 自然条件现状
(3) 社会经济现状
(4) 生态环境现状
2. 园区建设必要性和有利条件
(1) 园区环境影响回顾性分析
(2) 必要性和意义
(3) 有利条件
(4) 制约因素
3. 总体设计
(1) 指导思想和规划原则
(2) 规划范围和依据
(3) 总体目标和具体指标（包括主要指标的可达性分析）
(4) 总体框架（包括生态工业园区生态链总体描述）
4. 行业发展生态工业方案（分行业具体阐述）
(1) 现状分析
(2) 发展目标和具体指标（包括近期和中期）
(3) 污染控制方案
(4) 工业生态系统设计
(5) 废物代谢链构建与完善

5. 园区污染物控制方案

（1）大气污染控制（包括主要污染源及其发展趋势分析）

（2）水污染控制（包括主要污染源及其发展趋势分析）

（3）固体废物控制（包括工业固废、生活垃圾等及其发展趋势分析）

6. 重大项目及其投资与效益分析

（1）关键入园项目（包括工业项目、基础设施、服务设施等及近期重点项目清单）

（2）效益分析（包括经济效益、生态环境效益和社会效益的测算）

7. 保障体系

（1）组织机构建设

（2）环境管理

（3）产业和经济政策

（4）技术保障体系（如信息网络系统、新技术开发、企业孵化器等）

（5）其他措施（如人才的培养和引进、公众参与、宣传教育和国际交流、基础设施建设）

（七）编制单位

园区建设规划的编制工作应委托具有园区建设规划编制能力和经验的单位进行。

（八）其他

本指南颁布后，环发〔2003〕208号文中《生态工业示范园区规划指南》（试行）即行废止。